高等数学

（第二版）

主　编　郑继明　胡晓红

副主编　游晓黔　朱　伟　于南翔

沈世云　刘　勇

U0240305

重庆大学出版社

内容提要

全书分为上、下两册.本书为上册,共 7 章,主要内容包括函数与极限、导数与微分、微分中值定理和导数的应用、不定积分、定积分、定积分的应用及常微分方程.本书力求结构严谨、逻辑清晰,注重知识点的引入方法.对传统的高等数学内容进行了适当的补充,利用二维码拓展数学文化、数学模型等知识,以提高解题能力.本书内容深入浅出,并有适量的例题,便于读者自学.每节配置习题,每章附有总习题,书末附录为几种常用的曲线.

本书可作为高等院校非数学类各专业的教材,也可供工程技术人员参考.

图书在版编目(CIP)数据

高等数学.上／郑继明,胡晓红主编.— 2 版.—
重庆：重庆大学出版社,2019.8(2020.8 重印)
新工科系列.公共课教材
ISBN 978-7-5689-1293-8

Ⅰ.①高… Ⅱ.①郑… ②胡… Ⅲ.①高等数学—高
等学校—教材 Ⅳ.①O13

中国版本图书馆 CIP 数据核字(2019)第 105082 号

高等数学(第二版)
(上)

主　编　郑继明　胡晓红
副主编　游晓黔　朱　伟　于南翔
沈世云　刘　勇
策划编辑:范　琪　何　梅
责任编辑:范　琪　　版式设计:范　琪　何　梅
责任校对:邹　忌　责任印制:张　策

*

重庆大学出版社出版发行
出版人:饶帮华
社址:重庆市沙坪坝区大学城西路 21 号
邮编:401331
电话:(023)88617190　88617185(中小学)
传真:(023)88617186　88617166
网址:http://www.cqup.com.cn
邮箱:fxk@cqup.com.cn(营销中心)
全国新华书店经销
重庆市国丰印务有限责任公司印刷

*

开本:787mm×1092mm　1/16　印张:15.75　字数:385千
2019 年 8 月第 2 版　　2020 年 8 月第 3 次印刷
ISBN 978-7-5689-1293-8　定价:39.80 元

前 言

　　本书是在教育大众化和"互联网＋"的新形势下,集编者多年教学经验编写而成的.编写本书遵循的原则是:在教学内容的深度和广度上与信息类各专业高等数学课程要求一致,并与现行工科院校"高等数学课程教学基本要求"相适应,满足当前教与学的需要,渗透现代数学思想,加强应用能力的培养.

　　本书的编写主要具有以下特点:

　　1.为更好地与中学数学教学相衔接,从映射引入函数概念.

　　2.从实际例子出发,引入微积分学的基本概念、理论和方法;从具体到抽象,再从抽象到具体.

　　3.在继承和保持经典高等数学类教材优点的基础上,适当降低对解题训练方面的要求,较详尽地讨论导数与微分计算,简化一些定理的证明,加强数学思想方法的训练.

　　4.在保证教学要求的同时,适当降低极限理论要求和不定积分计算的技巧要求,尽量将不定积分计算问题归结为一些规则和步骤,从而更好地组织教学.

　　5.加强理论联系实际,适当结合通信、计算机、自动化等信息类专业应用案例,注重连续型数学模型的建立,优化教材的结构与体系.

　　6.加强定积分概念的实际背景介绍以及定积分应用的直观性.

　　7.加强数学文化的熏陶,利用二维码等介绍数学文化、数学模型等知识,力争打造满足新时代下的大学数学新型教材.

　　8.本书注重例题和习题的多样性和层次性.习题按节配置,遵循循序渐进的原则;每章配有总习题,其中包括一些考研题目.

　　本书由郑继明、胡晓红任主编,游晓黔、朱伟、于南翔、沈世云和刘勇任副主编.编写组游晓黔、郑继明、胡晓红、于南

1

翔、沈世云、刘勇、朱伟分别编写了第 1 章至第 7 章.全书由郑继明、胡晓红统稿和定稿.本书的编写得到了重庆邮电大学理学院领导和同行的支持和帮助.

本书在编写过程中,参考了较多的国内外教材,在此表示感谢.

由于编者水平有限,书中难免有不足和疏漏之处,恳请同行和读者批评指正.

编　者
2018 年 4 月

目录

第 1 章
函数与极限

世间万物无时无刻不在运动变化着,物质的运动和变化规律在数学上是用函数关系来描述的. 本章将从最简单的一元函数着手,主要介绍函数的概念、特性及极限,并通过极限来讨论函数的连续性,为进一步深入学习微积分和应用现代数学知识解决实际问题打下良好的基础.

1.1　映射与函数

映射是现代数学中的一个基本概念,而函数是高等数学的主要研究对象,是变量间的一种数值对应关系,也是一种特殊的映射.

1.1.1　映射

(1)映射的概念

定义 1.1　设 X, Y 是两个非空集合,若存在一个法则 f,使得对 X 中的每个元素 x,按照法则 f,在 Y 中都有唯一确定的元素 y 与之对应,则称法则 f 为从 X 到 Y 的一个映射,记作

$$f: X \rightarrow Y$$

其中,元素 y 称为元素 x(在映射 f 下)的**像**,记作 $f(x)$,即 $y = f(x)$;而元素 x 称为元素 y(在映射 f 下)的**原像**;集合 X 称为映射 f 的**定义域**,记作 D_f,即 $D_f = X$;集合 $R_f = f(X) = \{y \mid y = f(x), x \in X\}$ 称为映射 f 的**值域**.

注　①构成一个映射必须具备下列三要素:非空集合 X,即**定义域** $D_f = X$;集合 Y,而**值域** $R_f \subseteq Y$;**对应法则** f,使每个 $x \in X$,有唯一确定的 $y = f(x)$ 与之对应.

②对每个 $y \in R_f$,其原像不一定唯一.

③3 种重要的映射:

a. **满射**:设 $f: X \rightarrow Y$,若 $R_f = Y$,则称 f 为从 X 到 Y 的满射.

b. **单射**：设 $f:X{\rightarrow}Y$，若对任意的 $x_1,x_2\in X$，且 $x_1\ne x_2$，有 $f(x_1)\ne f(x_2)$，则称 f 为从 X 到 Y 的单射.

c. **一一映射**：设 $f:X{\rightarrow}Y$，若映射 f 既是满射，又是单射，则称 f 为一一映射（或双射）.

④为了叙述方便，引入符号：" $\forall$ "表示"任意的"或"每一个"；" $\exists$ "表示"存在一个". 常用的数集：**N**——自然数集；**N$^+$**——正整数集；**Z**——整数集；**Q**——有理数集；**R**——实数集.

例1 对 $\forall x\in\mathbf{R}$，有 $f(x)=x^2$，问：f 是映射吗？若是，请指出其定义域和值域.

解 因为对 $\forall x\in\mathbf{R}$，都有唯一确定的 $f(x)=x^2$ 与之对应，所以 f 是一个从 **R** 到 **R** 的映射. 映射 f 的定义域 $D_f=\mathbf{R}$，值域是 $R_f=\{y\,|\,y\geqslant 0,y=f(x)\}$.

例2 设 $f:\left[-\dfrac{\pi}{2},\dfrac{\pi}{2}\right]{\rightarrow}[-1,1]$，且对每个 $x\in\left[-\dfrac{\pi}{2},\dfrac{\pi}{2}\right]$，$f(x)=\sin x$，证明：$f$ 是一一映射.

证 对 $\forall x\in\left[-\dfrac{\pi}{2},\dfrac{\pi}{2}\right]$，有唯一确定的 $y=\sin x\in[-1,1]$ 与之对应，所以 f 是一个映射，其定义域为 $D_f=\left[-\dfrac{\pi}{2},\dfrac{\pi}{2}\right]$，值域为 $R_f=[-1,1]$；且由 $R_f=[-1,1]$ 易知 f 是满射.

对 $\forall x_1,x_2\in\left[-\dfrac{\pi}{2},\dfrac{\pi}{2}\right]$，且 $x_1\ne x_2$，有 $f(x_1)=\sin x_1\ne\sin x_2=f(x_2)$，则 f 是单射.

故 f 是一一映射.

(2) 逆映射

设映射 $f:X{\rightarrow}Y$ 是单射，若对每个 $y\in R_f$，有唯一确定的 $x\in X$，满足 $f(x)=y$，由此定义了一个从 R_f 到 X 的新映射 g，即 $g:R_f{\rightarrow}X$，对每个 $y\in R_f$，规定 $g(y)=x$，此 x 满足 $f(x)=y$. x 就是 y 在 g 下的像，这个由映射 f 导出的新映射 g 称为 f 的逆映射，记作 f^{-1}，其定义域 $D_{f^{-1}}=R_f$，值域 $R_{f^{-1}}=X$.

(3) 复合映射

设有两个映射 $g:X{\rightarrow}Y_1,f:Y_2{\rightarrow}Z$，其中，非空集合 $Y_1\subset Y_2$. 则由映射 g 和 f 可定义一个从 X 到 Z 的映射，它将每个 $x\in X$ 映射成 $f[g(x)]\in Z$. 这个映射称为 g 和 f 的**复合映射**（见图 1.1），记作 $f\circ g$，即 $f\circ g:X{\rightarrow}Z,x\in X$，有 $(f\circ g)(x)=f[g(x)]$.

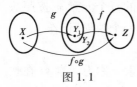
图 1.1

注 映射 g 和 f 构成复合映射的条件为 $R_g\subset D_f$，即 g 的值域 R_g 包含在 f 的定义域内；否则，不能进行复合映射. 由此可知，映射 g 和 f 的复合是有先后顺序的，不能随意进行交换，$f\circ g$ 有意义并不表示 $g\circ f$ 也有意义. 即使 $f\circ g$ 与 $g\circ f$ 都有意义，它们也不一定相同.

1.1.2 函数

研讨问题的过程中，会遇到的量是**常量与变量**. 常量是指在某变化过程中，保持一定值不变的量，变量是指能取不同值的量，常量与变量是相对"过程"而言的.

（1）函数概念

定义 1.2　设非空数集 $D \subset \mathbf{R}$，则称映射 $f:D \to \mathbf{R}$ 为定义在 D 上的一个**一元函数**，简称**函数**，记作

$$y = f(x), x \in D$$

其中，x 称为**自变量**，y 称为**因变量**，D 称为该函数 f 的**定义域**，记作 D_f.

当 $x = x_0 \in D$ 时，通过法则 f 与 x_0 对应的值 y_0 称为 $y = f(x)$ 在点 x_0 处的函数值，记作 $f(x_0)$. 数集 $R_f = \{y \mid y = f(x), x \in D\}$ 称为函数 $y = f(x)$ 的值域.

注　①函数 f 实质上就是一个"数值变换器"，即将 $\forall x \in D$ 输入数值变换器 f 中，经过 f 的作用，输出来的就是数 $f(x)$. 记号 f 和 $f(x)$ 的含义是不同的，前者表示自变量 x 和因变量 y 之间的对应法则，即函数. 后者表示与自变量 x 对应的函数值.

因此，常用记号"$f(x), x \in D$"或"$y = f(x), x \in D$"来表示定义在 D 上的函数 f. 在不发生混淆的情况下，也称 y 是 x 的函数.

②构成函数的两要素是定义域 D_f 和对应法则 f. 如果两个函数的定义域相同，对应法则也相同，那么，这两个函数就是相等的，否则就是不相等的.

③函数定义域的确定：

a. 用算式表达的函数，约定使得算式有意义的一切实数组成的集合为函数的定义域.

b. 对有实际背景的函数，则根据实际背景中自变量的实际意义确定函数的定义域.

例 3　求函数 $f(x) = \ln x + \sqrt{x^2 - 1}$ 的定义域.

解　欲使 $f(x) = \ln x + \sqrt{x^2 - 1}$ 有意义，必须满足 $\begin{cases} x > 0 \\ x^2 - 1 \geqslant 0 \end{cases}$，则 $x \geqslant 1$.

故函数 $f(x)$ 的定义域为

$$D_f = \{x \mid x \geqslant 1\}$$

④**函数的表示方法**. 常用的有表格法、图形法和解析法（算式法）3 种.

其中，用图形法表示函数直观. 坐标平面上的点集

$$G = \{(x, y) \mid y = f(x), x \in D\}$$

称为函数 $y = f(x), x \in D$ 的图形.

无解析式的

函数图形示例

（2）反函数

反函数作为逆映射的特例，其概念如下：

设函数 $f:D \to f(D)$ 是单射，则它存在逆映射 $f^{-1}:f(D) \to D$，称此映射 f^{-1} 为函数 f 的**反函数**.

由此定义，对每个 $y \in f(D)$，有唯一的 $x \in D$，使得 $f(x) = y$，于是有 $x = f^{-1}(y)$. 易得

$$x \in D, f^{-1} \circ f(x) = f^{-1}[f(x)] = f^{-1}[y] = x$$

$$y \in f(D), f \circ f^{-1}(y) = f[f^{-1}(y)] = f(x) = y$$

称 $x = f^{-1}(y)$ 为 $y = f(x)$ 的**原型反函数**. $y = f(x)$ 与 $x = f^{-1}(y)$ 的图形是同一条曲线.

将 $x = f^{-1}(y)$ 中的 y 与 x 互换得 $y = f^{-1}(x)$，习惯上称 $y = f^{-1}(x)$ 为 $y = f(x)$ 的**反函数**.

把函数 $y = f(x)$ 和它的反函数 $y = f^{-1}(x)$ 的图形画在同一坐标平面上，这两个图形关于直线

$y = x$ 是对称的.

例 4 求函数 $y = x - 1$ 的反函数.

解 由于函数 $y = x - 1$ 的自变量为 x,因变量为 y,其定义域和值域均为实数集 **R**. 从中解出 x,得 $x = y + 1$,此时自变量为 y,因变量为 x,其定义域和值域仍为实数集 **R**.

故函数 $y = x + 1$ 是 $y = x - 1$ 的(习惯性)反函数.

(3) 复合函数

复合函数是复合映射的一种特例,其概念如下:

设函数 $y = f(u)$,$u \in D_1$,函数 $u = g(x)$ 在 D_2 上有定义且 $g(D_2) \subset D_1$,则由下式确定的函数

$$y = f(g(x)),x \in D_2$$

称为由函数 $u = g(x)$ 和函数 $y = f(u)$ 构成的**复合函数**,它的定义域为 D_2,变量 u 称为中间变量.

函数 g 与函数 f 构成的复合函数常记为 $f \circ g$,即

$$f \circ g(x) = f(g(x))$$

一般地,

$$f \circ g(x) = f(g(x)) \neq g \circ f(x) = g(f(x))$$

例 5 设有函数 $g(x) = \cos x (x \in \mathbf{R})$,$f(u) = -\sqrt{1 - u^2} (u \in [-1,1])$,求 g 和 f 构成的复合函数.

解 $f:[-1,1] \to [-1,0]$,$g:\mathbf{R} \to [-1,1]$

由函数 g 和 f 构成的复合函数为

$$f \circ g(x) = f(g(x)) = f(\cos x) = -|\sin x| (\forall x \in \mathbf{R})$$

注 如果例 5 中设 $u = g(x) = 2 + x^2$,则 g 与 f 就不能构成复合函数,因为对 $\forall x \in \mathbf{R}$,$u = 2 + x^2$ 不在 $y = f(u)$ 的定义域 $[-1,1]$ 内.

(4) 几类特殊的函数

例 6 **绝对值函数**(见图 1.2)

$$y = |x| = \begin{cases} x & x \geqslant 0 \\ -x & x < 0 \end{cases},$$

其定义域为 $D = (-\infty, +\infty)$,值域为 $R_f = [0, +\infty)$.

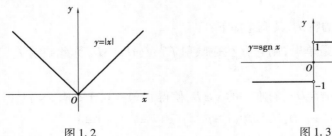

图 1.2   图 1.3

例 7 **符号函数**(见图 1.3)

$$y = \operatorname{sgn} x = \begin{cases} 1 & x > 0 \\ 0 & x = 0 \\ -1 & x < 0 \end{cases},$$

其定义域为 $D = (-\infty, +\infty)$，值域为 $R_f = \{-1, 0, 1\}$. 显然，$\mathrm{sgn}(0.2) = 1, \mathrm{sgn}(0) = 0, \mathrm{sgn}(-\sqrt{2}) = -1, |x| = x\, \mathrm{sgn}\, x$.

例 8　**取整函数**（见图 1.4）$y = [x]$（对于任一实数 x，取不超过 x 的最大整数值）. 其定义域为 $D = (-\infty, +\infty)$，值域为 $R_f = \mathbf{Z}$.

显然，$[-3.5] = -4, [0.25] = 0, [\pi] = 3$.

例 9　在电子（脉冲）技术中会用到**单位阶跃函数**

$$u(t) = \begin{cases} 1 & t \geq 0 \\ 0 & t < 0 \end{cases}$$

例 10　**狄里克雷（Dirichlet）函数**

$$D(x) = \begin{cases} 1 & x \in \mathbf{Q} \\ 0 & x \in \mathbf{R} \backslash \mathbf{Q} \end{cases}$$

其中 $\mathbf{R} \backslash \mathbf{Q}$ 表示无理数集.

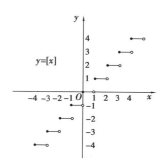

图 1.4

狄里克雷 Dirichlet 简介

1.1.3　函数的几种特性

（1）函数的有界性

设函数 $y = f(x), x \in D$，数集 $I \subset D$. 如果存在数 M，使得对 $\forall x \in I$，都有 $f(x) \leq M$（或 $f(x) \geq M$），则称函数 $f(x)$ 在 I 上有上（或下）界，并称 M 为函数 $f(x)$ 在 I 上的一个上（或下）界.

如果存在正数 M，使对 $\forall x \in I$，都有 $|f(x)| \leq M$，则称函数 $f(x)$ 在 I 上有界；若这样的 M 不存在（即对任意的 $M > 0$，都存在 $x_0 \in I$，使 $|f(x_0)| > M$），则称函数 $f(x)$ 在 I 上无界.

显然，函数 $f(x)$ 在 I 上有界的充要条件是函数 $f(x)$ 在 I 上既有上界，又有下界.

例如，函数 $f(x) = \sin x$ 在 $(-\infty, +\infty)$ 上是有界的，因为 $|f(x)| = |\sin x| \leq 1$.

例 11　证明：函数 $y = \dfrac{1}{x}$ 在开区间 $(0, 1)$ 内有下界，但是无上界.

证　对 $\forall x \in (0, 1)$，有 $f(x) = \dfrac{1}{x} > 0$，故函数 $y = \dfrac{1}{x}$ 有下界.

然而，对 $\forall M > 1$，总有 x_0 满足 $0 < x_0 < \dfrac{1}{M} < 1$，使 $f(x_0) = \dfrac{1}{x_0} > M$，故函数 $y = \dfrac{1}{x}$ 在 $(0, 1)$ 内无上界. 因此函数 $y = \dfrac{1}{x}$ 在开区间 $(0, 1)$ 内有下界，但是无上界.

显然，函数 $f(x) = \dfrac{1}{x}$ 在区间 $(1, 2)$ 内是有界的.

这说明一个函数的有界性与其自变量的取值范围有关.

（2）函数的单调性

设函数 $y = f(x), x \in D$，且区间 $I \subset D$. 若对区间 I 上任意两点 x_1, x_2，当 $x_1 < x_2$ 时，恒有

$$f(x_1) \leq f(x_2)\ (\text{或}\ f(x_1) \geq f(x_2)) \tag{1.1}$$

则称函数 $f(x)$ 在区间 I 上是单调增加（或减少）的. 若上式换成严格的不等式

$$f(x_1) < f(x_2)（或 f(x_1) > f(x_2)）\tag{1.2}$$

则称函数 $f(x)$ 在区间 I 上是**严格单调增加（或减少）**的.

在定义域内单调增加和单调减少的函数，统称为单调函数.

定理 1.1　若 f 是定义在 D 上的严格单调函数，则 $f:D \to f(D)$ 是单射，f 的反函数 f^{-1} 一定存在，且 f^{-1} 也是 $f(D)$ 上的严格单调函数.

（3）函数的奇偶性

设函数 $f(x)$ 的定义域 D 关于原点对称，若对 $\forall x \in D$，恒有 $f(-x) = f(x)$，则称 $f(x)$ 为**偶函数**；若对 $\forall x \in D$，恒有 $f(-x) = -f(x)$，则称 $f(x)$ 为**奇函数**.

一般地，偶函数的图形关于 y 轴对称，奇函数的图形关于原点对称.

例如，在 $(-\infty, +\infty)$ 上，$y = \cos x$，$y = x^2$ 均为偶函数，其图形关于 y 轴对称；而 $y = \sin x$，$y = x^3$ 均为奇函数，其图形关于原点对称.

（4）函数的周期性

设函数 $y = f(x)$，$x \in D$，若存在正数 l，使得对 $\forall x \in D$，都有 $x \pm l \in D$，且有

$$f(x \pm l) = f(x)\tag{1.3}$$

则称 $f(x)$ 为周期函数，l 称为 $f(x)$ 的**周期**. 而这样的 l 不是唯一的，通常把 l 的最小值（若存在的话）称为此函数的**最小正周期**，简称为周期.

例如，在 $(-\infty, +\infty)$ 上，$y = \sin x$ 是以 2π 为周期的周期函数.

例 12　讨论狄里克雷（Dirichlet）函数 $D(x) = \begin{cases} 1 & x \in \mathbf{Q} \\ 0 & x \in \mathbf{R} \backslash \mathbf{Q} \end{cases}$ 的周期性和奇偶性.

解　因为对 $\forall l \in \mathbf{Q}^+$，都有

$$D(x \pm l) = \begin{cases} 1 & x \in \mathbf{Q} \\ 0 & x \in \mathbf{R} \backslash \mathbf{Q} \end{cases} = D(x)$$

所以任何正有理数都是其周期.

对 $\forall p \in (\mathbf{R} \backslash \mathbf{Q})^+$，若 $x \in \mathbf{Q}$，则

$$x \pm p \in \mathbf{R} \backslash \mathbf{Q}, D(x \pm p) = 0 \neq 1 = D(x)$$

所以 p 不是 $D(x)$ 的周期. 故 $D(x)$ 是周期函数，其周期为任意正有理数，但没有最小正周期.

又 $\forall x \in \mathbf{R}$，有 $D(-x) = D(x)$，故 $D(x)$ 是偶函数.

1.1.4　函数的运算

设函数 $f(x)$，$g(x)$ 的定义域分别为 D_1，D_2，且 $D = D_1 \cap D_2 \neq \varnothing$，则可定义两个函数的下列运算：

（1）函数的和（差）

两个函数的和（差）记为 $f \pm g$，即

$$(f \pm g)(x) = f(x) \pm g(x), x \in D$$

（2）函数的积

两个函数的乘积记为 $f \cdot g$，即

$$(f \cdot g)(x) = f(x) \cdot g(x), x \in D$$

注　$f \cdot g$ 与 $f \circ g$ 两个记号的含义不同. 前者表示两个函数的乘积,且满足交换律;后者表示两个函数的复合,且不满足交换律. 有时将复合函数说成是函数的复合运算.

(3)函数的商

两个函数的商记为 $\dfrac{f}{g}$,即

$$\left(\frac{f}{g}\right)(x) = \frac{f(x)}{g(x)}, x \in D \setminus \{x \mid g(x) = 0, x \in D\}$$

函数的四则运算法则与实数的四则运算法则类似.

例 13　设函数 $f(x)$ 的定义域为 $(-l, l)$,$(l > 0)$,证明:必存在 $(-l, l)$ 上的偶函数 $g(x)$ 及奇函数 $h(x)$,使得 $f(x) = g(x) + h(x)$.

分析　假设已找到满足条件的偶函数 $g(x)$ 和奇函数 $h(x)$,则

$$f(x) = g(x) + h(x) \tag{a}$$

从而

$$f(-x) = g(x) - h(x) \tag{b}$$

由式(a)+式(b),式(a)-式(b)可得

$$g(x) = \frac{1}{2}[f(x) + f(-x)], h(x) = \frac{1}{2}[f(x) - f(-x)]$$

这就找到了要求的偶函数 $g(x)$ 和奇函数 $h(x)$.

证　构造函数 $g(x) = \dfrac{1}{2}[f(x) + f(-x)]$, $h(x) = \dfrac{1}{2}[f(x) - f(-x)]$, $\forall x \in (-l, l)$,

则有 $f(x) = g(x) + h(x)$.

因为

$$g(-x) = \frac{1}{2}[f(-x) + f(x)] = g(x)$$

$$h(-x) = \frac{1}{2}[f(-x) - f(x)]$$

$$= -\frac{1}{2}[f(x) - f(-x)] = -h(x)$$

所以 $g(x)$ 和 $h(x)$ 分别是偶函数和奇函数.

因此,任一函数 $f(x)$, $x \in (-l, l)$ 可用一个奇函数加一个偶函数来表示.

1.1.5　初等函数

(1)基本初等函数

常值函数

$$y = c(c \text{ 是实常数})$$

幂函数

$$y = x^{\mu}(\mu \text{ 是实常数})$$

指数函数

基本初等函数的
定义域及其图形

$$y = a^x (a > 0 \text{ 且 } a \neq 1)$$

对数函数

$$y = \log_a x \ (a > 0 \text{ 且 } a \neq 1,\text{特别当 } a = e \text{ 时,记为 } y = \ln x,\text{称为自然对数})$$

三角函数

$$y = \sin x, y = \cos x, y = \tan x, y = \cot x, y = \sec x, y = \csc x$$

反三角函数

$$y = \arcsin x, y = \arccos x, y = \arctan x, y = \text{arccot } x$$

基本初等函数

常值函数、幂函数、指数函数、对数函数、三角函数、反三角函数统称为基本初等函数. 有的参考书称后 5 种函数为基本初等函数.

(2)初等函数

由基本初等函数经过有限次的四则运算或有限次函数复合而构成,并能用一个式子表示的函数,称为**初等函数**. 例如,$y = \sqrt{1 - x^2}$,$y = \ln(x + \sqrt{x^2 - 1})$,$y = \sin^2 x$,$y = |x|$ 等都是初等函数. 另外,常用在工程设计上的**双曲函数**如下:

①双曲正弦(见图 1.5)

$$\text{sh } x = \frac{e^x - e^{-x}}{2}$$

②双曲余弦(见图 1.5)

$$\text{ch } x = \frac{e^x + e^{-x}}{2}$$

双曲函数与
反双曲函数

③双曲正切(见图 1.6)

$$\text{th } x = \frac{\text{sh } x}{\text{ch } x} = \frac{e^x - e^{-x}}{e^x + e^{-x}}$$

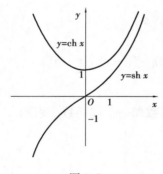

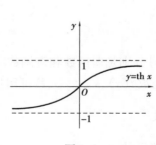

图 1.5   图 1.6

双曲函数的性质如下:

①$\text{sh}(x \pm y) = \text{sh } x \text{ ch } y \pm \text{ch } x \text{ sh } y$.

②$\text{ch}(x \pm y) = \text{ch } x \text{ ch } y \pm \text{sh } x \text{ sh } y$.

③$\text{ch}^2 x - \text{sh}^2 x = 1$.

④$\text{sh } 2x = 2\text{sh } x \text{ ch } x$.

⑤$\operatorname{ch} 2x = \operatorname{ch}^2 x + \operatorname{sh}^2 x$.

证　①因为 $\operatorname{sh} x \operatorname{ch} y + \operatorname{ch} x \operatorname{sh} y = \dfrac{e^x - e^{-x}}{2} \cdot \dfrac{e^y + e^{-y}}{2} + \dfrac{e^x + e^{-x}}{2} \cdot \dfrac{e^y - e^{-y}}{2}$

$$= \frac{e^{x+y} - e^{y-x} + e^{x-y} - e^{-(x+y)}}{4} + \frac{e^{x+y} + e^{y-x} - e^{x-y} - e^{-(x+y)}}{4}$$

$$= \frac{e^{x+y} - e^{-(x+y)}}{2} = \operatorname{sh}(x+y)$$

所以
$$\operatorname{sh}(x+y) = \operatorname{sh} x \operatorname{ch} y + \operatorname{ch} x \operatorname{sh} y$$

其余性质类似可证.

习题 1.1

1. 求函数 $f(x) = \dfrac{1}{1-x^2} - \sqrt{x+2}$ 的定义域.

2. 下列每对函数中,哪些表示同一个函数:

$(1) y = \lg x^2, y = 2\lg x$;

$(2) y = \lg \sqrt{x}, y = \dfrac{1}{2}\lg x$;

$(3) y = a^{\log_a x} (a>0, a \neq 1), y = x$;

$(4) y = \log_a a^x (a>0 \text{ 且 } a \neq 1), y = x$;

$(5) y = \log_a (\sqrt{x^2+1} + x), y = \log_a \dfrac{1}{\sqrt{x^2+1} - x} (a>0 \text{ 且 } a \neq 1)$;

$(6) y = \sqrt{\sin^2 x}, y = \sin x$;

$(7) y = x^2 + x + 1, y = \dfrac{x^3 - 1}{x - 1}$;

$(8) y = ax^2, s = at^2 (a \text{ 是常数})$.

3. 已知函数 $f(x)$ 的定义域是 $[0,4]$,求函数 $g(x) = f(x+1) + f(x-1)$ 的定义域.

4. 若 $f\left(\dfrac{1}{x}\right) = x + \sqrt{x^2+1} (x>0)$,求 $f(x)$.

5. 已知 $f(x) - 2f\left(\dfrac{1}{x}\right) = \dfrac{2}{x}$,求 $f(x)$.

6. 已知 $f(a^x - 1) = 1 + x^2 (a>0, a \neq 1)$,求 $f(x)$.

7. 设 $f(x) = \begin{cases} e^x & x<1 \\ x & x \geqslant 1 \end{cases}, \phi(x) = \begin{cases} x+2 & x<0 \\ x^2 - 1 & x \geqslant 0 \end{cases}$,求 $f[\phi(x)]$.

8. 指出函数 $f(x) = \ln(x + \sqrt{x^2+1}), g(x) = \dfrac{a^x - 1}{a^x + 1} (a>0, a \neq 1)$ 和 $h(x) = \begin{cases} 1-x & x \leqslant 0 \\ 1+x & x>0 \end{cases}$ 的奇偶性.

9. 求函数 $y = |\sin x|$ 和 $y = \cos^2 x$ 的最小正周期.

10. 求函数 $y = \dfrac{1-x}{1+x}$ 的反函数.

11. 设 $f(x)$ 为定义在 $(-l, l) (l>0)$ 内的奇函数,若 $f(x)$ 在 $(0, l)$ 内单调增加,证明:$f(x)$ 在 $(-l, 0)$ 内也单调增加.

12. 如图 1.7 所示,在等腰梯形 $ABCD$ 中,下底 $AB = a$,上底 $DC = b (b<a)$,高为 h. 今用垂

直于底边 AB 的线段 $\overline{EF}$ 自点 A 向右平行移动至点 B. 若用 $S(x)$ 表示 $\overline{EF}$ 扫过的（变动）面积，求函数 $S(x)$ 的表示式.

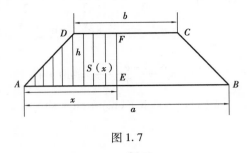

图 1.7

1.2 数列的极限

极限概念是由求某些实际问题的精确解答而产生的. 例如，在公元 3 世纪，我国古代数学家刘徽**割圆术**"割之弥细，所失弥少，割之又割，以至于不可割，则与圆周合体而无所失矣"，是利用圆内接正多边形的面积来推算圆面积的方法：设有一圆，首先作其内接正六边形，把它的面积记为 A_1；再作内接正十二边形，其面积记为 A_2；再作内接正二十四边形，其面积记为 A_3；每次边数加倍，如此继续下去，一般将内接正 $6 \times 2^{n-1}$ 边形的面积记为 $A_n (n \in \mathbf{N}^+)$. 这样，就得到一系列圆内接正多边形的面积

$$A_1, A_2, A_3, \cdots, A_n, \cdots$$

它们构成一列有次序的数. 当 n 越大，内接正多边形与圆的差别就越小，从而以 A_n 作为圆面积的近似值也越精确. 但是，无论 n 取得多么大，只要 n 取定了，A_n 终究只是正多边形的面积，而不是圆的面积. 因此，设想 n 无限增大（记为 $n \to \infty$，读作 n 趋于无穷大），即内接正多边形的边数无限增加，在这个过程中，内接正多边形无限接近于圆，同时 A_n 也无限接近于某一确定的数值，这个确定的数值就理解为圆的面积. 这个确定的数值在数学上称为上面这列有次序的数（所谓数列）$A_1, A_2, \cdots, A_n, \cdots$，当 $n \to \infty$ 时的极限. 在圆面积问题中我们看到，正是这个数列的极限才精确地表达了圆的面积.

下面介绍数列及数列的极限.

1.2.1 数列的极限

(1) 数列

按一定法则排列的无穷多个实数

$$x_1, x_2, \cdots, x_n, \cdots$$

称为**无穷数列**（简称**数列**），记作 $x_n (n = 1, 2, 3, \cdots)$ 或 $\{x_n\}$. 数列中的每一个数称为数列的项，第 n 项 x_n 称为数列的一般项或通项. 例如，下列数列

①$1, \dfrac{1}{2}, \dfrac{1}{3}, \cdots; \quad x_n = \dfrac{1}{n}.$

② $\dfrac{1}{2}$，$\dfrac{1}{2} + \dfrac{1}{2^2}$，$\cdots$，$\dfrac{1}{2} + \dfrac{1}{2^2} + \cdots + \dfrac{1}{2^n}$，$\cdots$；　$x_n = \dfrac{1}{2} + \dfrac{1}{2^2} + \cdots + \dfrac{1}{2^n} = 1 - \dfrac{1}{2^n}$.

③ $1,0,1,0,\cdots$；　$x_n = \dfrac{1 - (-1)^n}{2}$.

④ $1,2,3,\cdots$；　$x_n = n$.

⑤ $-1,2,-3,4,\cdots$；　$x_n = (-1)^n n$.

显然，数列 $\{x_n\}$ 可看成自变量 n 为正整数的函数 $x_n = f(n)$，其定义域为 $\mathbf{N}^+$.

在数列 $\{x_n\}$ 中，任意抽取无限多项 $x_{n_1}, x_{n_2}, \cdots, x_{n_k}, \cdots$，并保持这些项在 $\{x_n\}$ 中的先后顺序，这样得到的一个数列 $\{x_{n_k}\}$ 称为数列 $\{x_n\}$ 的子数列，简称子列. 显然 $n_k \geqslant k$.

（2）有界数列和无界数列

对于数列 $\{x_n\}$，如果存在 $M > 0$，使得对于一切 n，都有 $|x_n| \leqslant M$ 成立，则称数列 $\{x_n\}$ 有界，M 以及大于 M 的数都是数列 $\{x_n\}$ 的界；否则，称数列 $\{x_n\}$ 为无界数列. 无界数列可能是无上界，也可能是无下界，或既无上界又无下界.

例如，前面的数列①、②和③是有界数列；数列④则是无界数列，但有下界无上界；数列⑤也是无界数列，既无上界又无下界.

（3）数列的极限

下面观察前面数列①、②、③、④、⑤在 n 无限增大时，x_n 的变化趋势.

① $\left\{\dfrac{1}{n}\right\}$：$1, \dfrac{1}{2}, \dfrac{1}{3}, \cdots, \dfrac{1}{n}, \cdots$；在 n 无限增大的过程中，x_n 越来越小，且每项都大于 0，而无限接近于 0.

② $\left\{1 - \dfrac{1}{2^n}\right\}$：$\dfrac{1}{2}, \dfrac{1}{2} + \dfrac{1}{2^2}, \cdots, 1 - \dfrac{1}{2^n}, \cdots$；在 n 无限增大的过程中，x_n 越来越大，且每项都小于 1，而无限接近于 1.

③ $\left\{\dfrac{1 - (-1)^n}{2}\right\}$：$1, 0, 1, 0, \cdots, \dfrac{1 - (-1)^n}{2}, \cdots$；在 n 无限增大的过程中，数列 $\left\{\dfrac{1 - (-1)^n}{2}\right\}$（其奇数项子数列 $\{x_{2n-1}\}$ 全为 1，其偶数项子数列 $\{x_{2n}\}$ 全为 0）始终在 1 和 0 两点之间摆动，x_n 不会无限接近于任何数.

④ $\{n\}$：$1, 2, 3, \cdots, n, \cdots$；在 n 无限增大的过程中，x_n 越来越大，且不会无限接近于任何有限数值.

⑤ $\{(-1)^n n\}$：$-1, 2, -3, 4, \cdots$；在 n 无限增大的过程中，$|x_n|$ 越来越大，且不会无限接近于任何有限数值.

为此，不难引入数列极限的概念.

定义 1.3（描述性定义）　设有数列 $x_n(n = 1, 2, 3, \cdots)$，当 n 无限增大时，x_n 无限接近于一个常数 c，则称 c 为数列 $\{x_n\}$ 在 n 无限增大的过程中的**极限**，也称数列 $\{x_n\}$ 收敛于 c，记作

$$\lim_{n \to \infty} x_n = c \text{ 或 } x_n \to c (n \to \infty)$$

此时，称数列 $\{x_n\}$ 为**收敛数列**；否则，称数列 $\{x_n\}$**发散**或不收敛.

例如，前面的数列①、②均为收敛数列，而数列③、④、⑤均发散，但数列④、⑤中的 x_n 的

变化趋势是清楚的,趋于无穷大. 那么,如在数列①中,"x_n 无限接近 0"意味着什么?

在数列①中,因为 $\left| x_n - 0 \right| = \left| \dfrac{1}{n} \right| = \dfrac{1}{n}$,"$x_n$ 无限接近 0",意味着 x_n 与 0 这两点的距离 $\left| x_n - 0 \right|$ 可任意小. 即对给定的限制 $\varepsilon_1 = \dfrac{1}{100}$,由 $\left| x_n - 0 \right| = \dfrac{1}{n} < \dfrac{1}{100}$,得 $n > 100 = N_1$,这表明从第 101 项起,以后各项都满足 $\left| x_n - 0 \right| < \dfrac{1}{100}$;给定限制 $\varepsilon_2 = \dfrac{1}{1\,000}$,只要 $n > 1\,000 = N_2$ 时,有 $\left| x_n - 0 \right| = \dfrac{1}{n} < \dfrac{1}{1\,000}$,等等.

由此可知,不论给定的正数 ε 多么小,总存在一个正整数 N,使得对于 $n > N$ 时的一切 n,不等式 $\left| x_n - 0 \right| < \varepsilon$ 均成立,这就是"x_n 无限接近于 0"的精确刻画. 下面给出数列极限的精确性定义.

定义 1.4(精确性定义)　设有数列 $\{x_n\}$,若存在常数 c,对 $\forall \varepsilon > 0$(无论它多么小),总存在正整数 N,使得当 $n > N$ 时,有 $\left| x_n - c \right| < \varepsilon$ 恒成立,则称 c 为数列 $\{x_n\}$ 的极限,或称 $\{x_n\}$ 收敛于 c. 记为

$$\lim_{n \to \infty} x_n = c \text{ 或 } x_n \to c \,(n \to \infty)$$

即 $\lim\limits_{n \to \infty} x_n = c \Leftrightarrow \forall \varepsilon > 0, \exists N > 0,$ 当 $n > N$ 时,有 $\left| x_n - c \right| < \varepsilon$.

注　①正数 ε 是事先任意给定的,用来衡量 x_n 与 c 的接近程度,这样,$\left| x_n - c \right| < \varepsilon$ 才能表达出 x_n 与 c 无限接近.

②正整数 N 与任意给定的 $\varepsilon > 0$ 有关,它随 ε 的给定而确定(但不唯一),一般 ε 变小,N 会变大.

③$\lim\limits_{n \to \infty} x_n = c$ 的几何解释如图 1.8 所示.

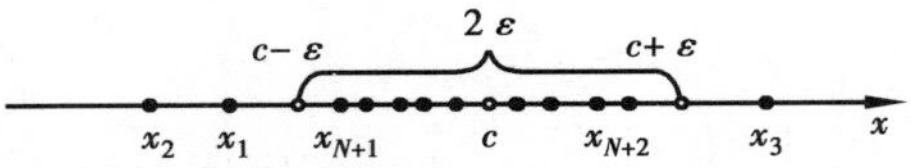

图 1.8

对 $\forall \varepsilon > 0$,$\exists$ 正整数 N,当 $n > N$ 时,即从数列 $\{x_n\}$ 的第 $N+1$ 项起,以后的所有项的对应点 x_n 都落入开区间 $(c - \varepsilon, c + \varepsilon)$ 内. 而 $\{x_n\}$ 中只有有限(至多 N)个点落在区间 $(c - \varepsilon, c + \varepsilon)$ 之外.

例 1　证明:$\lim\limits_{n \to \infty} x_n = C$,其中,$x_n \equiv C$($C$ 为常数).

证　$\forall \varepsilon > 0$,由于 $\left| x_n - C \right| = \left| C - C \right| = 0 < \varepsilon$ 恒成立,从而只需取 $N = 1$,当 $n > N$ 时,就有
$$\left| x_n - C \right| = 0 < \varepsilon$$

所以
$$\lim_{n \to \infty} x_n = C$$

即常数列的极限就是该常数本身.

用定义证明数列极限存在,关键是对 $\forall \varepsilon > 0$,找正整数 N,但不必要求最小的 N.

例 2　证明:$\lim\limits_{n \to \infty} \dfrac{n + (-1)^{n-1}}{n} = 1.$

证 由于 $|x_n - 1| = \left| \dfrac{n + (-1)^{n-1}}{n} - 1 \right| = \dfrac{1}{n}$，对 $\forall \varepsilon > 0$，要使 $|x_n - 1| < \varepsilon$，只要 $\dfrac{1}{n} < \varepsilon$，即 $n > \dfrac{1}{\varepsilon}$ 即可. 因此，取 $N = \left[\dfrac{1}{\varepsilon} \right] + 1$，则当 $n > N$ 时，就有 $\left| \dfrac{n + (-1)^{n-1}}{n} - 1 \right| < \varepsilon$，即

$$\lim_{n \to \infty} \frac{n + (-1)^{n-1}}{n} = 1$$

例3 证明：$\lim\limits_{n \to \infty} q^n = 0$，其中，$|q| < 1$.

证 任给 $\varepsilon > 0$（限定 $\varepsilon < 1$），若 $q = 0$，则

$$\lim_{n \to \infty} q^n = \lim_{n \to \infty} 0 = 0$$

若 $0 < |q| < 1$，$|x_n - 0| = |q^n| < \varepsilon$，有 $n \ln |q| < \ln \varepsilon$，所以

$$n > \frac{\ln \varepsilon}{\ln |q|}$$

取 $N = \left[\dfrac{\ln \varepsilon}{\ln |q|} \right] + 1$，则当 $n > N$ 时，就有 $|q^n - 0| < \varepsilon$. 故 $\lim\limits_{n \to \infty} q^n = 0$.

例4 设 $x_n > 0$，且 $\lim\limits_{n \to \infty} x_n = a \, (a > 0)$，求证：$\lim\limits_{n \to \infty} \sqrt{x_n} = \sqrt{a}$.

证 因为 $\lim\limits_{n \to \infty} x_n = a$，所以对 $\forall \varepsilon > 0$，$\exists N > 0$ 使得当 $n > N$ 时，恒有 $|x_n - a| < \varepsilon$. 从而有

$$\left| \sqrt{x_n} - \sqrt{a} \right| = \frac{|x_n - a|}{\sqrt{x_n} + \sqrt{a}} < \frac{|x_n - a|}{\sqrt{a}} < \frac{\varepsilon}{\sqrt{a}}$$

故

$$\lim_{n \to \infty} \sqrt{x_n} = \sqrt{a}$$

1.2.2 收敛数列的性质

定理 1.2（唯一性） 收敛数列的极限是唯一的.

证 设 $\lim\limits_{n \to \infty} x_n = a$，又 $\lim\limits_{n \to \infty} x_n = b$. 由定义，对 $\forall \varepsilon > 0$，$\exists$ 正整数 N_1, N_2，使得当 $n > N_1$ 时，恒有 $|x_n - a| < \varepsilon$；当 $n > N_2$ 时，恒有 $|x_n - b| < \varepsilon$. 取 $N = \max\{N_1, N_2\}$，则当 $n > N$ 时，有

$$|a - b| = |(x_n - b) - (x_n - a)| \leqslant |x_n - b| + |x_n - a| < \varepsilon + \varepsilon = 2\varepsilon$$

上式仅当 $a = b$ 时才能成立. 故收敛数列的极限是唯一的.

定理 1.3（有界性） 收敛数列必有界.

证 设 $\lim\limits_{n \to \infty} x_n = a$，取 $\varepsilon = 1$，总存在正整数 N，当 $n > N$ 时，$|x_n - a| < 1$. 所以

$$|x_n| = |(x_n - a) + a| \leqslant |x_n - a| + |a| < 1 + |a|$$

取 $M = \max\{|x_1|, |x_2|, \cdots, |x_N|, 1 + |a|\}$，则数列 $\{x_n\}$ 中的一切项都满足不等式 $|x_n| \leqslant M$. 故收敛数列是有界的.

注 ①有界数列不一定收敛，有界性是数列收敛的必要而非充分条件.

②无界数列必发散.

定理 1.4（保号性） 如果 $\lim\limits_{n \to \infty} x_n = a$，且 $a > 0$（或 $a < 0$），则存在正整数 N，当 $n > N$ 时，恒

有 $x_n > 0$(或 $x_n < 0$).

证 仅就 $a > 0$ 的情形进行证明. 由数列极限的定义, 对 $\varepsilon = \dfrac{a}{2} > 0$, $\exists$ 正整数 N, 当 $n > N$ 时, 有

$$|x_n - a| < \frac{a}{2}$$

从而

$$x_n > a - \frac{a}{2} = \frac{a}{2} > 0$$

推论 1.1 如果 $\{x_n\}$ 从某项起有 $x_n \geqslant 0$(或 $x_n \leqslant 0$), 且 $\lim\limits_{n\to\infty} x_n = a$, 则 $a \geqslant 0$(或 $a \leqslant 0$).

注 推论 1.1 中的条件改为 $x_n > 0$(或 $x_n < 0$), 其结论仍然不变.

定理 1.5 如果数列 $\{x_n\}$ 收敛于 a, 则它的任一子数列也收敛于 a.

证 设 $\{x_{n_k}\}$ 是 $\{x_n\}$ 任意一子数列, 由 $\lim\limits_{n\to\infty} x_n = a$ 知, 对 $\forall \varepsilon > 0$, 存在正整数 N, 当 $n > N$ 时, 有

$$|x_n - a| < \varepsilon$$

恒成立.

取 $K = N$, 则当 $k > K$ 时, $n_k > n_K = n_N \geqslant N$, 于是有

$$|x_{n_k} - a| < \varepsilon$$

恒成立. 因此 $\lim\limits_{k\to\infty} x_{n_k} = a$.

注 由定理 1.5 可知, 若 $\{x_n\}$ 有一个子数列的极限不存在, 或两个子数列分别收敛于不同的极限, 则 $\{x_n\}$ 发散.

例如, 对于数列 $x_n = (-1)^{n+1}$($n = 1, 2, \cdots$), 因为它的奇、偶子数列分别收敛于 1 和 -1, 故 $\{x_n\}$ 发散.

1.2.3 数列极限的运算规则

一般情况下, 极限的定义只能用来验证极限, 而不能计算数列的极限. 为了计算数列极限, 下面给出数列极限的运算法则.

设 $\lim\limits_{n\to\infty} a_n = a$, $\lim\limits_{n\to\infty} b_n = b$, 则

①$\lim\limits_{n\to\infty}(a_n \pm b_n) = \lim\limits_{n\to\infty} a_n \pm \lim\limits_{n\to\infty} b_n = a \pm b$.

②$\lim\limits_{n\to\infty}(a_n b_n) = \lim\limits_{n\to\infty} a_n \cdot \lim\limits_{n\to\infty} b_n = ab$, 特别地, $\lim\limits_{n\to\infty}(k a_n) = k \lim\limits_{n\to\infty} a_n = ka$($k$ 为常数).

③当 $b \neq 0$ 时, $\lim\limits_{n\to\infty} \dfrac{a_n}{b_n} = \dfrac{\lim\limits_{n\to\infty} a_n}{\lim\limits_{n\to\infty} b_n} = \dfrac{a}{b}$.

④当 $a_n \leqslant b_n$($n \geqslant N$)时, 有 $\lim\limits_{n\to\infty} a_n \leqslant \lim\limits_{n\to\infty} b_n$, 即 $a \leqslant b$.

以上性质在 1.5 节证明.

例 5 求 $\lim\limits_{n\to\infty}\left(\dfrac{1}{n^2} + \dfrac{2}{n^2} + \cdots + \dfrac{n}{n^2}\right)$.

解　$\lim\limits_{n\to\infty}\left(\dfrac{1}{n^2}+\dfrac{2}{n^2}+\cdots+\dfrac{n}{n^2}\right)=\lim\limits_{n\to\infty}\dfrac{1+2+\cdots+n}{n^2}$

$$=\lim_{n\to\infty}\dfrac{\dfrac{1}{2}n(n+1)}{n^2}=\lim_{n\to\infty}\dfrac{1}{2}\left(1+\dfrac{1}{n}\right)=\dfrac{1}{2}$$

例 6　求 $\lim\limits_{n\to\infty}\dfrac{(-2)^n+3^n}{(-2)^{n+1}+3^{n+1}}$.

解　$\lim\limits_{n\to\infty}\dfrac{(-2)^n+3^n}{(-2)^{n+1}+3^{n+1}}=\lim\limits_{n\to\infty}\left[\dfrac{\left(-\dfrac{2}{3}\right)^n+1}{\left(-\dfrac{2}{3}\right)^{n+1}+1}\cdot\dfrac{3^n}{3^{n+1}}\right]$

$$=\dfrac{1}{3}\lim_{n\to\infty}\dfrac{\left(-\dfrac{2}{3}\right)^n+1}{\left(-\dfrac{2}{3}\right)^{n+1}+1}=\dfrac{1}{3}\cdot\dfrac{0+1}{0+1}=\dfrac{1}{3}$$

例 7　求 $\lim\limits_{n\to\infty}\left[\dfrac{1+2+\cdots+n}{n}-\dfrac{n^2}{2(n+1)}\right]$.

解　$\lim\limits_{n\to\infty}\left[\dfrac{1+2+\cdots+n}{n}-\dfrac{n^2}{2(n+1)}\right]=\lim\limits_{n\to\infty}\left[\dfrac{1}{n}\dfrac{(n+1)n}{2}-\dfrac{n^2}{2(n+1)}\right]$

$$=\lim_{n\to\infty}\dfrac{(n+1)^2-n^2}{2(n+1)}=\dfrac{1}{2}\lim_{n\to\infty}\dfrac{2n+1}{n+1}$$

$$=\dfrac{1}{2}\lim_{n\to\infty}\dfrac{2+\dfrac{1}{n}}{1+\dfrac{1}{n}}=\dfrac{1}{2}\cdot\dfrac{2+0}{1+0}=1$$

例 8　求 $\lim\limits_{n\to\infty}\sqrt{n}(\sqrt{n+1}-\sqrt{n})$.

解　$\lim\limits_{n\to\infty}\sqrt{n}(\sqrt{n+1}-\sqrt{n})=\lim\limits_{n\to\infty}\dfrac{\sqrt{n}(n+1-n)}{\sqrt{n+1}+\sqrt{n}}=\lim\limits_{n\to\infty}\dfrac{1}{\sqrt{1+\dfrac{1}{n}}+1}=\dfrac{1}{2}$

习题 1.2

1. 观察下列数列 $\{x_n\}$ 的变化趋势,判断极限是否存在? 若存在,写出它们的极限值.

$(1)\,x_n=\dfrac{2}{3^n}$;　　　　　　　　　　　$(2)\,x_n=\dfrac{2+(-1)^n}{3^n}$;

$(3)\,x_n=(-1)^n+\dfrac{1}{n}$;　　　　　　　　$(4)\,x_n=\cos\dfrac{\pi}{n}$;

$(5)\,x_n=\ln\dfrac{1}{n}$;　　　　　　　　　　$(6)\,x_n=\left[(-1)^n+1\right]\dfrac{n+1}{n}$.

2. "对任意给定的 $\varepsilon\in(0,1)$,总存在正整数 N,当 $n\geqslant N$ 时,恒有 $|x_n-a|<2\varepsilon$"是数列 $\{x_n\}$ 收敛于 a 的(　　　).

A. 充分条件但非必要条件　　　　　　B. 必要条件但非充分条件

C. 充分必要条件　　　　　　　　　　D. 既非充分条件也非必要条件

3. 设数列 $\{x_n\}$ 的一般项 $x_n = \dfrac{1}{n}\cos\dfrac{n\pi}{2}$，问 $\lim\limits_{n\to\infty}x_n = ?$ 当 $\varepsilon = 0.001$ 时，求出 N，使得当 $n > N$ 时，x_n 与其极限之差的绝对值小于 ε.

4. 证明：若 $\lim\limits_{n\to\infty}x_n = a$，则 $\lim\limits_{n\to\infty}|x_n| = |a|$. 并举例说明其逆命题不成立.

5. 证明：$\lim\limits_{n\to\infty}\dfrac{n!}{n^n} = 0$.

6. 设 $a_n = \left(1 + \dfrac{1}{n}\right)\sin\dfrac{n\pi}{2}(n = 1,2,\cdots)$，证明：数列 $\{a_n\}$ 发散.

7. 设有数列 $a_n(n = 1,2,\cdots)$. 若 $\lim\limits_{n\to\infty}a_{2n-1} = \lim\limits_{n\to\infty}a_{2n} = c$，则 $\lim\limits_{n\to\infty}a_n = c$.

8. 回答下列问题并给出理由：

(1) 数列的有界性是数列收敛的什么条件？

(2) 无界数列是否一定发散？

(3) 有界数列是否一定收敛？

9. 求下列数列的极限：

$(1)\ \lim\limits_{n\to\infty}\left(\sqrt{1 + 2 + \cdots + n} - \sqrt{1 + 2 + \cdots + n - 1}\right)$；$(2)\ \lim\limits_{n\to\infty}\dfrac{(n+1)(n+2)(n+3)}{5n^3}$；

$(3)\ \lim\limits_{n\to\infty}\dfrac{5^n}{8^n + 5}$；$\qquad\qquad\qquad\qquad(4)\ \lim\limits_{n\to\infty}\left(1 + \dfrac{1}{2} + \dfrac{1}{2^2} + \cdots + \dfrac{1}{2^{n-1}}\right)$.

10. 设函数 $f(x) = e^x$，计算 $\lim\limits_{n\to\infty}\dfrac{1}{n^2}\ln[f(1)f(2)\cdots f(n)]$.

1.3　函数的极限

在数列极限中，$\lim\limits_{n\to\infty}x_n = a$ 也就是 $\lim\limits_{n\to\infty}f(n) = a$，即自变量 n 取 $1,2,\cdots$ 的函数的极限. 从而用 x 换 $f(n)$ 中的 n，自变量 n 取 $1,2,\cdots$ 而趋于无穷，换为自变量 x 取实数而趋于无穷，得到当自变量 $x\to\infty$ 时，函数 $f(x)$ 的极限 $\lim\limits_{x\to\infty}f(x) = a$.

函数的极限过程可分为自变量趋于无穷大和有限数两种共 6 类，即 $x\to\infty$，$x\to+\infty$，$x\to-\infty$，以及 $x\to x_0$，$x\to x_0^+$，$x\to x_0^-$.

通过以上分析，首先讨论自变量 x 趋于无穷大时，函数 $f(x)$ 的极限.

为了叙述方便，引入符号：

①邻域

$$\{x\ |\ |x - a| < \delta, \delta > 0\} = \{x\ |\ a - \delta < x < a + \delta\} = (a - \delta, a + \delta)$$

称为以 a 点为中心，δ 为半径的邻域，记作 $U(a,\delta)$，或 $U(a)$.

②去心邻域

$$\mathring{U}(a,\delta) = \{x \mid 0 < |x-a| < \delta\} = (a-\delta,a) \cup (a,a+\delta)$$

表示以点 a 为中心, δ 为半径的去心邻域.

1.3.1 自变量趋于无穷大时函数的极限

定义 1.5 设 $f(x)$ 在 $|x|$ 大于某一正数时有定义. 如果存在常数 A, 对 $\forall \varepsilon > 0$, $\exists X > 0$, 使对于 $|x| > X$ 的一切 x, 有

$$|f(x) - A| < \varepsilon$$

则称常数 A 为当 $x \to \infty$ 时函数 $f(x)$ 的极限, 记作

$$\lim_{x \to \infty} f(x) = A \text{ 或 } f(x) \to A (x \to \infty)$$

$\lim\limits_{x \to \infty} f(x) = A$ 的几何意义: $\forall \varepsilon > 0$, $\exists X > 0$, 对于 $|x| > X$ 的一切 x, 函数 $f(x)$ 所对应的曲线都会落入两条平行线 $y = A - \varepsilon$ 与 $y = A + \varepsilon$ 所形成的窄条内, 如图 1.9 所示.

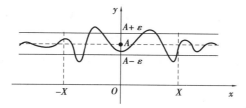

图 1.9

根据极限 $\lim\limits_{x \to \infty} f(x) = A$ 的定义, 特别地, 当 $|x|$ 无限增大, 但 x 只取正值, 或负值时, 分别有 $\lim\limits_{x \to +\infty} f(x) = A$ 和 $\lim\limits_{x \to -\infty} f(x) = A$.

定义 1.6 设 $f(x)$ 当 x 大于某正数时有定义, A 为常数. 对 $\forall \varepsilon > 0$ (无论它多么小), $\exists X > 0$, 使得当 $x > X$ 时, 有

$$|f(x) - A| < \varepsilon$$

恒成立, 则称 A 为函数 $f(x)$ 当 $x \to +\infty$ 时的极限. 记为

$$\lim_{x \to +\infty} f(x) = A$$

或

$$f(x) \to A (x \to +\infty)$$

类似地, 设 $f(x)$ 当 x 小于某负数时有定义, A 为常数. $\forall \varepsilon > 0$ (无论它多么小), $\exists X > 0$, 使得当 $x < -X$ 时, 有

$$|f(x) - A| < \varepsilon$$

恒成立, 则称 A 为函数 $f(x)$ 当 $x \to -\infty$ 时的极限. 记为

$$\lim_{x \to -\infty} f(x) = A \text{ 或 } f(x) \to A (x \to -\infty)$$

由上述定义, 不难证明 $\lim\limits_{x \to \infty} f(x) = A$ 的**充分必要条件**是

$$\lim_{x \to -\infty} f(x) = \lim_{x \to +\infty} f(x) = A$$

注 在 $\lim\limits_{x \to \infty} f(x) = A$ (或 $\lim\limits_{x \to -\infty} f(x) = A$, $\lim\limits_{x \to +\infty} f(x) = A$) 时, 称直线 $y = A$ 为曲线 $y = f(x)$ 的**水平渐近线**.

例 1　用定义证明 $\lim\limits_{x\to\infty}\dfrac{\sin x}{x}=0$.

证　由于

$$\left|\frac{\sin x}{x}-0\right|=\left|\frac{\sin x}{x}\right|\leqslant\frac{1}{|x|}$$

$\forall\varepsilon>0$,要使 $\dfrac{1}{|x|}<\varepsilon$,只要 $|x|>\dfrac{1}{\varepsilon}$.因此取 $X=\dfrac{1}{\varepsilon}$,则当 $|x|>X$ 时,恒有

$$\left|\frac{\sin x}{x}-0\right|<\varepsilon$$

故 $\lim\limits_{x\to\infty}\dfrac{\sin x}{x}=0$.

1.3.2　自变量趋于有限值时函数的极限

函数 $y=f(x)$ 在 $x\to x_0$ 的过程中,对应函数值 $f(x)$ 无限趋近于确定值 A 怎样刻画?

所谓"$f(x)$ 无限趋近于 A",实质上等价要求 $|f(x)-A|$ 能任意小,即对任意正数 ε,$|f(x)-A|<\varepsilon$.又由于这"任意小"是在 $x\to x_0$ 的过程中实现的,也就是仅要求 x 充分接近 x_0 时,有 $|f(x)-A|<\varepsilon$ 就行了.

下面给出 $x\to x_0$ 时函数极限的定义.

定义 1.7　设 $f(x)$ 在点 x_0 的某一去心邻域内有定义,A 为常数.如果对于 $\forall\varepsilon>0$(无论它多么小),$\exists\delta>0$,使得当 $0<|x-x_0|<\delta$ 时,有 $|f(x)-A|<\varepsilon$ 恒成立,则称常数 A 为函数 $f(x)$ 当 $x\to x_0$ 时的极限.记作

$$\lim\limits_{x\to x_0}f(x)=A$$

或

$$f(x)\to A(x\to x_0)$$

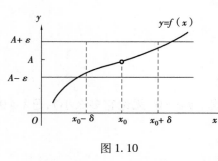

图 1.10

注　①由定义 1.7 可知,当 $x\to x_0$ 时,函数 $f(x)$ 是否有极限与 $f(x)$ 在点 x_0 处是否有定义无关.

②正数 δ 与任意给定的 $\varepsilon>0$ 有关,它随 ε 的给定而确定(不唯一).

③极限 $\lim\limits_{x\to x_0}f(x)=A$ 的几何意义如图 1.10 所示.

对于任意给定的 $\varepsilon>0$,总存在 $\delta>0$,使得当点 x 落入 $(x_0-\delta,x_0)\cup(x_0,x_0+\delta)$ 时,$f(x)$ 的图形介于直线 $y=A-\varepsilon$ 与 $y=A+\varepsilon$ 之间.

例 2　用定义证明下列各题:

(1) $\lim\limits_{x\to x_0}x=x_0$;　　　　(2) $\lim\limits_{x\to 2}\dfrac{x^2-4}{x-2}=4$;　　　　(3) $\lim\limits_{x\to 0}\mathrm{e}^x=1$.

证　(1)因为 $|f(x)-A|=|x-x_0|$,任给 $\varepsilon>0$,取 $\delta=\varepsilon$,当 $0<|x-x_0|<\delta=\varepsilon$ 时

$$|f(x)-A|=|x-x_0|<\varepsilon$$

即

$$\lim_{x \to x_0} x = x_0$$

（2）尽管函数 $f(x) = \dfrac{x^2-4}{x-2}$ 在点 $x=2$ 处没有定义. 但是

$$|f(x) - A| = \left| \frac{x^2-4}{x-2} - 4 \right| = |x-2|$$

于是, $\forall \varepsilon > 0$, 要使 $|f(x) - A| < \varepsilon$, 只需取 $\delta = \varepsilon$, 当 $0 < |x-2| < \delta$ 时, 就有 $\left| \dfrac{x^2-4}{x-2} - 4 \right| < \varepsilon$.

所以

$$\lim_{x \to 2} \frac{x^2-4}{x-2} = 4$$

（3）对于 $\forall \varepsilon > 0$（不妨设 $\varepsilon < 1$）, 要使 $|e^x - 1| < \varepsilon$, 即 $-\varepsilon < e^x - 1 < \varepsilon$, 只要 $\ln(1-\varepsilon) < x < \ln(1+\varepsilon)$. 因此取 $\delta = \min\{\ln(1+\varepsilon), |\ln(1-\varepsilon)|\}$, 则当 $0 < |x| < \delta$ 时, 就有

$$|e^x - 1| < \varepsilon$$

所以

$$\lim_{x \to 0} e^x = 1$$

$\lim\limits_{x \to x_0} f(x) = A$ 中的 "$x \to x_0$" 是指 x 可以从 x_0 的左侧（$x < x_0$）趋于 x_0, 也可以从 x_0 的右侧（$x > x_0$）趋于 x_0. 有时只需要考虑 x 从 x_0 的一侧（左侧或右侧）趋于 x_0, 因此有下列的**单侧极限**.

设 $f(x)$ 在点 x_0 的某左邻域内有定义, 若 $\forall \varepsilon > 0$, $\exists \delta > 0$, 使得当 $x_0 - \delta < x < x_0$ 时, 恒有

$$|f(x) - A| < \varepsilon$$

则称 A 为 $f(x)$ 在 x_0 的**左极限**, 记作

$$f(x_0^-) = \lim_{x \to x_0^-} f(x) = A \text{ 或 } f(x_0 - 0) = \lim_{x \to x_0 - 0} f(x) = A$$

设 $f(x)$ 在点 x_0 的某右邻域内有定义, 若 $\forall \varepsilon > 0$, $\exists \delta > 0$, 使得当 $x_0 < x < x_0 + \delta$ 时, 恒有

$$|f(x) - A| < \varepsilon$$

则称 A 为 $f(x)$ 在 x_0 的**右极限**, 记作

$$f(x_0^+) = \lim_{x \to x_0^+} f(x) = A \text{ 或 } f(x_0 + 0) = \lim_{x \to x_0 + 0} f(x) = A$$

由定义 1.7 可知

$$\lim_{x \to x_0} f(x) = A \Leftrightarrow f(x_0^-) = f(x_0^+) = A$$

注　在求函数极限时, 下列情况之一要考虑单侧极限:

①判断分段函数在分段点处的极限;

②含有绝对值的函数的极限;

③一些函数在特殊点处的极限.

例 3　考察函数 $f(x) = \begin{cases} e^x & x < 0 \\ x & x \geq 0 \end{cases}$ 在 $x = 0$ 处的极限.

解 因为 $f(0^-) = \lim\limits_{x \to 0^-} f(x) = \lim\limits_{x \to 0^-} e^x = 1$,

$$f(0^+) = \lim\limits_{x \to 0^+} f(x) = \lim\limits_{x \to 0^+} x = 0$$

所以 $f(0^-) \neq f(0^+)$. 因此 $\lim\limits_{x \to 0} f(x)$ 不存在.

1.3.3 函数极限的性质

函数极限也有类似数列极限的性质(仅以 $x \to x_0$ 为例叙述,其他情形,需作相应修改即可):

定理 1.6(唯一性) 如果 $\lim\limits_{x \to x_0} f(x)$ 存在,则此极限是唯一的.

定理 1.7(局部有界性) 如果 $\lim\limits_{x \to x_0} f(x) = A$,则存在 $M > 0$ 和 $\delta > 0$,使得当 $0 < |x - x_0| < \delta$ 时,恒有

$$|f(x)| \leq M$$

成立.

定理 1.8(局部保号性) 如果 $\lim\limits_{x \to x_0} f(x) = A$,且 $A > 0$(或 $A < 0$),则存在点 x_0 的某去心邻域 $\mathring{U}(x_0)$,当 $x \in \mathring{U}(x_0)$ 时,有

$$f(x) > 0 \text{(或 } f(x) < 0)$$

证 就 $A > 0$ 的情形证明.

因为 $\lim\limits_{x \to x_0} f(x) = A$,所以取 $\varepsilon = \dfrac{A}{2} > 0$,则 $\exists \delta > 0$,当 $0 < |x - x_0| < \delta$ 时,有

$$|f(x) - A| < \frac{A}{2}$$

所以 $f(x) > A - \dfrac{A}{2} = \dfrac{A}{2} > 0$.

类似地可以证明 $A < 0$ 的情形.

定理 1.9 如果 $\lim\limits_{x \to x_0} f(x) = A$,且 $A \neq 0$,则存在点 x_0 的某一去心邻域 $\mathring{U}(x_0)$,当 $x \in \mathring{U}(x_0)$ 时,有

$$|f(x)| > \frac{|A|}{2}$$

推论 1.2 如果存在点 x_0 的某一去心邻域 $\mathring{U}(x_0)$,当 $x \in \mathring{U}(x_0)$ 时,有 $f(x) \geq 0$(或 $f(x) \leq 0$),且 $\lim\limits_{x \to x_0} f(x) = A$,则 $A \geq 0$(或 $A \leq 0$).

注 将推论 1.2 的条件 $f(x) \geq 0$ 换成 $f(x) > 0$,结论仍为 $A \geq 0$.

函数极限与数列极限的关系如下:

定理 1.10(函数极限与数列极限的关系) 如果 $\lim\limits_{x \to x_0} f(x)$ 存在,$\{x_n\}$ 为函数的定义域内任意一收敛于 x_0 的数列,且满足 $x_n \neq x_0$($n \in \mathbf{N}^+$),则相应的函数值数列 $\{f(x_n)\}$ 必收敛,且 $\lim\limits_{n \to \infty} f(x_n) = \lim\limits_{x \to x_0} f(x)$.

证 设 $\lim\limits_{x \to x_0} f(x) = A$,则 $\forall \varepsilon > 0$,$\exists \delta > 0$,使当 $0 < |x - x_0| < \delta$ 时,恒有

$$|f(x) - A| < \varepsilon$$

又 $\lim\limits_{n\to\infty} x_n = x_0$ 且 $x_n \neq x_0$，故对上述 $\delta > 0$，$\exists N > 0$，使当 $n > N$ 时，恒有

$$0 < |x_n - x_0| < \delta$$

从而有 $|f(x_n) - A| < \varepsilon$，故

$$\lim_n f(x_n) = A$$

例如，由 $\lim\limits_{x\to 0} \dfrac{\sin x}{x} = 1$（证明见 1.6 节）可知，$\lim\limits_{n\to\infty} n \sin \dfrac{1}{n} = 1$.

进而有以下定理.

定理 1.11（海涅（Heine）定理） 设 $f(x)$ 在点 x_0 的某一去心邻域内有定义，则 $\lim\limits_{x\to x_0} f(x) = A \Leftrightarrow$ 在该去心邻域内的 $\forall x_n \to x_0 (n\to\infty)$，$x_n \neq x_0$，有

$$\lim_{n\to\infty} f(x_n) = A$$

海涅定理的作用

例4 证明：$\lim\limits_{x\to 0} \sin \dfrac{1}{x}$ 不存在.

证 取 $\{x_n\} = \left\{\dfrac{1}{n\pi}\right\}$，则 $\lim\limits_{n\to\infty} x_n = 0$，且 $x_n \neq 0$；取 $\{x_n'\} = \left\{\dfrac{1}{\frac{4n+1}{2}\pi}\right\}$，$\lim\limits_{n\to\infty} x_n' = 0$，且 $x_n' \neq 0$，而

$$\lim_{n\to\infty} \sin \frac{1}{x_n} = \lim_{n\to\infty} \sin n\pi = 0, \quad \lim_{n\to\infty} \sin \frac{1}{x_n'} = \lim_{n\to\infty} \sin \frac{4n+1}{2}\pi = \lim_{n\to\infty} 1 = 1$$

二者不相等，故 $\lim\limits_{x\to 0} \sin \dfrac{1}{x}$ 不存在.

习题 1.3

1. 证明：若 $x\to -\infty$ 及 $x\to +\infty$ 时，函数 $f(x)$ 的极限都存在且都等于 A，则 $\lim\limits_{x\to\infty} f(x) = A$.

2. 利用极限定义证明：

（1）$\lim\limits_{x\to\infty} \dfrac{1+x^3}{2x^3} = \dfrac{1}{2}$；　　　　　（2）$\lim\limits_{x\to +\infty} \dfrac{\sin x}{\sqrt{x}} = 0$；

（3）$\lim\limits_{x\to -\frac{1}{2}} \dfrac{1-4x^2}{2x+1} = 2$；　　　　　（4）$\lim\limits_{x\to 0} \sin x = 0$.

3. 证明：函数 $f(x) = |x|$ 当 $x\to 0$ 时极限为零.

4. 当 $x\to\infty$ 时，$y = \dfrac{x^2-1}{x^2+3}\to 1$. 问 X 等于多少时，使当 $|x| > X$ 时，$|y-1| < 0.01$？

5. 当 $x\to 2$ 时，$y = x^2 \to 4$. 问 δ 等于多少时，使当 $|x-2| < \delta$ 时，$|y-4| < 0.001$？

6. 设 $f(x) > 0$，且 $\lim\limits_{x\to x_0} f(x) = A$，问是否有 $A > 0$？ 为什么？

7. 求 $f(x) = \dfrac{x}{x}$，$\varphi(x) = \dfrac{|x|}{x}$ 当 $x\to 0$ 时的左、右极限，并说明它们在 $x\to 0$ 时的极限是否存在.

8. 证明：函数 $f(x)$ 当 $x\to x_0$ 时极限存在的充分必要条件是左极限、右极限各自存在并且相等.

1.4 无穷小与无穷大

1.4.1 无穷小

在自变量的某一变化过程中,极限为零的变量称为**无穷小量**,简称**无穷小**.

以下为方便叙述,仅给出 6 类极限过程中的某一或二类进行讨论,其余情形只需作相应的修改便可.

定义 1.8 设 $f(x)$ 在点 x_0 的某一去心邻域内(或 $|x|$ 大于某正数)有定义. 如果对 $\forall \varepsilon > 0$(无论它多么小),$\exists \delta > 0$(或 $X > 0$),使得当 $0 < |x - x_0| < \delta$(或 $|x| > X$)时,有 $|f(x)| < \varepsilon$ 恒成立,则称函数 $f(x)$ 当 $x \to x_0$(或 $x \to \infty$)时为无穷小. 记为

$$\lim_{x \to x_0} f(x) = 0 \left(\text{或} \lim_{x \to \infty} f(x) = 0 \right)$$

注 ①无穷小是以零为极限的变量,不能与很小的数混淆.

②在自变量的变化过程中,零是可以作为无穷小的唯一的常数.

例如,$\lim\limits_{x \to 0} \sin x = 0$,所以函数 $\sin x$ 当 $x \to 0$ 时为无穷小.

$\lim\limits_{x \to \infty} \dfrac{1}{x} = 0$,函数 $\dfrac{1}{x}$ 是当 $x \to \infty$ 时的无穷小.

$\lim\limits_{n \to \infty} \dfrac{(-1)^n}{n} = 0$,数列 $\left\{ \dfrac{(-1)^n}{n} \right\}$ 是当 $n \to \infty$ 时的无穷小.

定理 1.12(函数极限和无穷小的关系) $\lim\limits_{x \to x_0} f(x) = A$(或 $\lim\limits_{x \to \infty} f(x) = A$)$\Leftrightarrow f(x) = A + \alpha$,其中,$\lim\limits_{x \to x_0} \alpha = 0$(或 $\lim\limits_{x \to \infty} \alpha = 0$).

证 "$\Rightarrow$":若 $\lim\limits_{x \to x_0} f(x) = A$,则对 $\forall \varepsilon > 0$,$\exists \delta > 0$,使得当 $0 < |x - x_0| < \delta$ 时,有

$$|f(x) - A| < \varepsilon$$

恒成立. 令 $\alpha = f(x) - A$,则 α 是 $x \to x_0$ 时的无穷小,且

$$f(x) = A + \alpha$$

"$\Leftarrow$":设 $f(x) = A + \alpha$,则

$$|f(x) - A| = |\alpha|$$

因为 α 是 $x \to x_0$ 时的无穷小,故对 $\forall \varepsilon > 0$,$\exists \delta > 0$,使得当 $0 < |x - x_0| < \delta$ 时,有 $|\alpha| < \varepsilon$ 成立,即 $|f(x) - A| < \varepsilon$ 成立,故 $\lim\limits_{x \to x_0} f(x) = A$.

类似地可证明当 $x \to \infty$ 时的情形.

注 由此定理可知:

①一般极限问题都可转化为无穷小问题,即 $\lim\limits_{x \to x_0} f(x) = A \Leftrightarrow \lim\limits_{x \to x_0} (f(x) - A) = 0$.

②它给出了函数 $f(x)$ 在 x_0 附近的近似表达式 $f(x) \approx A$,误差为 α,且 $\lim\limits_{x \to x_0} \alpha = 0$.

无穷小的运算性质:

定理 1.13　在自变量的同一变化过程中,有限个无穷小的代数和仍是无穷小.

证　仅以 $x \to \infty$ 及两个无穷小的情形为例,其余 5 类极限过程证明仿此即可.

设 α 及 β 是当 $x \to \infty$ 时的两个无穷小,则 $\forall \varepsilon > 0, \exists X_1 > 0, X_2 > 0$,使得:

当 $|x| > X_1$ 时,恒有

$$|\alpha| < \frac{\varepsilon}{2}$$

当 $|x| > X_2$ 时,恒有

$$|\beta| < \frac{\varepsilon}{2}$$

取 $X = \max\{X_1, X_2\}$,当 $|x| > X$ 时,恒有

$$|\alpha \pm \beta| \leqslant |\alpha| + |\beta| < \frac{\varepsilon}{2} + \frac{\varepsilon}{2} = \varepsilon$$

于是

$$\alpha \pm \beta \to 0 \ (x \to \infty)$$

注　无穷多个无穷小的代数和未必是无穷小.

例如,当 $n \to \infty$ 时,$\dfrac{1}{n}$ 是无穷小,但 $\lim\limits_{n \to \infty} \left(\underbrace{\dfrac{1}{n} + \dfrac{1}{n} + \cdots + \dfrac{1}{n}}_{n \uparrow} \right) = \lim\limits_{n \to \infty} \left(n \times \dfrac{1}{n} \right) = 1$

不是无穷小.

定理 1.14　在自变量的同一变化过程中,有界函数与无穷小的乘积是无穷小.

证　设函数 u 在 $\mathring{U}(x_0, \delta_1)$ 内有界,则 $\exists M > 0, \delta_1 > 0$,使得当 $0 < |x - x_0| < \delta_1$ 时,恒有 $|u| \leqslant M$.

又设 α 是当 $x \to x_0$ 时的无穷小,即 $\forall \varepsilon > 0, \exists \delta_2 > 0$,使得当 $0 < |x - x_0| < \delta_2$ 时,恒有

$$|\alpha| < \frac{\varepsilon}{M}$$

取 $\delta = \min\{\delta_1, \delta_2\}$,则当 $0 < |x - x_0| < \delta$ 时,恒有

$$|u \cdot \alpha| = |u| \cdot |\alpha| < M \cdot \frac{\varepsilon}{M} = \varepsilon$$

因此,当 $x \to x_0$ 时,$u \cdot \alpha$ 为无穷小.

推论 1.3　在自变量的同一变化过程中,有极限的变量与无穷小的乘积是无穷小.

推论 1.4　常数与无穷小的乘积是无穷小.

推论 1.5　在自变量的同一变化过程中,有限个无穷小的乘积也是无穷小.

例如,当 $x \to 0$ 时,$x \sin \dfrac{1}{x}, x^2 \arctan \dfrac{1}{x}, x \ln 2$ 都是无穷小.

1.4.2　无穷大

在自变量的同一变化过程中,绝对值无限增大的变量称为该过程中的**无穷大量**,简称**无穷大**.

定义 1.9　设 $f(x)$ 在点 x_0 的某一去心邻域内(或 $|x|$ 大于某正数)有定义. 如果对于任意

给定的 $M > 0$，总存在 $\delta > 0$（或 $X > 0$），使得当 $0 < |x - x_0| < \delta$（或 $|x| > X$）时，有

$$|f(x)| > M$$

恒成立，则称函数 $f(x)$ 当 $x \to x_0$（或 $x \to \infty$）时为无穷大．记作

$$\lim_{x \to x_0} f(x) = \infty \ (\text{或} \lim_{x \to \infty} f(x) = \infty)$$

在定义 1.9 中，$|f(x)| > M$ 分为两种情形：$f(x) < -M$，$f(x) > M$．将其分别记为

$$\lim_{x \to x_0} f(x) = -\infty \ (\text{或} \lim_{x \to \infty} f(x) = -\infty) \ \text{和} \lim_{x \to x_0} f(x) = +\infty \ (\text{或} \lim_{x \to \infty} f(x) = +\infty)$$

分别称函数 $f(x)$ 为当 $x \to x_0$（或 $x \to \infty$）时的负无穷大和正无穷大．

注 按函数极限定义，此时函数极限是不存在的．但为了便于叙述函数的这一变化性质，也说"函数的极限是无穷大"．因此，记为 $\lim\limits_{x \to x_0} f(x) = \infty$（或 $\lim\limits_{x \to \infty} f(x) = \infty$）．

①无穷大是变量，不能与很大的数混淆．

②切勿将 $\lim\limits_{x \to x_0} f(x) = \infty$ 认为极限存在．

例 1 证明：$\lim\limits_{x \to 3} \dfrac{1}{x - 3} = \infty$．

证 对于任意给定的 $M > 0$，欲使 $\left| \dfrac{1}{x - 3} \right| > M$，只要满足 $|x - 3| < \dfrac{1}{M}$ 就可．

取 $\delta = \dfrac{1}{M}$，当 $0 < |x - 3| < \delta$ 时，$\left| \dfrac{1}{x - 3} \right| > M$ 成立，故

$$\lim_{x \to 3} \frac{1}{x - 3} = \infty$$

注 如果 $\lim\limits_{\substack{x \to x_0 \\ (x \to x_0^- \text{或} x \to x_0^+)}} f(x) = \infty$（或 $-\infty$，或 $+\infty$），则称直线 $x = x_0$ 是函数 $y = f(x)$ 的图形

的**铅直渐近线**．

如上例中 $x = 3$ 就是曲线 $y = \dfrac{1}{x - 3}$ 的一条铅直渐近线．

例 2 证明：函数 $y = \dfrac{1}{x} \sin \dfrac{1}{x}$ 在 $(0, 1]$ 内无界．但这个函数不是当 $x \to 0^+$ 时的无穷大．

证 $\forall M > 0$．

（1）取 $x_k = \dfrac{1}{2k\pi + \dfrac{\pi}{2}}$ （$k = 0, 1, 2, 3, \cdots$），则

$$y(x_k) = \left(2k\pi + \frac{\pi}{2} \right) \sin \left(2k\pi + \frac{\pi}{2} \right) = 2k\pi + \frac{\pi}{2}$$

当 k 充分大时

$$y(x_k) > M$$

因此，$y = \dfrac{1}{x} \sin \dfrac{1}{x}$ 在 $(0, 1]$ 内无界．

（2）取 $x'_k = \dfrac{1}{2k\pi}$ $\quad(k=1,2,3,\cdots)$

当 k 充分大时，$x'_k = \dfrac{1}{2k\pi} < \delta$，但

$$y(x'_k) = 2k\pi \sin 2k\pi = 0 < M$$

因此，当 $x \to 0^+$ 时，$y = \dfrac{1}{x}\sin\dfrac{1}{x}$ 不是无穷大.

1.4.3 无穷小与无穷大的关系

定理 1.15 在自变量的同一变化过程中，无穷大的倒数为无穷小；不为零的无穷小的倒数为无穷大.

证 设 $\lim\limits_{x\to x_0} f(x) = \infty$. $\forall \varepsilon > 0$（不论 ε 多么小），对 $M = \dfrac{1}{\varepsilon} > 0$，$\exists \delta > 0$，使得当 $0 < |x - x_0| < \delta$ 时，恒有

$$|f(x)| > M = \frac{1}{\varepsilon}$$

即 $\left|\dfrac{1}{f(x)}\right| < \varepsilon$. 也即当 $x \to x_0$ 时，$\dfrac{1}{f(x)}$ 为无穷小.

反之，设 $\lim\limits_{x\to x_0} f(x) = 0$，且 $f(x) \neq 0$.

$\forall M > 0$，$\exists \delta > 0$，使得当 $0 < |x - x_0| < \delta$ 时，恒有

$$|f(x)| < \frac{1}{M}$$

因 $f(x) \neq 0$，故

$$\left|\frac{1}{f(x)}\right| > M$$

即当 $x \to x_0$ 时，$\dfrac{1}{f(x)}$ 为无穷大.

由此可知，对无穷大的讨论都可归结为无穷小来讨论.

无穷小和无穷大都是用极限来定义的，因此，说无穷小和无穷大时，需先给出自变量的变化过程. 例如，当 $x \to 0$ 时，$\dfrac{1}{x}$ 是无穷大；当 $x \to \infty$ 时，$\dfrac{1}{x}$ 则是无穷小；当 $x \to 1$ 时，$\dfrac{1}{x}$ 既不是无穷大，也不是无穷小. 此外，$x = 0$ 是曲线 $y = \dfrac{1}{x}$ 的一条铅直渐近线，$y = 0$ 是曲线 $y = \dfrac{1}{x}$ 的一条水平渐近线.

习题 1.4

1. 下列说法是否正确？为什么？

（1）两个无穷大之和仍然是无穷大；

（2）有界函数与无穷大乘积是无穷大.

2. 根据极限定义证明：

（1）$y = \dfrac{x^2 - 9}{x + 3}$ 为当 $x \to 3$ 时的无穷小；

（2）$y = x \sin \dfrac{1}{x}$ 为当 $x \to 0$ 时的无穷小.

3. 函数 $f(x) = x \sin x$（　　　）.

A. 当 $x \to \infty$ 时为无穷大   B. 在 $(-\infty, +\infty)$ 内有界

C. 在 $(-\infty, +\infty)$ 内无界   D. 当 $x \to \infty$ 时有有限极限

4. 设数列 $\{x_n\}$ 与 $\{y_n\}$ 满足 $\lim\limits_{n \to \infty} x_n y_n = 0$，则下列断言正确的是（　　　）.

A. 若 $\{x_n\}$ 发散，则 $\{y_n\}$ 必发散   B. 若 $\{x_n\}$ 无界，则 $\{y_n\}$ 必有界

C. 若 $\{x_n\}$ 有界，则 $\{y_n\}$ 必为无穷小   D. 若 $\left\{\dfrac{1}{x_n}\right\}$ 为无穷小，则 $\{y_n\}$ 必为无穷小

5. 求下列极限：

（1）$\lim\limits_{x \to \infty} \dfrac{2x + 1}{x}$；   （2）$\lim\limits_{x \to 1} \dfrac{1 - x^2}{1 - x}$.

6. 函数 $y = x \cos x$ 在 $(-\infty, +\infty)$ 内是否有界？这个函数是否为 $x \to +\infty$ 时的无穷大？为什么？

1.5　极限运算法则

为方便起见，在下面的论述中，极限号下的极限过程 $x \to x_0$（或 $x \to \infty$）省略不写，如 $\lim f(x) = A, \lim g(x) = B$，其极限过程均指在自变量的同一变化过程（$x \to x_0$）中.

（1）极限运算法则

设 $\lim f(x) = A, \lim g(x) = B$，则

①$\lim[f(x) \pm g(x)] = A \pm B$ （1.4）

②$\lim[f(x) \cdot g(x)] = A \cdot B$ （1.5）

③若 $B \neq 0$，则 $\lim \dfrac{f(x)}{g(x)} = \dfrac{A}{B}$.   （1.6）

证　不妨设当 $x \to x_0$ 时，$f(x) \to A, g(x) \to B$. 由 $\lim f(x) = A, \lim g(x) = B$，得

$$f(x) = A + \alpha, g(x) = B + \beta$$

其中，当 $x \to x_0$ 时，α 及 β 为无穷小.

由无穷小运算法则得，当 $x \to x_0$ 时

$$[f(x) \pm g(x)] - (A \pm B) = \alpha \pm \beta \to 0$$

因此，式（1.4）成立.

又因为当 $x \to x_0$ 时

$$f(x) \cdot g(x) - (A \cdot B) = (A + \alpha)(B + \beta) - AB$$
$$= (A\beta + B\alpha) + \alpha\beta \to 0$$

因此,式(1.5)成立.

再因

$$\frac{f(x)}{g(x)} - \frac{A}{B} = \frac{A+\alpha}{B+\beta} - \frac{A}{B} = \frac{B\alpha - A\beta}{B(B+\beta)}$$

因为 $\lim g(x) = B$,由定理 1.9,$\exists \delta > 0$,当 $0 < |x - x_0| < \delta$ 时,有

$$|g(x)| = |B + \beta| > \frac{|B|}{2}$$

所以 $\left| \dfrac{1}{B(B+\beta)} \right| < \dfrac{2}{B^2}$,即 $\dfrac{1}{B(B+\beta)}$ 有界.

当 $x \to x_0$ 时有 $B\alpha - A\beta \to 0$,从而

$$\left(\frac{f(x)}{g(x)} - \frac{A}{B} \right) \to 0 \quad (\text{有界量乘无穷小还是无穷小})$$

因此,式(1.6)成立.

推论 1.6 如果 $\lim f(x)$ 存在,c 为常数,则

$$\lim [cf(x)] = c \lim f(x)$$

即常数因子可提到极限符号外面.

推论 1.7 如果 $\lim f(x)$ 存在,n 是正整数,则

$$\lim [f(x)]^n = [\lim f(x)]^n$$

定理 1.16(保序性) 如果 $f(x) \geqslant g(x)$,$\lim f(x) = A$,$\lim g(x) = B$,那么 $A \geqslant B$.

事实上,由式(1.4)可知

$$A - B = \lim f(x) - \lim g(x) = \lim [f(x) - g(x)] \text{ 且 } f(x) \geqslant g(x)$$

以及由推论 1.2 得,$A - B \geqslant 0$,故 $A \geqslant B$.

定理 1.17(复合函数的极限运算法则) 设函数 $y = f[\varphi(x)]$ 是由函数 $y = f(u)$ 与 $u = \varphi(x)$ 复合而成,$y = f[\varphi(x)]$ 在点 x_0 的某一去心邻域内有定义. 若 $\lim\limits_{x \to x_0} \varphi(x) = u_0$,且在点 x_0 的某一去心邻域 $\mathring{U}(x_0, \delta_0)$ 内,有 $\varphi(x) \neq u_0$,又 $\lim\limits_{u \to u_0} f(u) = A$,则复合函数 $f[\varphi(x)]$ 当 $x \to x_0$ 时的极限也存在且

$$\lim_{x \to x_0} f[\varphi(x)] = \lim_{u \to u_0} f(u) = A \tag{1.7}$$

证 由 $\lim\limits_{u \to u_0} f(u) = A$ 知,对于任意给定的 $\varepsilon > 0$,存在 $\eta > 0$,当 $0 < |u - u_0| < \eta$ 时,$|f(u) - A| < \varepsilon$ 成立. 由 $\lim\limits_{x \to x_0} \varphi(x) = u_0$ 可知,对上述 $\eta > 0$,存在 $\delta_1 > 0$,使得当 $0 < |x - x_0| < \delta_1$ 时,$|\varphi(x) - u_0| < \eta$ 成立.

又因当 $x \in \mathring{U}(x_0, \delta_0)$ 时,$\varphi(x) \neq u_0$,取 $\delta = \min(\delta_0, \delta_1)$,所以当 $0 < |x - x_0| < \delta$ 时,$0 < |\varphi(x) - u_0| = |u - u_0| < \eta$ 成立,从而 $|f[\varphi(x)] - A| = |f(u) - A| < \varepsilon$ 成立,故

$$\lim_{x \to x_0} f[\varphi(x)] = \lim_{u \to u_0} f(u) = A$$

注 ①在此定理中,把 $\lim\limits_{x \to x_0} \varphi(x) = u_0$ 换成 $\lim\limits_{x \to x_0} \varphi(x) = \infty$ 或 $\lim\limits_{x \to \infty} \varphi(x) = \infty$,把 $\lim\limits_{u \to u_0} f(u) = A$ 换成 $\lim\limits_{u \to \infty} f(u) = A$,结论仍成立.

②在满足定理的条件下,求 $\lim\limits_{x \to x_0} f[\varphi(x)]$ 时,可作代换 $u = \varphi(x)$,把求 $\lim\limits_{x \to x_0} f[\varphi(x)]$ 化为求 $\lim\limits_{u \to u_0} f(u)$,其中,$\lim\limits_{x \to x_0} \varphi(x) = u_0$.

(2)求极限的方法举例

例 1　求 $\lim\limits_{x \to 2} \dfrac{x^3 - 1}{x^2 - 3x + 5}$.

解　因为 $\lim\limits_{x \to 2}(x^2 - 3x + 5) = \lim\limits_{x \to 2} x^2 - \lim\limits_{x \to 2} 3x + \lim\limits_{x \to 2} 5$

$$= (\lim\limits_{x \to 2} x)^2 - 3\lim\limits_{x \to 2} x + \lim\limits_{x \to 2} 5 = 2^2 - 3 \cdot 2 + 5 = 3 \neq 0$$

所以

$$\lim\limits_{x \to 2} \frac{x^3 - 1}{x^2 - 3x + 5} = \frac{\lim\limits_{x \to 2}(x^3 - 1)}{\lim\limits_{x \to 2}(x^2 - 3x + 5)} = \frac{\lim\limits_{x \to 2} x^3 - \lim\limits_{x \to 2} 1}{\lim\limits_{x \to 2}(x^2 - 3x + 5)} = \frac{2^3 - 1}{3} = \frac{7}{3}$$

注　①设 $P_n(x) = a_0 x^n + a_1 x^{n-1} + \cdots + a_n (a_0 \neq 0)$,称 $P_n(x)$ 为 n 次多项式函数,则

$$\lim\limits_{x \to x_0} P_n(x) = a_0 (\lim\limits_{x \to x_0} x)^n + a_1 (\lim\limits_{x \to x_0} x)^{n-1} + \cdots + a_n$$

$$= a_0 x_0^n + a_1 x_0^{n-1} + \cdots + a_n = P_n(x_0) \tag{1.8}$$

②设 $f(x) = \dfrac{P(x)}{Q(x)}(P(x)$,$Q(x)$ 为多项式),称 $f(x)$ 为有理函数. 若 $Q(x_0) \neq 0$,则

$$\lim\limits_{x \to x_0} f(x) = \frac{\lim\limits_{x \to x_0} P(x)}{\lim\limits_{x \to x_0} Q(x)} = \frac{P(x_0)}{Q(x_0)} = f(x_0) \tag{1.9}$$

若 $Q(x_0) = 0$,则商的法则不能应用.

例 2　求 $\lim\limits_{x \to 1} \dfrac{4x - 1}{x^2 + 2x - 3}$.

解　$\lim\limits_{x \to 1}(x^2 + 2x - 3) = 0$,商的法则不能用,又 $\lim\limits_{x \to 1}(4x - 1) = 3 \neq 0$,所以

$$\lim\limits_{x \to 1} \frac{x^2 + 2x - 3}{4x - 1} = \frac{0}{3} = 0$$

由无穷小与无穷大的关系得

$$\lim\limits_{x \to 1} \frac{4x - 1}{x^2 + 2x - 3} = \infty$$

例 3　求 $\lim\limits_{x \to 1} \dfrac{x^2 - 1}{x^2 + 2x - 3}$.

解　$x \to 1$ 时,分子、分母的极限都是零.

用消去零因子法,先约去不为零的无穷小因子后,再求极限,即

$$\lim\limits_{x \to 1} \frac{x^2 - 1}{x^2 + 2x - 3} = \lim\limits_{x \to 1} \frac{(x + 1)(x - 1)}{(x + 3)(x - 1)} = \lim\limits_{x \to 1} \frac{x + 1}{x + 3} = \frac{1}{2}$$

例 4　求 $\lim\limits_{x \to \infty} \dfrac{2x^3 + 3x^2 + 5}{7x^3 + 4x^2 - 1}$.

解　$x \to \infty$ 时,分子、分母的极限都是无穷大.

先用 x^3 去除分子、分母,分出无穷小,再求极限,即

$$\lim_{x \to \infty} \frac{2x^3 + 3x^2 + 5}{7x^3 + 4x^2 - 1} = \lim_{x \to \infty} \frac{2 + \dfrac{3}{x} + \dfrac{5}{x^3}}{7 + \dfrac{4}{x} - \dfrac{1}{x^3}} = \frac{2}{7}$$

注　当 $a_0 \neq 0, b_0 \neq 0, m$ 和 n 为非负整数时, 一般有

$$\lim_{x \to \infty} \frac{a_0 x^m + a_1 x^{m-1} + \cdots + a_m}{b_0 x^n + b_1 x^{n-1} + \cdots + b_n} = \begin{cases} \dfrac{a_0}{b_0} & \text{当 } n = m \\ 0 & \text{当 } n > m \\ \infty & \text{当 } n < m \end{cases} \tag{1.10}$$

习题 1.5

1. 下列命题中哪些是正确的, 哪些是错误的? 如果是正确的, 给出理由; 如果是错误的, 给出反例.

(1) 如果 $\lim\limits_{x \to x_0} f(x)$ 存在, 但 $\lim\limits_{x \to x_0} g(x)$ 不存在, 则 $\lim\limits_{x \to x_0} [f(x) + g(x)]$ 不存在;

(2) 如果 $\lim\limits_{x \to x_0} f(x)$ 不存在, 且 $\lim\limits_{x \to x_0} g(x)$ 也不存在, 则 $\lim\limits_{x \to x_0} [f(x) + g(x)]$ 不存在;

(3) 如果 $\lim\limits_{x \to x_0} f(x)$ 存在, 但 $\lim\limits_{x \to x_0} g(x)$ 不存在, 则 $\lim\limits_{x \to x_0} [f(x) g(x)]$ 不存在.

2. 计算下列极限:

(1) $\lim\limits_{x \to 2} (2x^3 - x^2 + 5)$;

(2) $\lim\limits_{x \to -2} \dfrac{x^2 - 4}{x^3 + 8}$;

(3) $\lim\limits_{x \to 0} \left[\dfrac{1}{x} - \dfrac{4x + 2}{x(x^2 + 2)} \right]$;

(4) $\lim\limits_{x \to 0} \dfrac{\sqrt{1 + x} + \sqrt{1 - x} - 2}{x^2}$;

(5) $\lim\limits_{x \to 0} x^2 \sin \dfrac{1}{x}$;

(6) $\lim\limits_{x \to \infty} \left(1 + \dfrac{2}{x} \right) \left(3 - \dfrac{1}{x^2} \right)$;

(7) $\lim\limits_{x \to +\infty} x(\sqrt{x^2 + 100} - x)$;

(8) $\lim\limits_{x \to -\infty} \dfrac{\sqrt{4x^2 + x - 1} + x + 1}{\sqrt{x^2 + \sin x}}$.

3. 试问函数 $f(x) = \begin{cases} x^2 \dfrac{1}{\sin x} & x > 0 \\ 10 & x = 0 \\ 5 + x^2 & x < 0 \end{cases}$ 在 $x = 0$ 处的左、右极限是否存在? 当 $x \to 0$ 时, $f(x)$ 的极限是否存在?

1.6　极限存在准则　两个重要极限

前面介绍了函数极限的运算规则, 本节介绍两个极限存在准则和两个重要极限.

1.6.1　夹逼准则

准则 I (夹逼准则)　如果数列 $\{x_n\}, \{y_n\}$ 及 $\{z_n\}$ 满足:

①当 $n \geqslant N_0$（N_0 是某正整数）时，有 $y_n \leqslant x_n \leqslant z_n$；

②$\lim\limits_{n \to \infty} y_n = a$，$\lim\limits_{n \to \infty} z_n = a$.

那么，数列 $\{x_n\}$ 的极限存在，且 $\lim\limits_{n \to \infty} x_n = a$.

证 因为 $\lim\limits_{n \to \infty} y_n = a$，$\lim\limits_{n \to \infty} z_n = a$，所以 $\forall \varepsilon > 0$，$\exists$ 正整数 N_1，当 $n > N_1$ 时，有 $|y_n - a| < \varepsilon$；对上述 ε，$\exists$ 正整数 N_2，当 $n > N_2$ 时，有 $|z_n - a| < \varepsilon$. 取 $N = \max\{N_0, N_1, N_2\}$，则当 $n > N$ 时，有

$$|y_n - a| < \varepsilon, |z_n - a| < \varepsilon$$

同时成立，即

$$a - \varepsilon < y_n < a + \varepsilon, a - \varepsilon < z_n < a + \varepsilon$$

同时成立. 由条件①，有

$$a - \varepsilon < y_n \leqslant x_n \leqslant z_n < a + \varepsilon$$

即

$$|x_n - a| < \varepsilon$$

所以，$\lim\limits_{n \to \infty} x_n = a$，故数列 $\{x_n\}$ 的极限存在且为 a.

例1 证明 $\lim\limits_{n \to \infty} \sqrt[n]{a} = 1$（$a > 0$ 为常数）.

证 当 $a \geqslant 1$ 时，令 $\sqrt[n]{a} = 1 + h_n$（$h_n \geqslant 0$），则

$$a = (1 + h_n)^n = 1 + nh_n + \frac{n(n-1)}{2!}h_n^2 + \cdots + h_n^n \text{（二项式公式）}$$

于是 $a \geqslant 1 + nh_n$，从而 $0 \leqslant h_n \leqslant \frac{a-1}{n} \to 0 (n \to \infty)$，由夹逼准则有 $\lim\limits_{n \to \infty} h_n = 0$. 因此，

$$\lim_{n \to \infty} \sqrt[n]{a} = \lim_{n \to \infty} (1 + h_n) = 1 + \lim_{n \to \infty} h_n = 1 + 0 = 1$$

当 $0 < a < 1$ 时，$1/a > 1$，根据已证的结论和数列极限的运算法则，就有

$$\lim_{n \to \infty} \sqrt[n]{a} = \lim_{n \to \infty} \frac{1}{\sqrt[n]{\dfrac{1}{a}}} = \frac{1}{\lim\limits_{n \to \infty} \sqrt[n]{\dfrac{1}{a}}} = \frac{1}{1} = 1$$

因此，$\lim\limits_{n \to \infty} \sqrt[n]{a} = 1$（$a > 0$ 为常数）.

对函数也有这样的准则（以下所涉及的极限都在存在的前提下来讨论）.

准则 I'（夹逼准则） 如果函数 $f(x)$，$g(x)$ 及 $h(x)$ 满足下列条件：

①当 $x \in \overset{\circ}{U}(x_0)$（或 $|x| > X$）时，$g(x) \leqslant f(x) \leqslant h(x)$；

②$\lim\limits_{\substack{x \to x_0 \\ (x \to \infty)}} g(x) = A$，$\lim\limits_{\substack{x \to x_0 \\ (x \to \infty)}} h(x) = A$；则

$$\lim_{\substack{x \to x_0 \\ (x \to \infty)}} f(x) \text{ 存在且等于 } A.$$

根据准则 I'，下面证明第一个重要的极限

$$\lim_{x \to 0} \frac{\sin x}{x} = 1 \tag{1.11}$$

证 首先注意到，函数 $\dfrac{\sin x}{x}$ 对于一切 $x \neq 0$ 都有定义.

如图 1.11 所示的单位圆中, 有 $BC \perp OA, DA \perp OA$.

圆心角 $\angle AOB = x\left(0 < x < \dfrac{\pi}{2}\right)$. 显然

$$\sin x = CB, x = \overset{\frown}{AB}, \tan x = AD$$

因为 $S_{\triangle AOB} < S_{\text{扇形} AOB} < S_{\triangle AOD}$, 所以

$$\frac{1}{2}\sin x < \frac{1}{2}x < \frac{1}{2}\tan x$$

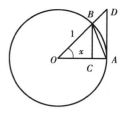

图 1.11

即

$$\sin x < x < \tan x$$

故

$$1 < \frac{x}{\sin x} < \frac{1}{\cos x} \text{ 或 } \cos x < \frac{\sin x}{x} < 1$$

因为 $\cos x, \dfrac{\sin x}{x}, 1$ 均为偶函数, 故上式在区间 $\left(-\dfrac{\pi}{2}, 0\right)$ 内也成立. 并注意到, 当 $-\dfrac{\pi}{2} < x < \dfrac{\pi}{2}$ 时, 有 $|\sin x| \leqslant |x|$. 而 $\lim\limits_{x \to 0}\cos x = 1$（事实上, 有 $|1 - \cos x| = 2\left|\sin^2\dfrac{x}{2}\right| \leqslant \dfrac{x^2}{2} \to 0 (x \to 0)$）, 根据准则 I′, 有

$$\lim_{x \to 0}\frac{\sin x}{x} = 1$$

例 2　求极限 $\lim\limits_{x \to 0}\dfrac{\tan x}{x}$.

解　$\lim\limits_{x \to 0}\dfrac{\tan x}{x} = \lim\limits_{x \to 0}\dfrac{\sin x}{x} \cdot \dfrac{1}{\cos x} = \lim\limits_{x \to 0}\dfrac{\sin x}{x} \cdot \lim\limits_{x \to 0}\dfrac{1}{\cos x} = 1$

注　一般地, 若 $\lim\limits_{x \to x_0}\varphi(x) = 0$, 则通过变量替换令 $u = \varphi(x)$, 有

$$\lim_{x \to x_0}\frac{\sin \varphi(x)}{\varphi(x)} = \lim_{u \to 0}\frac{\sin u}{u} = 1 \tag{1.12}$$

例 3　求极限 $\lim\limits_{x \to 0}\dfrac{1 - \cos x}{x^2}$.

解　$\lim\limits_{x \to 0}\dfrac{1 - \cos x}{x^2} = \lim\limits_{x \to 0}\dfrac{2\sin^2\dfrac{x}{2}}{x^2} = \dfrac{1}{2}\lim\limits_{x \to 0}\dfrac{\sin^2\dfrac{x}{2}}{\left(\dfrac{x}{2}\right)^2} = \dfrac{1}{2}\lim\limits_{x \to 0}\left(\dfrac{\sin\dfrac{x}{2}}{\dfrac{x}{2}}\right)^2 = \dfrac{1}{2} \cdot 1^2 = \dfrac{1}{2}$

例 4　求极限 $\lim\limits_{x \to 0}\dfrac{\arctan 5x}{\sin 2x}$.

解　$\lim\limits_{x \to 0}\dfrac{\arctan 5x}{\sin 2x} = \lim\limits_{x \to 0}\dfrac{\arctan 5x}{2x}\lim\limits_{x \to 0}\dfrac{2x}{\sin 2x}$

设 $y = \arctan 5x$, 则 $x = \dfrac{\tan y}{5}$, 而且当 $x \to 0$ 时 $y \to 0$, 于是

$$\lim_{x \to 0}\frac{\arctan 5x}{2x} = \lim_{y \to 0}\frac{5y}{2\tan y} = \frac{5}{2}\frac{1}{\lim\limits_{y \to 0}\dfrac{\tan y}{y}} = \frac{5}{2}$$

及

$$\lim_{x \to 0} \frac{2x}{\sin 2x} = \frac{1}{\lim\limits_{x \to 0} \dfrac{\sin 2x}{2x}} = 1$$

所以

$$\lim_{x \to 0} \frac{\arctan 5x}{\sin 2x} = \frac{5}{2}$$

1.6.2 单调有界数列收敛准则

如果数列 $\{x_n\}$ 满足条件

$$x_1 \leqslant x_2 \leqslant \cdots \leqslant x_n \leqslant \cdots$$

则称数列 $\{x_n\}$ **是单调增加**的.

如果数列 $\{x_n\}$ 满足条件

$$x_1 \geqslant x_2 \geqslant \cdots \geqslant x_n \geqslant \cdots$$

则称数列 $\{x_n\}$ **是单调减少**的.

单调增加和单调减少的数列,统称为**单调数列**.

如果数列同时具有单调性与有界性,可得极限存在准则 Ⅱ:

准则 Ⅱ(单调有界收敛准则) 如果数列单调增加且有上界,则此数列收敛;如果数列单调减少且有下界,则此数列收敛.

证明略.

根据准则 Ⅱ,证明另一个重要极限

$$\lim_{n \to \infty} \left(1 + \frac{1}{n}\right)^n$$

存在.

证 首先证明数列 $\left\{\left(1 + \dfrac{1}{n}\right)^n\right\}$ 是单调增加的.

设 $x_n = \left(1 + \dfrac{1}{n}\right)^n$,则 $x_{n+1} = \left(1 + \dfrac{1}{n+1}\right)^{n+1}$,根据牛顿二项展开式,有

$$x_n = \left(1 + \frac{1}{n}\right)^n = 1 + \frac{n}{1!} \cdot \frac{1}{n} + \frac{n(n-1)}{2!} \cdot \frac{1}{n^2} + \frac{n(n-1)(n-2)}{3!} \cdot \frac{1}{n^3} + \cdots +$$

$$\frac{n(n-1)\cdots(n-n+1)}{n!} \cdot \frac{1}{n^n}$$

$$= 1 + 1 + \frac{1}{2!}\left(1 - \frac{1}{n}\right) + \frac{1}{3!}\left(1 - \frac{1}{n}\right)\left(1 - \frac{2}{n}\right) + \cdots + \frac{1}{n!}\left(1 - \frac{1}{n}\right)\left(1 - \frac{2}{n}\right)\cdots\left(1 - \frac{n-1}{n}\right)$$

$$x_{n+1} = 1 + 1 + \frac{1}{2!}\left(1 - \frac{1}{n+1}\right) + \frac{1}{3!}\left(1 - \frac{1}{n+1}\right)\left(1 - \frac{2}{n+1}\right) + \cdots + \frac{1}{n!}\left(1 - \frac{1}{n+1}\right)\left(1 - \frac{2}{n+1}\right)\cdots\left(1 - \frac{n-1}{n+1}\right)$$

$$+ \frac{1}{(n+1)!}\left(1 - \frac{1}{n+1}\right)\left(1 - \frac{2}{n+1}\right)\cdots\left(1 - \frac{n}{n+1}\right)$$

比较 x_n,x_{n+1} 的展开式,可得除前两项外,x_n 的每一项都小于 x_{n+1} 的对应项,并且 x_{n+1} 还多了最后一项,其值大于 0. 因此,$x_n < x_{n+1}$. 这表明数列 $\{x_n\}$ 是单调增加的.

下面证明这个数列有上界. 在 x_n 的展开式中,各项括号内的数用较大的数 1 代替,得

$$x_n < 1 + 1 + \frac{1}{2!} + \frac{1}{3!} + \cdots + \frac{1}{n!} < 1 + 1 + \frac{1}{2} + \frac{1}{2^2} + \cdots + \frac{1}{2^{n-1}} = 1 + \frac{1 - \frac{1}{2^n}}{1 - \frac{1}{2}} = 3 - \frac{1}{2^{n-1}} < 3$$

于是,数列 $\left\{\left(1 + \frac{1}{n}\right)^n\right\}$ 单调增加,且有上界,根据准则 II,数列 $\left\{\left(1 + \frac{1}{n}\right)^n\right\}$ 极限必存在. 设其极限值为 e,即

$$\lim_{n \to \infty}\left(1 + \frac{1}{n}\right)^n = e \tag{1.13}$$

事实上,e 是无理数,它的值是 $e = 2.718\ 281\ 828\cdots$

一般,函数 $g(x) = \left(1 + \frac{1}{x}\right)^x (x \neq 0)$,有极限

$$\lim_{x \to \infty}\left(1 + \frac{1}{x}\right)^x = e \tag{1.14}$$

证　式(1.14)的证明分为 $x \to +\infty$ 和 $x \to -\infty$ 两种情形:

对于 $x \to +\infty$ 的情形,设 $n = [x]$,则 $n \leq x < n + 1$,从而有

$$\left(1 + \frac{1}{n+1}\right)^n < \left(1 + \frac{1}{x}\right)^x < \left(1 + \frac{1}{n}\right)^{n+1}$$

注意到,$x \to +\infty$ 当且仅当 $n \to +\infty$,于是有

$$\lim_{n \to +\infty}\left(1 + \frac{1}{n}\right)^{n+1} = \lim_{n \to +\infty}\left(1 + \frac{1}{n}\right)^n \lim_{n \to +\infty}\left(1 + \frac{1}{n}\right) = e$$

及

$$\lim_{n \to +\infty}\left(1 + \frac{1}{n+1}\right)^n = \lim_{n \to +\infty}\frac{\left(1 + \frac{1}{n+1}\right)^{n+1}}{\left(1 + \frac{1}{n+1}\right)} = e$$

运用准则 I'(夹逼准则)得

$$\lim_{x \to +\infty}\left(1 + \frac{1}{x}\right)^x = e \tag{1.15}$$

对于 $x \to -\infty$ 的情形,作变量替换,设 $x = -(t+1)$,余下的证明过程请读者完成.

在式(1.14)中,令 $z = \frac{1}{x}$,得

$$\lim_{z \to 0}(1 + z)^{\frac{1}{z}} = e \tag{1.16}$$

一般地,若当 $x \to x_0$(或 $x \to \infty$)时,$\varphi(x)$ 是无穷大,则

$$\lim_{\substack{x \to x_0 \\ (x \to \infty)}}\left[1 + \frac{1}{\varphi(x)}\right]^{\varphi(x)} = e \tag{1.17}$$

若当 $x \to x_0$(或 $x \to \infty$)时,$\alpha(x)$ 是非零无穷小,则

$$\lim_{\substack{x \to x_0 \\ (x \to \infty)}} \left[1 + \alpha(x) \right]^{\frac{1}{\alpha(x)}} = \mathrm{e} \tag{1.18}$$

例 5 求极限 $\lim\limits_{x \to \infty} \left(1 - \dfrac{1}{x^2} \right)^{5x^2}$.

解 令 $t = -\dfrac{1}{x^2}$, 则 $x \to \infty$ 时, $t \to 0^-$. 于是

$$\lim_{x \to \infty} \left(1 - \frac{1}{x^2} \right)^{5x^2} = \lim_{t \to 0^-} (1 + t)^{-5\frac{1}{t}} = \mathrm{e}^{-5}$$

例 6 求极限 $\lim\limits_{x \to \infty} \left(\dfrac{x-1}{x+3} \right)^{x+2}$.

解 $\lim\limits_{x \to \infty} \left(\dfrac{x-1}{x+3} \right)^{x+2} = \lim\limits_{x \to \infty} \left[\left(1 - \dfrac{4}{x+3} \right)^{-\frac{x+3}{4}} \right]^{-4} \left(1 - \dfrac{4}{x+3} \right)^{-1} = \mathrm{e}^{-4}$

相应于单调有界数列有极限的准则 Ⅱ, 函数极限也有类似的准则. 对于自变量的不同变化过程 ($x \to x_0^-$, $x \to x_0^+$, $x \to -\infty$, $x \to +\infty$), 准则也有不同的形式. 仅以 $x \to x_0^-$ 为例:

准则 Ⅱ′ 设函数 $f(x)$ 在点 x_0 处的左邻域内单调且有界, 那么, 函数 $f(x)$ 在点 x_0 处有左极限 $f(x_0^-)$.

准则 Ⅱ 中单调有界条件只是数列收敛的充分条件, 而不是必要条件. 下面给出数列收敛的充要条件.

*柯西收敛准则 数列 $\{x_n\}$ 收敛的充要条件是: 对于任意给定的正数 ε, 总存在正整数 N, 使得当 $m, n > N$ 时, 有 $|x_n - x_m| < \varepsilon$ 成立.

几何解释: 数列 $\{x_n\}$ 收敛的充分必要条件是: 对于任意给定的正数 ε, 在数轴上一切具有足够大下标的点 x_n 中, 任意两点间的距离小于 ε.

习题 1.6

1. 求下列极限:

(1) $\lim\limits_{x \to 0} \dfrac{\sin 3x}{2x}$;

(2) $\lim\limits_{x \to 0} \dfrac{\sin \sin x}{\tan x}$;

(3) $\lim\limits_{x \to 0} \dfrac{\tan 3x}{\arcsin 5x}$;

(4) $\lim\limits_{x \to \infty} x \tan \dfrac{1}{x}$;

(5) $\lim\limits_{n \to \infty} \left(\dfrac{n}{n+1} \right)^n$;

(6) $\lim\limits_{x \to \infty} \left(1 - \dfrac{3}{x} \right)^{2x}$.

2. 求极限 $\lim\limits_{n \to \infty} n \left(\dfrac{1}{n^2+1} + \dfrac{1}{n^2+2} + \cdots + \dfrac{1}{n^2+n} \right)$.

3. 求极限 $\lim\limits_{n \to \infty} \left(\dfrac{1}{n^2+n+1} + \dfrac{2}{n^2+n+2} + \cdots + \dfrac{n}{n^2+n+n} \right)$.

4. 设 $\lim\limits_{x \to 0} \dfrac{\sin x^2}{a - \cos x} = b \ (b \neq 0)$, 求常数 a, b 的值.

5. 利用极限存在准则证明:

(1) $\lim\limits_{n \to \infty} \sqrt{1 + \dfrac{1}{n}} = 1$;

(2) $\lim\limits_{x \to 0} \sqrt[n]{1 + x} = 1$ (n 为正整数);

（3）$\lim\limits_{n\to\infty} n\left(\dfrac{1}{n^2+\pi}+\dfrac{1}{n^2+2\pi}+\cdots+\dfrac{1}{n^2+n\pi}\right)=1$；　　（4）$\lim\limits_{x\to 0^+} x\left[\dfrac{1}{x}\right]=1$.

6. 设 $a>0$，$x_1=a$，$x_{n+1}=\dfrac{1}{2}\left(x_n+\dfrac{a}{x_n}\right)$，$n=1,2,\cdots$，证明 $\lim\limits_{n\to\infty} x_n$ 存在，并求其极限值.

7. 证明数列 $\sqrt{2}$，$\sqrt{2+\sqrt{2}}$，$\sqrt{2+\sqrt{2+\sqrt{2}}}$，$\cdots$ 的极限存在，并求此极限.

8. 设 $0<x_n<3$，$x_{n+1}=\sqrt{x_n(3-x_n)}$ $(n=1,2,3,\cdots)$. 证明：数列 $\{x_n\}$ 的极限存在，并求此极限.

1.7　无穷小的比较

在 1.5 节中知道，两个无穷小的和、差、积仍然是无穷小. 但是，两个无穷小的商却会出现不同的情况，例如，当 $x\to 0$ 时，$3x,x^2,\sin 3x$ 都是无穷小，而

$$\lim_{x\to 0}\frac{x^2}{3x}=0,\quad \lim_{x\to 0}\frac{3x}{x^2}=\infty,\quad \lim_{x\to 0}\frac{3x}{\sin 3x}=1$$

因此，两个无穷小之比的极限，有各种不同的可能结果. 在 $x\to 0$ 中，$3x$ 趋于 0 的速度比 x^2 趋于 0 的速度慢，而与 x 趋于 0 的速度相当. 那么，在自变量的同一变化过程中的两个无穷小怎样比较呢？

定义 1.10　设 α 与 β 都是在同一个自变量的变化过程中的无穷小，且 $\alpha\neq 0$，那么

如果 $\lim\dfrac{\beta}{\alpha}=0$，则称 β 是比 α 高阶的无穷小，记作 $\beta=o(\alpha)$.

如果 $\lim\dfrac{\beta}{\alpha}=\infty$，则称 β 是比 α 低阶的无穷小.

如果 $\lim\dfrac{\beta}{\alpha}=c\neq 0$，则称 β 是与 α 同阶的无穷小，记作 $\beta=O(\alpha)$.

如果 $\lim\dfrac{\beta}{\alpha^k}=c\neq 0$，$k>0$，则称 β 是关于 α 的 k 阶无穷小.

如果 $\lim\dfrac{\beta}{\alpha}=1$，则称 β 与 α 是等价无穷小，记作 $\alpha\sim\beta$.

显然，等价无穷小是同阶无穷小的特殊情形.

例如，由于 $\lim\limits_{x\to 0}\dfrac{2x^2}{3x}=0$，因此，当 $x\to 0$ 时，$2x^2$ 是比 $3x$ 高阶的无穷小，即 $2x^2=o(3x)$.

由于 $\lim\limits_{x\to 2}\dfrac{x^2-4}{x-2}=4$，因此，当 $x\to 2$ 时，x^2-4 与 $x-2$ 是同阶的无穷小.

由于 $\lim\limits_{x\to 0}\dfrac{1-\cos x}{x^2}=\dfrac{1}{2}$，因此，当 $x\to 0$ 时，$1-\cos x$ 是关于 x 的二阶无穷小.

由于 $\lim\limits_{x\to 0}\dfrac{\sin x}{x}=1$，因此，当 $x\to 0$ 时，$\sin x$ 与 x 是等价无穷小，即 $\sin x\sim x$.

例1 证明:当 $x \to 0$ 时,$\sqrt[n]{1+x} - 1 \sim \dfrac{1}{n}x$($n$ 是正整数).

证 因为

$$\lim_{x \to 0} \frac{\sqrt[n]{1+x} - 1}{\dfrac{1}{n}x} = \lim_{x \to 0} \frac{(\sqrt[n]{1+x})^n - 1}{\dfrac{1}{n}x\left[(1+x)^{\frac{n-1}{n}} + (1+x)^{\frac{n-2}{n}} + \cdots + 1\right]}$$

$$= \lim_{x \to 0} \frac{n}{(1+x)^{\frac{n-1}{n}} + (1+x)^{\frac{n-2}{n}} + \cdots + 1} = 1$$

所以 $\sqrt[n]{1+x} - 1 \sim \dfrac{1}{n}x\,(x \to 0)$.

关于等价无穷小,有下面常用的重要定理.

定理 1.18 β 与 α 是等价无穷小的充要条件为 $\beta = \alpha + o(\alpha)$.

证 必要性:不妨设在 $x \to x_0$ 的过程中,α,β 都是无穷小,且 $\alpha \sim \beta$,那么

$$\lim_{x \to x_0} \frac{\beta - \alpha}{\alpha} = \lim_{x \to x_0}\left(\frac{\beta}{\alpha} - 1\right) = 0$$

因此

$$\beta - \alpha = o(\alpha)$$

即 $\beta = \alpha + o(\alpha)$.

充分性:如果 $\beta = \alpha + o(\alpha)$,那么当 $x \to x_0$ 时,

$$\lim_{x \to x_0} \frac{\beta}{\alpha} = \lim_{x \to x_0} \frac{\alpha + o(\alpha)}{\alpha} = \lim_{x \to x_0}\left(1 + \frac{o(\alpha)}{\alpha}\right) = 1$$

因此 $\alpha \sim \beta\,(x \to x_0)$.

定理 1.19(无穷小等价代换定理) 如果 $\alpha \sim \alpha'$,$\beta \sim \beta'$,且 $\lim \dfrac{\beta'}{\alpha'}$ 存在,则

$$\lim \frac{\beta}{\alpha} = \lim \frac{\beta'}{\alpha'}$$

证 $\lim \dfrac{\beta}{\alpha} = \lim\left(\dfrac{\beta}{\beta'} \cdot \dfrac{\beta'}{\alpha'} \cdot \dfrac{\alpha'}{\alpha}\right) = \lim \dfrac{\beta}{\beta'} \cdot \lim \dfrac{\beta'}{\alpha'} \cdot \lim \dfrac{\alpha'}{\alpha} = \lim \dfrac{\beta'}{\alpha'}$

此定理表明,在求两个无穷小之比的极限时,分子、分母都可用等价无穷小来代替,从而可以简化计算.

注 ①由前面的学习内容我们已知,当 $x \to 0$ 时,$\sin x \sim x$;$\arcsin x \sim x$;$\tan x \sim x$;$\arctan x \sim x$;$1 - \cos x \sim \dfrac{1}{2}x^2$;$\sqrt[n]{1+x} - 1 \sim \dfrac{1}{n}x$.

除了以上等价无穷小外,还可以得到

$e^x - 1 \sim x$;$a^x - 1 \sim x \ln a\,(a > 0, a \neq 1)$;$\ln(1+x) \sim x$;$\log_a(1+x) \sim \dfrac{x}{\ln a}\,(a > 0, a \neq 1)$.

这几个等价无穷小将在 1.9 节再证明.

②在上述等价无穷小中,用无穷小量 $\alpha(x)$ 代替 x 也成立.例如当 $x \to \infty$ 时,$\sin \dfrac{1}{x} \sim \dfrac{1}{x}$.

例2 求极限 $\lim\limits_{x\to 0}\dfrac{(1+x^2)^{\frac{1}{5}}-1}{\cos x-1}$.

解 当 $x\to 0$ 时，$(1+x^2)^{\frac{1}{5}}-1 \sim \dfrac{1}{5}x^2$，$\cos x-1 \sim -\dfrac{1}{2}x^2$，所以

$$\lim_{x\to 0}\frac{(1+x^2)^{\frac{1}{5}}-1}{\cos x-1}=\lim_{x\to 0}\frac{\dfrac{1}{5}x^2}{-\dfrac{1}{2}x^2}=-\frac{2}{5}$$

例3 求极限 $\lim\limits_{x\to 0}\dfrac{\ln(1+x)+x\ln(1+x)}{x^2+3x}$

解 当 $x\to 0$ 时，$\ln(1+x) \sim x$，所以

$$\lim_{x\to 0}\frac{\ln(1+x)+x\ln(1+x)}{x^2+3x}=\lim_{x\to 0}\frac{(1+x)\cdot\ln(1+x)}{x(x+3)}$$

$$=\lim_{x\to 0}\frac{(1+x)\cdot x}{x(x+3)}=\lim_{x\to 0}\frac{x+1}{x+3}=\frac{1}{3}$$

注 无穷小等价代换一般只适用于乘积因子，慎用于加减. 也就是说，若分子或者分母是若干项之和或差，则一般不能对其中某项作无穷小等价代换，否则会出错. 例如

$$\lim_{x\to 0}\frac{\tan x-\sin x}{\sin^3 x}=\lim_{x\to 0}\frac{x-x}{\sin^3 x}=0$$

这是个错误结果.

习题 1.7

1. 设 $f(x)=2^x+3^x-2$，那么当 $x\to 0$ 时，$f(x)$ 是 x 的（　　　）.

A. 高阶无穷小　　　　　　　　　B. 低阶无穷小

C. 等价无穷小　　　　　　　　　D. 同阶但非等价无穷小

2. 当 $x\to 0^+$ 时，若 $\ln^\alpha(1+2x)$，$(1-\cos x)^{\frac{1}{\alpha}}$ 均是比 x 高阶的无穷小，则 α 的取值范围是（　　）.

A. $(2,+\infty)$　　　　B. $(1,2)$　　　　C. $\left(\dfrac{1}{2},1\right)$　　　　D. $\left(0,\dfrac{1}{2}\right)$

3. 设当 $x\to 0$ 时，$(1-\cos x)\ln(1+x^2)$ 是比 $x\sin x^n$ 高阶的无穷小，而 $x\sin x^n$ 是比 $(e^{x^2}-1)$ 高阶的无穷小，则正整数 n 等于（　　　）.

A. 1　　　　　　B. 2　　　　　　C. 3　　　　　　D. 4

4. 求下列极限：

$(1)\lim\limits_{x\to 0}\dfrac{\tan 3x}{2x}$；

$(2)\lim\limits_{x\to 0}\dfrac{\sin(x^n)}{(\sin x)^m}(n,m$ 为正整数$)$；

$(3)\lim\limits_{x\to 0}\dfrac{\tan x-\sin x}{\sin^3 x}$；

$(4)\lim\limits_{x\to 0}\dfrac{1-\cos x}{(e^x-1)\sin x}$；

$(5)\lim\limits_{x\to 0}\dfrac{\sin x-\tan x}{(\sqrt[3]{1+x^2}-1)(\sqrt{1+\sin x}-1)}$；

$(6)\lim\limits_{x\to 0}\dfrac{3\sin x+x^2\cos\dfrac{1}{x}}{(1+\cos x)\ln(1+x)}$.

1.8 函数的连续性与间断点

1.8.1 函数的连续性

现实生活中河床的水面、动植物的生长都是连续变化的,平常提到的气温变化曲线等,具体到数学上是怎么去刻画的呢? 下面给出函数 $y = f(x)$ 在点 x_0 处连续的定义.

定义 1.11 设函数 $f(x)$ 在点 x_0 的某一邻域内有定义. 如果

$$\lim_{x \to x_0} f(x) = f(x_0)$$

则称函数 $f(x)$ 在点 x_0 处连续.

设 $\Delta x = x - x_0$ 表示自变量 x 在点 x_0 处的增量,$\Delta y = f(x) - f(x_0)$ 表示对应的函数 $f(x)$ 的增量. 用增量方式也可以定义函数在点 x_0 处的连续性.

定义 1.12 设函数 $f(x)$ 在点 x_0 的某一邻域内有定义. 如果

$$\lim_{\Delta x \to 0} \Delta y = \lim_{\Delta x \to 0} \left[f(x_0 + \Delta x) - f(x_0) \right] = 0$$

则称函数 $f(x)$ 在点 x_0 处连续.

下面给出函数 $y = f(x)$ 在点 x_0 处连续的"$\varepsilon - \delta$"定义.

定义 1.13 设函数 $f(x)$ 在点 x_0 的某一邻域内有定义. 如果 $\forall \varepsilon > 0$,$\exists \delta > 0$,当 $|x - x_0| < \delta$ 时,恒有

$$|f(x) - f(x_0)| < \varepsilon$$

则称函数 $f(x)$ 在点 x_0 处连续.

注 上述 3 个关于函数 $f(x)$ 在点 x_0 处连续的定义是等价的.

函数 $y = f(x)$ 在点 x_0 处连续应满足:

①函数 $f(x)$ 在点 x_0 的某一邻域内有定义.

②$\lim_{x \to x_0} f(x)$ 存在.

③$\lim_{x \to x_0} f(x) = f(x_0)$.

因此 $f(x)$ 在点 x_0 处连续,其极限运算与函数运算可以交换顺序,即

$$\lim_{x \to x_0} f(x) = f(x_0) = f\left(\lim_{x \to x_0} x \right) \tag{1.19}$$

由函数左、右极限的概念,还可引入函数 $f(x)$ 在点 x_0 处的左、右连续性.

如果函数 $f(x)$ 在点 x_0 的某一左邻域内有定义,而且 $\lim_{x \to x_0^-} f(x) = f(x_0)$,则称 $f(x)$ 在点 x_0 处左连续;如果函数 $f(x)$ 在点 x_0 的某一右邻域内有定义,而且 $\lim_{x \to x_0^+} f(x) = f(x_0)$,则称 $f(x)$ 在点 x_0 处右连续.

于是,函数 $f(x)$ 在点 x_0 处连续当且仅当 $f(x)$ 在点 x_0 处既左连续又右连续.

如果在开区间 (a, b) 内每点处 $f(x)$ 都连续,则称函数 $f(x)$ 在开区间 (a, b) 内连续.

如果函数 $f(x)$ 在开区间 (a, b) 内连续,而且在左端点 a 处右连续,在右端点 b 处左连续,

则称函数 $f(x)$ 在闭区间 $[a,b]$ 上连续.

设 $P_n(x) = a_0 x^n + a_1 x^{n-1} + \cdots + a_n (a_0 \neq 0)$ 是多项式函数,设有理函数 $f(x) = \dfrac{P(x)}{Q(x)}$

($P(x), Q(x)$ 为多项式函数),由 1.5 节知识可知,

$$\lim_{x \to x_0} P_n(x) = P_n(x_0)$$

$$\lim_{x \to x_0} f(x) = \frac{\lim\limits_{x \to x_0} P(x)}{\lim\limits_{x \to x_0} Q(x)} = \frac{P(x_0)}{Q(x_0)} = f(x_0) \qquad (Q(x_0) \neq 0)$$

所以多项式函数 $P_n(x)$ 在区间 $(-\infty, +\infty)$ 内是连续的,$f(x) = \dfrac{P(x)}{Q(x)}$ 在使得 $Q(x_0) \neq 0$ 的点 x_0 处连续.

例 1　证明:函数 $y = \sin x$ 在区间 $(-\infty, +\infty)$ 内是连续的.

证　设 x 为区间 $(-\infty, +\infty)$ 内任意一点,当自变量 x 有增量 Δx 时,相应的函数增量为

$$\Delta y = \sin(x + \Delta x) - \sin x = 2 \sin \frac{\Delta x}{2} \cos\left(x + \frac{\Delta x}{2}\right)$$

因为当 $\Delta x \to 0$ 时,$\sin \dfrac{\Delta x}{2} \to 0$,而且 $\cos\left(x + \dfrac{\Delta x}{2}\right)$ 有界.

于是,Δy 是无穷小与有界函数的乘积,所以 $\lim\limits_{\Delta x \to 0} \Delta y = 0$.

因此,函数 $y = \sin x$ 在区间 $(-\infty, +\infty)$ 内任意一点 x 处都是连续的.

同理可证,函数 $y = \cos x$ 在区间 $(-\infty, +\infty)$ 内是连续的.

连续函数 $y = f(x)$ 的图形是一条不间断的曲线. 例如,$y = \sin x, y = \cos x, y = 2x + 1$ 在定义域 $(-\infty, +\infty)$ 内的图形都是一条连续曲线.

例 2　研究符号函数 $y = \operatorname{sgn} x = \begin{cases} 1 & x > 0 \\ 0 & x = 0 \\ -1 & x < 0 \end{cases}$ 的连续性.

解　由符号函数 $y = f(x) = \operatorname{sgn} x$ 的定义可知,当 $x < 0$ 时,$f(x) = -1$,故对于任意的 $x_0 < 0$,$\lim\limits_{x \to x_0} f(x) = f(x_0) = -1$. 同理,对于任意的 $x_0 > 0$,$\lim\limits_{x \to x_0} f(x) = f(x_0) = 1$. 因此,在点 $x \neq 0$ 处,符号函数是连续的.

而 $\lim\limits_{x \to 0^-} f(x) = -1, \lim\limits_{x \to 0^+} f(x) = 1$,故 $\lim\limits_{x \to 0} f(x)$ 不存在,因此函数 $y = \operatorname{sgn} x$ 在 0 点处不连续.

1.8.2　函数的间断点

定义 1.14　设函数 $f(x)$ 在点 x_0 的某去心邻域内有定义. 如果函数 $f(x)$ 在点 x_0 处有下列 3 种情形之一:

① 在 x_0 没有定义.

② 虽然在 x_0 有定义,但 $\lim\limits_{x \to x_0} f(x)$ 不存在.

③ 虽然在 x_0 有定义且 $\lim\limits_{x \to x_0} f(x)$ 存在,但 $\lim\limits_{x \to x_0} f(x) \neq f(x_0)$.

则称函数 $f(x)$ 在点 x_0 处不连续,而点 x_0 称为函数 $f(x)$ 的不连续点或间断点.

通常,将函数 $f(x)$ 的间断点 x_0 分成两类:

第一类间断点:左极限 $f(x_0^-)$ 及右极限 $f(x_0^+)$ 都存在.

第二类间断点:左极限 $f(x_0^-)$ 及右极限 $f(x_0^+)$ 至少有一个不存在.

下面通过一些例子来分别考察两类间断点的特性.

例3 讨论函数 $y = \dfrac{x^2-1}{x-1}$ $(x \neq 1)$ 的间断点.

解 函数 $y = \dfrac{x^2-1}{x-1}$ 在 $x = 1$ 处没有定义,所以点 $x = 1$ 是函数的间断点.

又因为 $\lim\limits_{x \to 1} \dfrac{x^2-1}{x-1} = \lim\limits_{x \to 1} (x+1) = 2$,所以 $x = 1$ 是第一类间断点.

如果补充定义一个新的函数: $y = \dfrac{x^2-1}{x-1}$ $(x \neq 1)$,当 $x = 1$ 时, $y = 2$,则所得到的新函数在 $x = 1$ 处连续. 称点 $x = 1$ 为函数的**可去间断点**.

例4 设函数 $f(x) = \begin{cases} x-1 & x < 0 \\ 0 & x = 0 \\ x+1 & x > 0 \end{cases}$,讨论函数 $f(x)$ 的间断点.

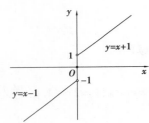

图 1.12

解 因为
$$\lim\limits_{x \to 0^-} f(x) = \lim\limits_{x \to 0^-} (x-1) = -1$$
$$\lim\limits_{x \to 0^+} f(x) = \lim\limits_{x \to 0^+} (x+1) = 1$$
$$\lim\limits_{x \to 0^-} f(x) \neq \lim\limits_{x \to 0^+} f(x)$$
所以极限 $\lim\limits_{x \to 0} f(x)$ 不存在, $x = 0$ 是函数 $f(x)$ 的第一类间断点.

因函数 $f(x)$ 的图形(见图 1.12),在 $x = 0$ 处产生跳跃,称 $x = 0$ 为函数 $f(x)$ 的**跳跃间断点**.

例5 设函数 $y = f(x) = \begin{cases} x & x \neq 1 \\ \dfrac{1}{2} & x = 1 \end{cases}$,讨论函数 $f(x)$ 的间断点.

解 因为
$$\lim\limits_{x \to 1} f(x) = \lim\limits_{x \to 1} x = 1, \quad f(1) = \frac{1}{2}, \quad \lim\limits_{x \to 1} f(x) \neq f(1)$$
所以 $x = 1$ 是函数 $f(x)$ 的第一类间断点中的可去间断点.

如果改变函数 $f(x)$ 在 $x = 1$ 处的定义:令 $f(1) = 1$,则新函数在 $x = 1$ 处连续. 所以 $x = 1$ 是函数 $f(x)$ 的可去间断点.

例6 讨论函数 $y = \sin \dfrac{1}{x}$ 的间断点.

解 函数 $y = \sin \dfrac{1}{x}$ 在点 $x = 0$ 处没有定义,所以点 $x = 0$ 是函数 $\sin \dfrac{1}{x}$ 的间断点.

又当 $x \to 0$ 时,函数值在 -1 与 $+1$ 之间变动无限多次,所以点 $x = 0$ 称为函数 $\sin \dfrac{1}{x}$ 的**振**

荡间断点(见图 1.13).

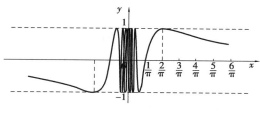

图 1.13

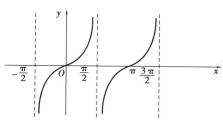

图 1.14

例7　讨论正切函数 $y = \tan x$ 在 $x = \dfrac{\pi}{2}$ 处的连续性.

解　正切函数 $y = \tan x$ 在 $x = \dfrac{\pi}{2}$ 处没有定义,所以点 $x = \dfrac{\pi}{2}$ 是正切函数 $y = \tan x$ 的间断点. 但因为 $\lim\limits_{x \to \frac{\pi}{2}} \tan x = \infty$,故称 $x = \dfrac{\pi}{2}$ 为正切函数 $y = \tan x$ 的**无穷间断点**(见图 1.14).

一般,在第一类间断点中,左、右极限相等的,称为可去间断点,如果左、右极限不相等的称为跳跃间断点;无穷间断点和振荡间断点是第二类间断点.

习题 1.8

1. 设 $f(x)$ 在 $(-\infty, +\infty)$ 内有定义,且 $\lim\limits_{x \to \infty} f(x) = a$,$g(x) = \begin{cases} f\left(\dfrac{1}{x}\right) & x \neq 0 \\ 0 & x = 0 \end{cases}$,则(　　).

A. $x = 0$ 必是 $g(x)$ 的第一类间断点　　　　B. $x = 0$ 必是 $g(x)$ 的第二类间断点

C. $x = 0$ 必是 $g(x)$ 的连续点　　　　D. $g(x)$ 在 $x = 0$ 处的连续性与 a 的取值有关

2. 下列陈述中,哪些是对的,哪些是错的? 如果是对的,说明理由;如果是错的,试给出一个反例.

(1)如果函数 $f(x)$ 在 a 连续,那么,$|f(x)|$ 也在 a 连续;

(2) 如果函数 $|f(x)|$ 在 a 连续,那么,$f(x)$ 也在 a 连续.

3. 下列函数在指出的点处间断,说明这些间断点属于哪一类:

(1)$y = \cos^2 \dfrac{1}{x}$,$x = 0$;

(2)$y = \begin{cases} x - 1 & x \leqslant 1 \\ 3 - x & x > 1 \end{cases}$,$x = 1$.

4. 求下列函数的间断点,并判别类型. 若为可去间断点,则补充定义使之连续:

(1)$f(x) = \dfrac{x^2 - 1}{x^2 + 2x - 3}$;

(2)$f(x) = \arctan \dfrac{1}{x^2 - 1}$;

(3)$f(x) = \dfrac{|x|}{x} + e^{\frac{1}{x-1}}$;

$(4) f(x) = \dfrac{x}{\tan x}$.

5. 若 $f(x) = \begin{cases} a + bx^2 & x \leqslant 0 \\ \dfrac{\sin bx}{x} & x > 0 \end{cases}$ 在 $x = 0$ 处连续,求常数 a 和 b 应满足的条件.

6. 设函数 $f(x) = \begin{cases} \dfrac{1 - \mathrm{e}^{\sin x}}{\arctan \dfrac{x}{2}} & x < 0 \\ a\mathrm{e}^{2x} & x \geqslant 0 \end{cases}$, 已知 $f(x)$ 在 $\mathbf{R}$ 内连续,求常数 a 的值.

7. 求函数 $f(x) = (1 + x)^{\frac{x}{\tan(x - \frac{\pi}{4})}}$ 在区间 $(0, \pi)$ 内的间断点,并判别其类型.

8. 求函数 $f(x) = \dfrac{x^2 - 1}{|x|(x + 1)}$ 的间断点,并判别其类型.

9. 设 $f(x) = \lim\limits_{n \to \infty} \dfrac{(n - 1)x}{nx^2 + 1}$,求 $f(x)$ 的间断点,并判别其类型.

10. 讨论函数 $f(x) = \lim\limits_{n \to \infty} \dfrac{1 - x^{2n}}{1 + x^{2n}} x$ 的连续性,若有间断点,则判别其类型.

11. 设函数 $f(x) = \lim\limits_{n \to \infty} \dfrac{x^{2n+1} - 1}{x^{2n} + 1}$,求 $f(x)$ 的间断点,并判别类型. 如果是可去间断点,则补充定义,使之在该点处连续.

1.9　连续函数的运算与初等函数的连续性

1.9.1　连续函数的和、差、积及商的连续性

定理 1.20　设函数 $f(x)$ 和 $g(x)$ 在点 x_0 处连续,则:

①$f(x) \pm g(x)$ 也在点 x_0 处连续.

②$f(x) \cdot g(x)$ 也在点 x_0 处连续.

③$\dfrac{f(x)}{g(x)}$(当 $g(x_0) \neq 0$ 时)也在点 x_0 处连续.

证　因为 $f(x)$ 和 $g(x)$ 在点 x_0 处连续,所以它们在点 x_0 处有定义,从而 $f(x) \pm g(x)$,$f(x) \cdot g(x)$,$\dfrac{f(x)}{g(x)}$ 在点 x_0 处也有定义,再由连续性和极限运算法则,有

$$\lim_{x \to x_0} [f(x) \pm g(x)] = \lim_{x \to x_0} f(x) \pm \lim_{x \to x_0} g(x) = f(x_0) \pm g(x_0)$$

$$\lim_{x \to x_0} [f(x) \cdot g(x)] = \lim_{x \to x_0} f(x) \cdot \lim_{x \to x_0} g(x) = f(x_0) \cdot g(x_0)$$

$$\lim_{x \to x_0} \frac{f(x)}{g(x)} = \frac{\lim\limits_{x \to x_0} f(x)}{\lim\limits_{x \to x_0} g(x)} = \frac{f(x_0)}{g(x_0)} (因 g(x_0) \neq 0)$$

根据连续性的定义, $f(x) \pm g(x), f(x) \cdot g(x)$ 及 $\dfrac{f(x)}{g(x)}$ 在点 x_0 处连续.

例如,函数 $\sin x$ 和 $\cos x$ 都在区间 $(-\infty, +\infty)$ 内连续,故由定理 1.20 可知, $\tan x$ 和 $\cot x$ 在它们的定义域内是连续的.

1.9.2 初等函数的连续性

定理 1.21　如果函数 $f(x)$ 在区间 I_x 上严格单调增加(或严格单调减少)且连续,那么,它的反函数 $x = f^{-1}(y)$ 也在对应的区间 $I_y = \{y \mid y = f(x), x \in I_x\}$ 上严格单调增加(或严格单调减少)且连续.

证明略.

例如,由于 $y = \sin x$ 在区间 $\left[-\dfrac{\pi}{2}, \dfrac{\pi}{2}\right]$ 上单调增加且连续,因此,它的反函数 $y = \arcsin x$ 在区间 $[-1, 1]$ 上也是单调增加且连续的.

同样, $y = \arccos x$ 在区间 $[-1, 1]$ 上也是单调减少且连续的; $y = \arctan x$ 在区间 $(-\infty, +\infty)$ 内单调增加且连续; $y = \text{arccot } x$ 在区间 $(-\infty, +\infty)$ 内单调减少且连续.

总之,反三角函数在它们的定义域内都是连续的.

定理 1.22　设函数 $y = f[g(x)]$ 由函数 $y = f(u)$ 与函数 $u = g(x)$ 复合而成, $\mathring{U}(x_0) \subset D_{f \circ g}$. 若 $\lim\limits_{x \to x_0} g(x) = u_0$, 而函数 $y = f(u)$ 在 u_0 处连续,则

$$\lim_{x \to x_0} f[g(x)] = \lim_{u \to u_0} f(u) = f(u_0) \tag{1.20}$$

证　因为 $y = f(u)$ 在 u_0 处连续,故 $\forall \varepsilon > 0, \exists \eta > 0$, 当 $|u - u_0| < \eta$ 时,有 $|f(u) - f(u_0)| < \varepsilon$. 又因

$$g(x) \to u_0 (x \to x_0)$$

故对上述 $\eta > 0, \exists \delta > 0$, 当 $0 < |x - x_0| < \delta$ 时,有 $|g(x) - u_0| < \eta$, 从而

$$|f[g(x)] - f(u_0)| < \varepsilon$$

成立.

注　① 在满足定理 1.22 的条件时, $\lim\limits_{x \to x_0} f[g(x)] = \lim\limits_{u \to u_0} f(u) = f(u_0) = f(\lim\limits_{x \to x_0} g(x))$, 即求复合函数 $y = f[g(x)]$ 的极限时,极限符号与函数符号可交换次序.

② 把定理 1.22 中的 $x \to x_0$ 换成 $x \to \infty$, 可得类似的结果.

有了以上的定理,可将比较复杂的极限计算化简.

例 1　求极限 $\lim\limits_{x \to 3} \sqrt{\dfrac{x-3}{x^2-9}}$.

解　这里采用变量替换,令 $u = \dfrac{x-3}{x^2-9}, y = \sqrt{u}$, 则原来函数由 $y = \sqrt{u}$ 与 $u = \dfrac{x-3}{x^2-9}$ 复合而成,而且

$$\lim_{x \to 3} \frac{x-3}{x^2-9} = \frac{1}{6}$$

函数 $y = \sqrt{u}$ 在点 $u_0 = \dfrac{1}{6}$ 处连续，所以由定理 1.22 得

$$\lim_{x \to 3} \sqrt{\frac{x-3}{x^2-9}} = \sqrt{\lim_{x \to 3} \frac{x-3}{x^2-9}} = \sqrt{\lim_{u \to \frac{1}{6}} u} = \sqrt{\frac{1}{6}}$$

推论 1.8　设函数 $y = f[g(x)]$ 由函数 $y = f(u)$ 与函数 $u = g(x)$ 复合而成，$U(x_0) \subset D_{f \circ g}$. 若函数 $u = g(x)$ 在点 x_0 处连续，函数 $y = f(u)$ 在点 $u_0 = g(x_0)$ 处连续，则复合函数 $y = f[g(x)]$ 在点 x_0 处也连续.

例 2　讨论函数 $y = \sin \dfrac{1}{x}$ 的连续性，并求极限 $\lim\limits_{x \to \infty} \sin \dfrac{1}{x}$.

解　不难看出函数 $y = \sin \dfrac{1}{x}$ 是由 $y = \sin u$ 及 $u = \dfrac{1}{x}$ 复合而成的. $y = \sin u$ 在 $(-\infty, +\infty)$ 内是连续的，$\dfrac{1}{x}$ 在 $(-\infty, 0) \cup (0, +\infty)$ 内是连续的，则根据推论 1.8，函数 $\sin \dfrac{1}{x}$ 在 $(-\infty, 0) \cup (0, +\infty)$ 内是连续的. 进一步有极限

$$\lim_{x \to \infty} \sin \frac{1}{x} = \sin \lim_{x \to \infty} \frac{1}{x} = \sin 0 = 0$$

例 3　证明：$\lim\limits_{x \to x_0} a^x = a^{x_0} (a > 0$ 且 $a \neq 1)$.

证　由 1.3 节中例 2 可知 $\lim\limits_{x \to 0} e^x = 1$，即 $\lim\limits_{x \to 0} (e^x - 1) = 0$. 而

$$a^x - a^{x_0} = e^{x \ln a} - e^{x_0 \ln a} = e^{x_0 \ln a} (e^{(x - x_0) \ln a} - 1)$$

由复合函数的极限运算法则得

$$\lim_{x \to x_0} (a^x - a^{x_0}) = \lim_{x \to x_0} e^{x_0 \ln a} (e^{(x - x_0) \ln a} - 1) = \lim_{x \to x_0} e^{x_0 \ln a} \cdot \lim_{x \to x_0} (e^{(x - x_0) \ln a} - 1) = 0$$

所以 $\lim\limits_{x \to x_0} a^x = a^{x_0}$.

由此可知，指数函数 $y = a^x (a > 0$ 且 $a \neq 1)$ 在 $(-\infty, +\infty)$ 内是连续的.

由 $y = a^x$ 与 $y = e^x$ 在 $(-\infty, +\infty)$ 的严格单调性及连续性，故由定理 1.21 可知它们的反函数——对数函数 $y = \log_a x (a > 0, a \neq 1)$ 及 $y = \ln x$ 在 $(0, +\infty)$ 内连续.

例 4　证明：幂函数 $y = x^\mu (\mu \in \mathbf{R})$ 在区间 $(0, +\infty)$ 内是连续的.

证　$y = x^\mu$ 的定义域随 μ 的值而异，但无论 μ 为何值，在区间 $(0, +\infty)$ 内幂函数总是有定义的. 设 $x > 0$，则 $y = x^\mu = a^{\mu \log_a x}$，因此，幂函数 $y = x^\mu$ 可看成由 $y = a^u$，$u = \mu \log_a x$ 复合而成的. 由此，根据推论 1.8，它在 $(0, +\infty)$ 内是连续的.

总结如下：

①基本初等函数（常值函数、幂函数、指数函数、对数函数、三角函数及反三角函数）在它们的定义域内是连续的.

②一切初等函数在定义区间内是连续的. 所谓定义区间，就是包含在定义域内的区间. 初等函数的这种连续性在求函数的极限中具有十分重要的作用.

例 5　求极限 $\lim\limits_{x \to 0} \sqrt{1 - x^2}$.

解　初等函数 $f(x) = \sqrt{1 - x^2}$ 在点 $x_0 = 0$ 处是连续的，那么

$$\lim_{x \to 0} \sqrt{1 - x^2} = \sqrt{1} = 1$$

例 6 求极限 $\lim\limits_{x \to \frac{\pi}{2}} \ln \sin x$.

解 初等函数 $f(x) = \ln \sin x$ 在点 $x_0 = \dfrac{\pi}{2}$ 处是连续的,那么

$$\lim_{x \to \frac{\pi}{2}} \ln \sin x = \ln \sin \frac{\pi}{2} = 0$$

例 7 求极限 $\lim\limits_{x \to 0} \dfrac{\sqrt{1 + x^2} - 1}{x}$.

解 运用分子有理化方法,有

$$\lim_{x \to 0} \frac{\sqrt{1 + x^2} - 1}{x} = \lim_{x \to 0} \frac{(\sqrt{1 + x^2} - 1)(\sqrt{1 + x^2} + 1)}{x(\sqrt{1 + x^2} + 1)} = \lim_{x \to 0} \frac{x}{(\sqrt{1 + x^2} + 1)} = \frac{0}{2} = 0$$

例 8 求极限 $\lim\limits_{x \to 0} \dfrac{\log_a(1 + x)}{x}$ $(a > 0, a \neq 1)$.

解 由对数换底公式和定理 1.22 可知

$$\lim_{x \to 0} \frac{\log_a(1 + x)}{x} = \lim_{x \to 0} \log_a(1 + x)^{\frac{1}{x}} = \log_a \mathrm{e} = \frac{1}{\ln a}$$

因此,当 $x \to 0$ 时,$\log_a(1 + x) \sim \dfrac{x}{\ln a}$. 特别地,$\ln(1 + x) \sim x(x \to 0)$.

例 9 求极限 $\lim\limits_{x \to 0} \dfrac{a^x - 1}{x}$ $(a > 0, a \neq 1)$.

解 令 $a^x - 1 = t$,则 $x = \log_a(1 + t)$,当 $x \to 0$ 时 $t \to 0$,有

$$\lim_{x \to 0} \frac{a^x - 1}{x} = \lim_{t \to 0} \frac{t}{\log_a(1 + t)} = \ln a$$

因此,当 $x \to 0$ 时,$a^x - 1 \sim x \ln a$. 特别地,$\mathrm{e}^x - 1 \sim x(x \to 0)$.

例 10 求极限 $\lim\limits_{x \to 0} \dfrac{(x + 1)^\mu - 1}{x}$ $(\mu \in \mathbf{R})$.

解 利用等价替换:当 $x \to 0$ 时,$\mathrm{e}^x - 1 \sim x$,$\ln(1 + x) \sim x$,有

$$\lim_{x \to 0} \frac{(x + 1)^\mu - 1}{x} = \lim_{x \to 0} \frac{\mathrm{e}^{\mu \ln(x + 1)} - 1}{x} = \lim_{x \to 0} \frac{\mu \ln(x + 1)}{x} = \lim_{x \to 0} \frac{\mu x}{x} = \mu$$

习题 1.9

1. 设函数 $f(x) = \dfrac{x}{a + \mathrm{e}^{bx}}$ 在 $(-\infty, +\infty)$ 内连续,且 $\lim\limits_{x \to -\infty} f(x) = 0$,则常数 a, b 满足( ).

A. $a < 0, b < 0$ B. $a > 0, b > 0$ C. $a \leqslant 0, b > 0$ D. $a \geqslant 0, b < 0$

2. 求下列函数的极限:

(1) $\lim\limits_{x \to \frac{\pi}{6}} \ln(2\cos 2x)$;

(2) $\lim\limits_{x \to \alpha} \dfrac{\sin x - \sin \alpha}{x - \alpha}$;

$(3) \lim\limits_{x \to +\infty} \left(\sqrt{x^2 + x} - \sqrt{x^2 - x} \right);$

$(4) \lim\limits_{x \to 0} \dfrac{\left(1 - \dfrac{1}{2}x^2\right)^{\frac{2}{3}} - 1}{x \ln(1 + x)};$

$(5) \lim\limits_{x \to \infty} \left(\dfrac{3 + x}{6 + x} \right)^{\frac{x-1}{2}};$

$(6) \lim\limits_{x \to 0} \dfrac{\sqrt{1 + \tan x} - \sqrt{1 + \sin x}}{x \sqrt{1 + \sin^2 x} - x}.$

3. 求下列函数的极限：

$(1) \lim\limits_{x \to \frac{\pi}{3}} \ln(1 + 2 \sin 2x);$

$(2) \lim\limits_{x \to +\infty} \left(\sqrt{x - \sqrt{x}} - \sqrt{x} \right);$

$(3) \lim\limits_{x \to 0} \dfrac{\sqrt{\cos x} - 1}{x^2};$

$(4) \lim\limits_{n \to \infty} \left(\dfrac{n + x}{n + 1} \right)^n;$

$(5) \lim\limits_{x \to \infty} \left(\dfrac{x^2 + 3x + 2}{x^2 + 1} \right)^x;$

$(6) \lim\limits_{x \to 0} \dfrac{e^{3x} - e^{2x} - e^x + 1}{\sqrt[3]{(1 - x)(1 + x)} - 1}.$

4. 求函数 $f(x) = \dfrac{x + 1}{x^2 - 2x - 3}$ 的连续区间, 并求极限 $\lim\limits_{x \to 0} f(x)$, $\lim\limits_{x \to -1} f(x)$ 及 $\lim\limits_{x \to -3} f(x)$.

5. 设函数 $f(x)$ 与 $g(x)$ 在点 x_0 处连续, 证明函数

$$\varphi(x) = \max\{f(x), g(x)\}, \quad \psi(x) = \min\{f(x), g(x)\}$$

在点 x_0 处也连续.

6. 设函数 $f(x) = \begin{cases} e^x & x < 0 \\ a + x & x \geq 0 \end{cases}$, 应怎样选择数 a, 才能使得 $f(x)$ 成为在 $(-\infty, +\infty)$ 内的连续函数?

7. 当 a 取何值时, 函数 $f(x) = \begin{cases} \dfrac{1 - \cos 2x}{\tan^2 x}, & x < 0 \\ a + x, & x \geq 0 \end{cases}$ 在 $x = 0$ 处连续?

8. 已知 $\lim\limits_{x \to +\infty} \left(5x - \sqrt{ax^2 + bx + 1} \right) = 2$, 求 a, b.

9. 若 $f(x)$ 在 $x = 0$ 处连续, 且 $f(x + y) = f(x) + f(y)$ 对任意的 $x, y \in \mathbf{R}$ 都成立, 试证: $f(x)$ 为 $\mathbf{R}$ 上的连续函数.

1.10 闭区间上连续函数的性质

1.10.1 最大值与最小值定理

闭区间上的连续函数有很多重要的性质, 这些性质的几何意义是比较明显的, 但理论证明比较难. 因此本节不作证明, 只分别叙述这些性质, 并给出它们的应用.

显然, 函数 $f(x) = 1 + \sin x$ 在区间 $[0, 2\pi]$ 上连续, 则可观察到以下事实:

①函数 $f(x) = 1 + \sin x$ 在 $[0, 2\pi]$ 上有界, 即对于任意的 $x \in [0, 2\pi]$ 都有 $|f(x)| \leq 2$, 其中 -2 是函数的一个下界, 2 是其一个上界.

②函数 $f(x) = 1 + \sin x$ 在 $[0,2\pi]$ 上取到最大和最小值, 即对于任意的 $x \in [0,2\pi]$, 有 $x_1 = \dfrac{\pi}{2}, x_2 = \dfrac{3\pi}{2}$, 使得有 $f(x_2) = 0 \leqslant f(x) \leqslant 2 = f(x_1)$.

一般, 对于在区间 I 上有定义的函数 $f(x)$, 如果有 $x_0 \in I$, 使得对于任一 $x \in I$ 都有
$$f(x) \leqslant f(x_0) \quad (f(x) \geqslant f(x_0))$$
则称 $f(x_0)$ 是函数 $f(x)$ 在区间 I 上的最大值(最小值), x_0 称为函数 $f(x)$ 在区间 I 上的最大值点(最小值点). 记为 $M = \max\limits_{x \in I}\{f(x)\}$ $\left(m = \min\limits_{x \in I}\{f(x)\}\right)$. 最大值点和最小值点统称最值点.

③函数 $f(x) = 1 + \sin x$ 在 $[0,2\pi]$ 上有零点, 即有点 $x_0 = \dfrac{3\pi}{2} \in [0,2\pi]$, 使得 $f(x_0) = 0$(这里, x_0 也是函数的最小值点).

一般, 对于在区间 I 上有定义的函数 $f(x)$, 如果 $\exists x_0 \in I$, 使得
$$f(x_0) = 0$$
则称 x_0 为函数 $f(x)$ 的零点.

以上观察到的结果对闭区间上的连续函数同样成立, 可总结如下.

定理 1.23(最大值最小值定理)　在闭区间上连续的函数在该区间上一定能取得它的最大值和最小值.

注　如果函数 $f(x)$ 在闭区间 $[a,b]$ 上连续, 则至少有一点 $\xi_1 \in [a,b]$, 使 $f(\xi_1) = M$; 又至少有一点 $\xi_2 \in [a,b]$, 使 $f(\xi_2) = m$.

例 1　函数 $f(x) = 2x$ 在闭区间 $[a,b]$ 内有最大值 $M = 2b$ 和最小值 $m = 2a$. 但是, 函数 $f(x) = 2x$ 在开区间 (a,b) 内既无最大值又无最小值.

例 2　函数 $f(x) = \operatorname{sgn} x$ 在开区间 $(-\infty, +\infty)$ 内有最大值 1 和最小值 -1. 在开区间 $(0, +\infty)$ 内, $f(x) = \operatorname{sgn} x$ 的最大值和最小值都是 1. 但是, 函数 $f(x) = \operatorname{sgn} x$ 在开区间 $(-\infty, +\infty)$ 内是不连续的.

例 3　不连续函数 $f(x) = \begin{cases} x+1 & -1 \leqslant x < 0 \\ 0 & x = 0 \\ x-1 & 0 < x \leqslant 1 \end{cases}$ 在闭区间 $[-1,1]$ 上既无最大值, 又无最小值.

注　闭区间上函数连续只是函数取最大值、最小值的充分条件.

由定理 1.23 易知以下结论:

定理 1.24(有界性定理)　在闭区间上连续的函数一定在该区间上有界.

由例 2 和例 3 可知, 闭区间上的有界函数不一定连续.

1.10.2　零点定理与介值定理

定理 1.25(零点定理)　若函数 $f(x)$ 在闭区间 $[a,b]$ 上连续, 且两端点的函数值 $f(a)$ 与 $f(b)$ 不同号, 即 $f(a)f(b) < 0$, 则在开区间 (a,b) 内至少存在一点 ξ, 使得 $f(\xi) = 0$.

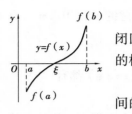

图 1.15

几何解释：如图 1.15 所示，当 $f(a)$ 与 $f(b)$ 异号时，连续曲线 $y = f(x)$ 在闭区间 $[a,b]$ 上与水平直线 $y = 0$ 至少交于一点. 该定理为判断方程 $f(x) = 0$ 的根的存在性提供了一个有效方法.

定理 1.26（**介值定理**） 设函数 $f(x)$ 在闭区间 $[a,b]$ 上连续，且在这区间的两端点取得不同的函数值 $f(a) = A$ 及 $f(b) = B$，则对介于 A 与 B 之间的任意一个数 $C(C \neq A, C \neq B)$，在开区间 (a,b) 内至少存在一点 ξ，使得 $f(\xi) = C$（见图 1.16）.

证 设 $F(x) = f(x) - C$，并不妨设 $A < B$，于是 $F(x)$ 在闭区间 $[a,b]$ 上也连续. 因

$$F(a) = f(a) - C = A - C < 0$$
$$F(b) = f(b) - C = B - C > 0$$

故由零点定理可知，至少有一点 $\xi \in (a,b)$，使得

$$F(\xi) = f(\xi) - C = 0$$

即 $f(\xi) = C, \xi \in (a,b)$.

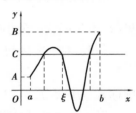

图 1.16

推论 1.9 在闭区间上连续的函数必取得介于最大值和最小值之间的任何值.

运用零点定理，可讨论方程根的存在性问题.

例 4 证明：方程 $x = \cos x$ 在 $\left(0, \dfrac{\pi}{2}\right)$ 内至少存在一个实根.

证 令 $F(x) = \cos x - x$，显然，函数在 $\left[0, \dfrac{\pi}{2}\right]$ 上有定义. 由初等函数在其定义区间上的连续性可知，$F(x)$ 在 $\left[0, \dfrac{\pi}{2}\right]$ 上是连续的，且

$$F(0) = \cos 0 - 0 = 1 > 0, F\left(\frac{\pi}{2}\right) = \cos \frac{\pi}{2} - \frac{\pi}{2} = -\frac{\pi}{2} < 0$$

由零点定理可知，至少有一点 $\xi \in \left(0, \dfrac{\pi}{2}\right)$，使得

$$F(\xi) = \cos \xi - \xi = 0$$

即 ξ 是方程 $x = \cos x$ 的根.

例 5 设函数 $f(x)$ 在 $[0,1]$ 上为非负连续函数，且 $f(0) = f(1) = 0$，试证：对任意实数 $0 < a < 1$，必有 $\xi \in [0, 1-a]$，使得 $f(\xi) = f(\xi + a)$.

证 设 $F(x) = f(x) - f(x+a)$，则 $F(x)$ 的定义域为

$$D_F = \{x \mid 0 \leqslant x < 1\} \cap \{x \mid 0 < x + a \leqslant 1\} = [0, 1-a]$$

且 $F(x)$ 在 $[0, 1-a]$ 上连续，并有

$$F(0) = f(0) - f(a) = -f(a) \leqslant 0$$
$$F(1-a) = f(1-a) - f(1) = f(1-a) \geqslant 0$$

若 $F(0) = 0$ 或 $F(1-a) = 0$，则结论显然成立.

否则，由零点定理可知，对任意的 $0 < a < 1$，至少有一点 $\xi \in (0, 1-a)$，使得 $F(\xi) = 0$，即 $f(\xi) = f(\xi + a)$.

综上所述,结论成立.

例 6 设 $f(x)$ 在 $[a,b]$ 上连续, $a < x_1 < x_2 < \cdots < x_n < b$. 证明:在 $[x_1,x_n]$ 上必有 ξ,使得 $f(\xi) = \dfrac{f(x_1) + f(x_2) + \cdots + f(x_n)}{n}$.

证 因为 $f(x)$ 在 $[a,b]$ 上连续, $a < x_1 < x_2 < \cdots < x_n < b$,所以 $f(x)$ 在 $[x_1,x_n]$ 上连续. 因此由最值定理, $f(x)$ 在 $[x_1,x_n]$ 上有最小值 m 和最大值 M. 而

$$m = \frac{mn}{n} \leqslant \frac{f(x_1) + f(x_2) + \cdots + f(x_n)}{n} \leqslant \frac{Mn}{n} = M$$

即 $\dfrac{f(x_1) + f(x_2) + \cdots + f(x_n)}{n}$ 介于最小值与最大值之间,由介值定理,在 $[x_1,x_n]$ 上必有 ξ,使得 $f(\xi) = \dfrac{f(x_1) + f(x_2) + \cdots + f(x_n)}{n}$.

*1.10.3 一致连续性

定义 1.15 设函数 $f(x)$ 在区间 I 上有定义,若对 $\forall \varepsilon > 0$, $\exists \delta > 0$,在区间 I 上任意取两点 x_1 与 x_2, 当 $|x_1 - x_2| < \delta$ 时,有 $|f(x_1) - f(x_2)| < \varepsilon$ 成立,则称函数 $f(x)$ 在区间 I 上**一致连续**。

定理 1.27(一致连续性定理) 若函数 $f(x)$ 在闭区间 $[a,b]$ 上连续,则 $f(x)$ 在闭区间 $[a,b]$ 上一致连续.

此定理表明,如果函数 $f(x)$ 在闭区间 $[a,b]$ 上连续,对于 $[a,b]$ 上的两点 x_1 与 x_2,只要它们相距充分小,都小于某个正数 δ,则这两点的函数值 $f(x_1)$ 与 $f(x_2)$ 差的绝对值会一致地小于任意给定的正数 ε,也就是这两点的函数值 $f(x_1)$ 与 $f(x_2)$ 可以任意接近.

习题 1.10

1. 证明:方程 $x^3 - 4x^2 + 1 = 0$ 在区间 $(0,1)$ 内至少有一个实根.

2. 设函数 $f(x)$ 在 $[0,2a]$ 内连续,且 $f(0) = f(2a)$. 证明:在 $[0,a]$ 内至少存在一点 ξ,使 $f(\xi) = f(\xi + a)$.

3. 证明:方程 $x = a\sin x + b, a > 0, b > 0$ 至少有一个不超过 $a + b$ 的正根.

4. 证明:若 $f(x)$ 在 $(-\infty, +\infty)$ 内连续,且 $\lim\limits_{x \to \infty} f(x)$ 存在,则 $f(x)$ 必在 $(-\infty, +\infty)$ 内有界.

5. 设 $f(x)$ 在 $[a,b]$ 上连续,且 $a \leqslant f(x) \leqslant b$,求证: $\exists x_0 \in [a,b]$,使得 $f(x_0) = x_0$.

6. 求证:若 $f(x)$ 在 $(-\infty, +\infty)$ 连续,且 $\lim\limits_{x \to \pm\infty} f(x) = +\infty$,则 $f(x)$ 在 $(-\infty, +\infty)$ 上取到它的最小值.

7. 设 $f(x)$ 在 $[a,b]$ 上连续, $x_i \in [a,b], t_i > 0 (i = 1,2,\cdots,n)$ 且 $\sum\limits_{i=1}^{n} t_i = 1$,试证:至少存在一点 $\xi \in [a,b]$,使 $f(\xi) = t_1 f(x_1) + t_2 f(x_2) + \cdots + t_n f(x_n)$.

总习题 1

1. 在"充分""必要"和"充要"三者中选择一个正确的填空：

(1) $f(x)$ 在 x_0 的某一去心邻域内有界是 $\lim\limits_{x \to x_0} f(x)$ 存在的_____条件；

(2) $\lim\limits_{x \to x_0} f(x) = \infty$ 是 $f(x)$ 在 x_0 的某一去心邻域内无界的_____条件；

(3) 函数 $y = f(x)$ 在点 $x = x_0$ 处左、右极限都存在且相等是它在该点有极限的_____条件；

(4) 若 $x \to a$ 时，有 $0 \leqslant f(x) \leqslant g(x)$，则 $\lim\limits_{x \to a} g(x) = 0$ 是 $f(x)$ 在 $x \to a$ 过程中为无穷小的_____条件；

(5) 函数 $y = f(x)$ 在点 $x = x_0$ 处有定义是它在该点连续的_____条件；

(6) 函数 $f(x)$ 在区间 $[a, b]$ 上连续是 $f(x)$ 在 $[a, b]$ 上有最大值和最小值的_____条件.

2. 填空题：

(1) 已知 $f(x) = \sin x, f[\varphi(x)] = 1 - x^2$，则 $\varphi(x) = $_____的定义域为_____；

(2) $\lim\limits_{x \to 0}(1 + 3x)^{\frac{2}{\sin x}} = $_____；

(3) $\lim\limits_{x \to 0} \dfrac{1}{x^3}\left[\left(\dfrac{2 + \cos x}{3}\right)^x - 1\right] = $_____；

(4) 若 $f(x) = \begin{cases} \dfrac{\sin 2x + e^{2ax} - 1}{x} & x \neq 0 \\ a & x = 0 \end{cases}$ 在 $(-\infty, +\infty)$ 上连续，则 $a = $_____；

(5) 设 $f(x)$ 在 $x = 2$ 处连续，且 $\lim\limits_{x \to 2}\dfrac{f(x) - 3}{x - 2}$ 存在，则 $f(2) = $_____；

(6) 设 $f(x) = \dfrac{x + b}{(x - a)(x - 1)}$ 有无穷间断点 $x = 0$，有可去间断点 $x = 1$，则 $a = $_____，$b = $_____；

(7) $\lim\limits_{x \to 0}\left(\dfrac{1 - \tan x}{1 + \tan x}\right)^{\frac{1}{\sin kx}} = e$，则 $k = $_____.

3. 选择题：

(1) 设 $f(x) = \begin{cases} |\sin x| & |x| < 1 \\ 0 & |x| \geqslant 1 \end{cases}$，则 $f\left(-\dfrac{\pi}{4}\right) = ($　　$)$.

A. 0　　　　　　　　B. 1　　　　　　　　C. $\dfrac{\sqrt{2}}{2}$　　　　　　　　D. $-\dfrac{\sqrt{2}}{2}$.

(2) 若 $\lim\limits_{x \to 0}(e^x + ax^2 + bx)^{\frac{1}{x^2}} = 1$，其中 $e^x = 1 + x + \dfrac{1}{2}x^2 + o(x^2)$，则 (　　).

A. $a = \dfrac{1}{2}, b = -1$　　　　　　　　B. $a = -\dfrac{1}{2}, b = -1$

C. $a = \dfrac{1}{2}, b = 1$　　　　　　　　D. $a = -\dfrac{1}{2}, b = 1$

(3) 极限 $\lim\limits_{x \to \infty}\left[\dfrac{x^2}{(x - a)(x + b)}\right]^x = ($　　$)$.

A. 1　　　　　　　B. e　　　　　　　C. e^{a-b}　　　　　　　D. e^{b-a}

（4）$\lim\limits_{x\to\infty}\dfrac{\sin x-x^{2}}{\cos x+x^{2}}=$（　　）.

A. 0　　　　　　　B. 1　　　　　　　C. -1　　　　　　　D. ∞

（5）当 $x\to 0$ 时，与 $\sqrt{1+x}-\sqrt{1-x}$ 等价的无穷小是（　　）.

A. x　　　　　　　B. $2x$　　　　　　　C. x^{2}　　　　　　　D. $2x^{2}$

（6）$f(x)=\dfrac{(x-2)\,\mathrm{e}^{\frac{1}{x-1}}}{|x-2|}$ 的连续范围是（　　）.

A. $(-\infty,2)\cup(2,+\infty)$　　　　　　B. $(-\infty,1)\cup(1,+\infty)$

C. $(-\infty,1)\cup(1,2)\cup(2,+\infty)$　　　　　　D. $(-\infty,1)\cup(1,2)$

（7）若函数 $f(x)=\begin{cases}\dfrac{1-\cos\sqrt{x}}{ax} & x>0 \\ b & x\leqslant 0\end{cases}$ 在 $x=0$ 处连续，则（　　）.

A. $ab=\dfrac{1}{2}$　　　　　B. $ab=-\dfrac{1}{2}$　　　　　C. $ab=0$　　　　　D. $ab=2$

（8）函数 $f(x)=\lim\limits_{t\to 0}\left(1+\dfrac{\sin t}{x}\right)^{\frac{x^{2}}{t}}$ 在 $(-\infty,+\infty)$ 内（　　）.

A. 连续　　　　　　　　　　　　　B. 有可去间断点

C. 有跳跃间断点　　　　　　　　　　D. 有无穷间断点

（9）设 $\{x_{n}\}$ 是数列. 下列命题中不正确的是（　　）.

A. 若 $\lim\limits_{n\to\infty}x_{n}=a$，则 $\lim\limits_{n\to\infty}x_{2n}=\lim\limits_{n\to\infty}x_{2n+1}=a$

B. 若 $\lim\limits_{n\to\infty}x_{2n}=\lim\limits_{n\to\infty}x_{2n+1}=a$，则 $\lim\limits_{n\to\infty}x_{n}=a$

C. 若 $\lim\limits_{n\to\infty}x_{n}=a$，则 $\lim\limits_{n\to\infty}x_{3n}=\lim\limits_{n\to\infty}x_{2n+1}=a$

D. 若 $\lim\limits_{n\to\infty}x_{3n}=\lim\limits_{n\to\infty}x_{3n+1}=a$，则 $\lim\limits_{n\to\infty}x_{n}=a$

（10）设函数 $f(x)=\begin{cases}-1 & x<0 \\ 1 & x\geqslant 0\end{cases}$，$g(x)=\begin{cases}2-ax & x\leqslant -1 \\ x & -1<x<0 \\ x-b & x\geqslant 0\end{cases}$，若 $f(x)+g(x)$ 在 **R** 上连续，则（　　）.

A. $a=3,b=1$　　　　　　　　　　B. $a=3,b=2$

C. $a=-3,b=1$　　　　　　　　　　D. $a=-3,b=2$

4. 求下列极限：

（1）$\lim\limits_{x\to+\infty}\dfrac{x\sqrt{x}\,\sin\dfrac{1}{x}}{\sqrt{x}-1}$；

（2）$\lim\limits_{x\to 0}(x+\mathrm{e}^{x^{2}})^{\frac{1}{\sin x}}$；

（3）$\lim\limits_{x\to 0}\dfrac{\sqrt{2+\tan x}-\sqrt{2+\sin x}}{x^{3}}$

（4）$\lim\limits_{x\to 0}\left(\dfrac{2+\mathrm{e}^{\frac{1}{x}}}{1+\mathrm{e}^{\frac{2}{x}}}+\dfrac{\sin x}{|x|}\right)$.

5. 已知 $\lim\limits_{x \to 0} \dfrac{\ln\left(1 + \dfrac{f(x)}{\sin x}\right)}{3^x - 1} = 2$,求 $\lim\limits_{x \to 0} \dfrac{f(x)}{x^2}$.

6. 已知 $\lim\limits_{x \to \infty} \dfrac{(1+a)x^4 + bx^3 + 2}{x^3 + x^2 - 1} = -2$,求 a, b 之值.

7. 设 $\lim\limits_{x \to 1} f(x)$ 存在, $f(x) = 3x^2 + 2x \lim\limits_{x \to 1} f(x)$,求 $f(x)$.

8. 已知当 $x \to 0$ 时 $e^{\sin x} - e^{\tan x}$ 与 x^n 是同阶无穷小,试确定 n 的值.

9. 求函数 $f(x) = \dfrac{2^{\frac{1}{x}} - 1}{2^{\frac{1}{x}} + 1}$ 的不连续点且判别类型.

10. 求函数 $f(x) = \lim\limits_{t \to x}\left(\dfrac{\sin t}{\sin x}\right)^{\frac{x}{\sin t - \sin x}}$ 的间断点及其类型.

11. 设函数 $f(x)$ 满足 $\lim\limits_{x \to 0} \dfrac{\sqrt{1 + f(x)\sin 2x} - 1}{e^{3x} - 1} = 2$,求 $\lim\limits_{x \to 0} f(x)$.

数列极限的定义视频

函数的连续性视频

部分习题答案

第2章 导数与微分

导数与微分是微分学的重要组成部分. 导数的思想最初是由法国数学家费马(Fermat)为研究极值问题而引入的. 后来, 英国科学家牛顿(Newton)在研究变速运动物体的瞬时速度, 德国数学家莱布尼茨(Leibniz)研究曲线切线的斜率等问题中, 都引入了函数导数的概念. 本章将通过实例引入导数与微分的概念, 主要介绍导数与微分的计算方法.

2.1 导数的概念

2.1.1 引例

为了说明微分学中导数这一基本概念, 先讨论两个问题: 速度问题和切线问题.

引例1 变速直线运动中的瞬时速度问题.

设某质点沿直线作变速运动, 在直线上其位置 s 与时刻 t 的函数关系(称为位置函数)为 $s = s(t)(t \in (a, b))$, 求在 $t = t_0$ 时刻质点的瞬时速度 $v(t_0)$.

在由 t_0 到 t 这一段时间内, 质点运动的时间为 $\Delta t = t - t_0$, 质点的位移为 $\Delta s = s(t) - s(t_0)$, 从而质点在此过程中的平均速度为

$$\bar{v} = \frac{\Delta s}{\Delta t} = \frac{s(t) - s(t_0)}{t - t_0}$$

因为质点作变速直线运动, 所以在时间间隔 Δt 很小时, 质点的平均速度 $\bar{v}$ 与它在 t_0 时刻的瞬时速度 $v(t_0)$ 很接近, 而且 Δt 越小, $\bar{v}$ 与 $v(t_0)$ 越接近. 因此, 自然地把质点在 t_0 时刻的瞬时速度定义为

$$v(t_0) = \lim_{\Delta t \to 0} \frac{\Delta s}{\Delta t} = \lim_{t \to t_0} \frac{s(t) - s(t_0)}{t - t_0} \tag{2.1}$$

引例2 曲线的切线问题.

切线的概念在中学已有了解,有许多的实际问题都与切线有关. 例如,运动的方向问题、光线的入射角和反射角问题等.

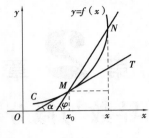

从几何上看,曲线 C 在某点 M 的切线就是曲线上的任一条割线 MN,当 N 点沿该曲线无限地接近于 M 点时的极限位置 MT,如图 2.1 所示.

设曲线方程为 $y = f(x)$,曲线上 M 点的坐标为 (x_0,y_0),动点 N 的坐标为 (x,y),要求曲线在 M 点的切线,只需求出 M 点切线的斜率 k. 由图 2.1 知,k 恰好为割线 MN 的斜率的极限.

图 2.1

不难求得割线 MN 的斜率为 $\dfrac{f(x)-f(x_0)}{x-x_0}$. 因此,当 $N \to M$ 时,如果其极限存在,则将该极限定义为曲线在点 M 的切线的斜率,即

$$k = \lim_{x \to x_0} \frac{f(x)-f(x_0)}{x-x_0} \tag{2.2}$$

若设 α 为切线的倾角,则有 $k = \tan\alpha$.

尽管上述两个问题的背景不同,但它们的计算都可归结为求函数 $y = f(x)$ 在点 x_0 处的增量 $\Delta y = f(x_0 + \Delta x) - f(x_0)$ 与自变量的增量 Δx 的商的极限. 在自然科学和工程技术领域中,还有许多问题会用到这样的极限形式. 我们把这种极限抽象出来,作为函数在某一点导数的定义.

2.1.2 导数的定义

(1)导数概念和导函数

定义 2.1 设函数 $y = f(x)$ 在 x_0 点的某个邻域内有定义,如果在该邻域内,当自变量在 x_0 处取得增量 Δx 时,相应地,函数有增量 $\Delta y = f(x_0 + \Delta x) - f(x_0)$;若增量之比的极限

$$\lim_{\Delta x \to 0} \frac{\Delta y}{\Delta x} = \lim_{\Delta x \to 0} \frac{f(x_0 + \Delta x) - f(x_0)}{\Delta x} \tag{2.3}$$

存在,则称函数 $y = f(x)$ 在点 $x = x_0$ 处可导,并称这一极限为函数 $f(x)$ 在点 x_0 处的导数,记为 $f'(x_0)$,即

$$f'(x_0) = \lim_{\Delta x \to 0} \frac{\Delta y}{\Delta x} = \lim_{\Delta x \to 0} \frac{f(x_0 + \Delta x) - f(x_0)}{\Delta x} \tag{2.4}$$

也可记作

$$y'\big|_{x=x_0}, \quad \frac{\mathrm{d}y}{\mathrm{d}x}\Big|_{x=x_0} \ \text{或} \ \frac{\mathrm{d}f}{\mathrm{d}x}\Big|_{x=x_0}$$

若极限(2.3)不存在,则称函数 $f(x)$ 在点 x_0 处不可导. 如果极限(2.3)为无穷大,为方便起见,也称函数 $f(x)$ 在点 x_0 处的导数为无穷大.

导数的定义式(2.4)也可取不同的形式,例如

$$f'(x_0) = \lim_{h \to 0} \frac{f(x_0 + h) - f(x_0)}{h} \tag{2.5}$$

$$f'(x_0) = \lim_{x \to x_0} \frac{f(x) - f(x_0)}{x - x_0} \tag{2.6}$$

在实际应用中,常把导数 $\dfrac{\mathrm{d}y}{\mathrm{d}x}\big|_{x=x_0}$ 称为变量 y 对 x 在点 x_0 处的变化率. 它表示函数值的变化相对于自变量的变化的快慢.

这样,根据导数的定义,引例中的瞬时速度和切线斜率可分别表示为

$$v(t_0) = s'(t_0) = \lim_{\Delta t \to 0} \frac{s(t_0 + \Delta t) - s(t_0)}{\Delta t}$$

$$k = f'(x_0) = \lim_{x \to x_0} \frac{f(x) - f(x_0)}{x - x_0}$$

速度可说成行走的路程对于时间的变化率,曲线的斜率可说成曲线上点的纵坐标对该点的横坐标的变化率. 在不同的领域中,变化率的含义各不相同. 但是,凡是涉及变化率的问题,都可用导数的方法去解决.

如果 $y = f(x)$ 在开区间 I 内的每一点均可导,则称 $y = f(x)$ 在 I 内可导. 于是,对每一个 $x \in I$,都有一导数值 $f'(x)$ 与之对应,这就确定了一个新的函数,称为 $y = f(x)$ 在 I 内的导函数,记为 $y = f'(x)$,或 y',$\dfrac{\mathrm{d}y}{\mathrm{d}x}$,$\dfrac{\mathrm{d}f(x)}{\mathrm{d}x}$ 等,即

$$y' = f'(x) = \lim_{\Delta x \to 0} \frac{f(x + \Delta x) - f(x)}{\Delta x} \qquad (x \in I)$$

注　在这里,$\dfrac{\mathrm{d}y}{\mathrm{d}x}$ 或 $\dfrac{\mathrm{d}f}{\mathrm{d}x}$ 是一个整体,$\dfrac{\mathrm{d}}{\mathrm{d}x}$ 表示对 x 求导,$\dfrac{\mathrm{d}y}{\mathrm{d}x}$ 表示 y 作为 x 的函数对 x 求导.

由此可知,当 $f(x)$ 可导时,$f(x)$ 在点 x_0 处的导数就是导函数 $f'(x)$ 在点 x_0 处的值,即

$$f'(x_0) = f'(x)\big|_{x = x_0} \text{ 或 } y'(x_0) = \frac{\mathrm{d}y}{\mathrm{d}x}\Big|_{x = x_0}$$

在上面的式子里,x_0 为区间 I 内部的某一点,一经选定,在极限过程中是不变的,而 Δx 是极限过程中的变量. 但在导函数 $f'(x)$ 中,x 是变量. 以后,为方便起见,导函数简称导数.

下面根据导数定义求几个简单函数的导数.

例 1　求函数 $y = ax + c(a, c$ 为常数$)$ 的导数.

解　对任意一点 x 和它的增量 Δx,因

$$\Delta y = [a(x + \Delta x) + c] - (ax + c) = a\Delta x$$

故

$$y'(x) = \lim_{\Delta x \to 0} \frac{\Delta y}{\Delta x} = \lim_{\Delta x \to 0} \frac{a\Delta x}{\Delta x} = a$$

即

$$(ax + c)' = a$$

特别地,当 $a = 0$ 时,$(c)' = 0$. 所以常数的导数恒等于零.

例 2　求函数 $y = x^n(n$ 为正整数$)$ 的导数.

解　对任意一点 x 和它的增量 $\Delta x = h$,相应地

$$\Delta y = (x + h)^n - x^n$$

$$= \left[x^n + nx^{n-1}h + \frac{n(n-1)}{2!}x^{n-2}h^2 + \cdots + h^n \right] - x^n$$

$$= nx^{n-1}h + \frac{n(n-1)}{2!}x^{n-2}h^2 + \cdots + h^n$$

因为

$$\lim_{\Delta x \to 0} \frac{\Delta y}{\Delta x} = \lim_{h \to 0} \frac{\Delta y}{h} = \lim_{h \to 0} \left[nx^{n-1} + \frac{n(n-1)}{2!}x^{n-2}h + \cdots + h^{n-1} \right] = nx^{n-1}$$

所以 $(x^n)' = nx^{n-1}$.

注 一般地,当 μ 是任意实数时,$(x^\mu)' = \mu x^{\mu-1}$ $(x > 0)$. 读者自证.

例 3 求函数 $y = \dfrac{1}{x}$ 的导数.

解 对定义域内任意一点 x 和 $x + \Delta x$,相应地

证明公式 $(x^\mu)' = \mu x^{\mu-1}$

$$\Delta y = \frac{1}{x + \Delta x} - \frac{1}{x} = -\frac{\Delta x}{x(x + \Delta x)}$$

因为

$$\lim_{\Delta x \to 0} \frac{\Delta y}{\Delta x} = -\lim_{\Delta x \to 0} \frac{1}{x(x + \Delta x)} = -\frac{1}{x^2}$$

所以 $\left(\dfrac{1}{x} \right)' = -\dfrac{1}{x^2}$.

例 4 求指数函数 $y = a^x (a > 0, a \neq 1)$ 的导数.

解 对任意的点 x 及其增量 Δx,函数的增量为

$$\Delta y = a^{x+\Delta x} - a^x$$

因为

$$\lim_{\Delta x \to 0} \frac{\Delta y}{\Delta x} = \lim_{\Delta x \to 0} \frac{a^{x+\Delta x} - a^x}{\Delta x} = a^x \lim_{\Delta x \to 0} \frac{a^{\Delta x} - 1}{\Delta x}$$

$$= a^x \lim_{\Delta x \to 0} \frac{e^{(\ln a)\Delta x} - 1}{\Delta x} = a^x \ln a$$

即

$$y' = a^x \ln a$$

所以 $(a^x)' = a^x \ln a$.

特别地,当 $a = e$ 时,$(e^x)' = e^x$.

例 5 求对数函数 $y = \log_a x (a > 0, a \neq 1)$ 的导数.

解 因为

$$\lim_{\Delta x \to 0} \frac{\Delta y}{\Delta x} = \lim_{\Delta x \to 0} \frac{\log_a(x + \Delta x) - \log_a x}{\Delta x} = \lim_{\Delta x \to 0} \frac{1}{\Delta x} \log_a \frac{x + \Delta x}{x}$$

$$= \lim_{\Delta x \to 0} \frac{1}{x} \cdot \frac{x}{\Delta x} \log_a \frac{x + \Delta x}{x} = \frac{1}{x} \lim_{\Delta x \to 0} \frac{\log_a \left(1 + \frac{\Delta x}{x} \right)}{\frac{\Delta x}{x}} = \frac{1}{x \ln a}$$

所以 $(\log_a x)' = \dfrac{1}{x \ln a}$.

特别地，当 $a = \mathrm{e}$ 时，$(\ln x)' = \dfrac{1}{x}$.

例 6　求正弦函数 $y = \sin x$ 的导数.

解　因为

$$\lim_{\Delta x \to 0} \frac{\Delta y}{\Delta x} = \lim_{\Delta x \to 0} \frac{\sin(x + \Delta x) - \sin x}{\Delta x} = \lim_{\Delta x \to 0} \frac{2\cos\left(x + \dfrac{\Delta x}{2}\right)\sin\dfrac{\Delta x}{2}}{\Delta x}$$

$$= \lim_{\Delta x \to 0} \cos\left(x + \frac{\Delta x}{2}\right) \frac{\sin\dfrac{\Delta x}{2}}{\dfrac{\Delta x}{2}} = \cos x$$

所以 $(\sin x)' = \cos x$.

同理可证，$(\cos x)' = -\sin x$.

（2）单侧导数

由定义 2.1 可知，导数

$$f'(x_0) = \lim_{\Delta x \to 0} \frac{f(x_0 + \Delta x) - f(x_0)}{\Delta x}$$

是一个极限，而极限存在的充分必要条件是左、右极限存在且相等. 因此，$f'(x_0)$ 存在即 $f(x)$ 在点 x_0 处可导的充分必要条件是左、右极限

$$\lim_{\Delta x \to 0^-} \frac{f(x_0 + \Delta x) - f(x_0)}{\Delta x} \quad \text{及} \quad \lim_{\Delta x \to 0^+} \frac{f(x_0 + \Delta x) - f(x_0)}{\Delta x}$$

都存在且相等. 分别称它们为函数 $f(x)$ 在点 x_0 处的**左导数**和**右导数**，记为 $f'_-(x_0)$ 和 $f'_+(x_0)$，即

$$f'_-(x_0) = \lim_{\Delta x \to 0^-} \frac{f(x_0 + \Delta x) - f(x_0)}{\Delta x}$$

$$f'_+(x_0) = \lim_{\Delta x \to 0^+} \frac{f(x_0 + \Delta x) - f(x_0)}{\Delta x}$$

于是可得下面的定理.

定理 2.1　函数 $f(x)$ 在 $x = x_0$ 处导数存在（可导）的充分必要条件为左导数 $f'_-(x_0)$ 和右导数 $f'_+(x_0)$ 均存在且相等.

注　①若 $f(x)$ 在 (a,b) 内可导，且 $f'_+(a)$ 和 $f'_-(b)$ 存在，则称 $f(x)$ 在 $[a,b]$ 上可导.

②左导数和右导数统称**单侧导数**.

例 7　讨论函数 $f(x) = |x|$ 在点 $x = 0$ 处的连续性与可导性.

解　在第 1 章中已知 $f(x) = |x|$ 连续，如图 2.2 所示.

因

$$\lim_{h \to 0} \frac{f(0+h) - f(0)}{h} = \lim_{h \to 0} \frac{|h| - 0}{h} = \lim_{h \to 0} \frac{|h|}{h}$$

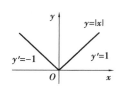

图 2.2

当 $h < 0$ 时, $|h| = -h$, 故

$$f'_-(0) = \lim_{h \to 0^-} \frac{|h|}{h} = \lim_{h \to 0^-} \frac{-h}{h} = -1$$

当 $h > 0$ 时, $|h| = h$, 故

$$f'_+(0) = \lim_{h \to 0^+} \frac{|h|}{h} = \lim_{h \to 0^+} \frac{h}{h} = 1$$

由于左右导数不相等, 因此, $\lim_{h \to 0} \frac{f(0+h) - f(0)}{h}$ 不存在, 即函数 $f(x) = |x|$ 在点 $x = 0$ 处不可导.

2.1.3 导数的几何意义

由前面的讨论可知, 函数 $y = f(x)$ 在 $x = x_0$ 处的导数 $f'(x_0)$ 在几何上表示为该曲线 $y = f(x)$ 在点 $(x_0, f(x_0))$ 处的切线斜率 k, 即 $k = f'(x_0) = \tan \alpha$($\alpha$ 为切线的倾角). 因此, 曲线在点 $x = x_0$ 处的切线方程为

$$y - y_0 = f'(x_0)(x - x_0)$$

若 $f'(x_0) = \infty$, 则此时的切线方程为 $x = x_0$.

过切点 $M(x_0, y_0)$, 且与 M 点切线垂直的直线称为 $y = f(x)$ 在 M 点的法线. 如果 $f'(x_0) \neq 0$, 则法线的斜率为 $-\dfrac{1}{f'(x_0)}$. 此时, 法线方程为

$$y - y_0 = -\frac{1}{f'(x_0)}(x - x_0)$$

例8 求抛物线 $y = x^2$ 在点 $M(2, 4)$ 处的切线方程.

解 由例2得 $y' = 2x$, 从而曲线 $y = x^2$ 在点 $M(2, 4)$ 处切线的斜率为

$$k = y'|_{x=2} = 2x|_{x=2} = 4$$

于是, 切线方程为 $y - 4 = 4(x - 2)$, 即

$$y - 4x + 4 = 0$$

例9 求曲线 $y = x^{\frac{3}{2}}$ 的通过点 $(0, -4)$ 的切线, 并求该曲线在对应点处的法线方程.

解 为求该曲线的切线方程, 需求出切点. 设曲线 $y = x^{\frac{3}{2}}$ 在点 (x_0, y_0) 处的切线过点 $(0, -4)$, 则切线的斜率为

$$k = y'(x_0) = \frac{3}{2}\sqrt{x_0}$$

于是, 所求切线方程可设为 $y - y_0 = \dfrac{3}{2}\sqrt{x_0}(x - x_0)$.

因为切点在曲线上, 且切线过点 $(0, -4)$, 所以

$$\begin{cases} y_0 = x_0^{\frac{3}{2}} \\ -4 - y_0 = \dfrac{3}{2}\sqrt{x_0}(0 - x_0) \end{cases}$$

解上面的方程组得 $x_0 = 4, y_0 = 8$. 于是, 可求得切线方程为

$$y - 8 = \frac{3}{2}\sqrt{4}(x - 4)$$

即 $3x - y - 4 = 0$.

在点 $(4, 8)$ 处的法线方程为

$$y - 8 = -\frac{1}{3}(x - 4)$$

即 $x + 3y - 28 = 0$.

2.1.4 函数的可导性与连续性的关系

若函数 $y = f(x)$ 在点 x 处可导,则极限

$$\lim_{\Delta x \to 0} \frac{\Delta y}{\Delta x} = \lim_{\Delta x \to 0} \frac{f(x + \Delta x) - f(x)}{\Delta x}$$

存在. 由此可知,当 $\Delta x \to 0$ 时,必有

$$\Delta y = f(x + \Delta x) - f(x) \to 0$$

这说明 $y = f(x)$ 在点 x 处连续,即可导必连续.

于是有下面的结论.

定理 2.2 如果函数 $f(x)$ 在点 x_0 处可导,那么 $f(x)$ 在点 x_0 处连续.

另外,由例 7 可知,函数连续未必可导.

例 10 求常数 a, b 使得函数 $f(x) = \begin{cases} e^x & x \geq 0 \\ ax + b & x < 0 \end{cases}$ 在点 $x = 0$ 处可导.

解 要使 $f(x)$ 在点 $x = 0$ 处可导,那么 $f(x)$ 必在 $x = 0$ 处连续. 所以

$$\lim_{x \to 0^+} f(x) = \lim_{x \to 0^-} f(x) = f(0)$$

即 $e^0 = a \cdot 0 + b$,从而 $b = 1$.

又如果要使得 $f(x)$ 在点 $x = 0$ 处可导,则其左、右导数都存在且相等. 因

$$f'_-(0) = \lim_{x \to 0^-} \frac{(ax + b) - e^0}{x - 0} = a, \quad f'_+(0) = \lim_{x \to 0^+} \frac{e^x - e^0}{x - 0} = 1$$

且 $f'_-(0) = f'_+(0)$. 故 $a = 1$.

因此,要使 $f(x)$ 在点 $x = 0$ 处可导,所求常数必为 $a = b = 1$.

数学家简介

习题 2.1

1. 用定义证明: $(\cos x)' = -\sin x$.

2. 求下列极限:

(1)已知 $f'(3) = 2$,求 $\lim_{h \to 0} \frac{f(3 - h) - f(3)}{2h}$;

（2）已知 $f'(x_0) = -1$，求 $\lim\limits_{\Delta x \to 0} \dfrac{f(x_0 - 2\Delta x) - f(x_0 - \Delta x)}{\Delta x}$；

（3）若 $f(0) = 0$，且 $f'(0)$ 存在，求 $\lim\limits_{x \to 0} \dfrac{f(x)}{x}$.

3. 利用导数公式 $(x^{\mu})' = \mu x^{\mu-1}$，求下列函数的导数：

（1）$y = \dfrac{1}{\sqrt{x}}$； （2）$y = \sqrt{x}$；

（3）$y = \dfrac{1}{x^2}$； （4）$y = x^3 \sqrt[5]{x}$.

4. 选择题：

（1）函数 $f(x)$ 在点 x_0 处连续是在该点处可导的（ ）.

A. 充要条件　　　　B. 充分条件　　　　C. 必要条件　　　　D. 无关条件

（2）设 $f(x) = \begin{cases} x(e^{-x} - 1) & x \neq 0 \\ 0 & x = 0 \end{cases}$，则在点 $x = 0$ 处（ ）.

A. 无定义　　　　B. 不连续　　　　C. 连续不可导　　　　D. 连续且可导

5. 设曲线 $f(x) = x^n$ 在点 $(1,1)$ 处的切线与 x 轴的交点为 $(\xi_n, 0)$，求 $\lim\limits_{n \to \infty} f(\xi_n)$.

6. 求曲线 $y = \cos x$ 在点 $\left(\dfrac{\pi}{3}, \dfrac{1}{2}\right)$ 处的切线方程和法线方程.

7. 设函数 $f(x) = \begin{cases} x^2 & x < 2 \\ ax + b & x \geq 2 \end{cases}$，问常数 a, b 取何值时函数 $f(x)$ 在 $x = 2$ 处可导？

8. 已知 $f(x) = \begin{cases} \sin x & x < 0 \\ x & x \geq 0 \end{cases}$，求 $f'(x)$.

9. 讨论下列函数在 $x = 0$ 处的连续性和可导性：

（1）$f(x) = \begin{cases} e^x + 1 & x \leq 0 \\ x + 2 & x > 0 \end{cases}$；

（2）$f(x) = \begin{cases} x^2 \sin \dfrac{1}{x} & x \neq 0 \\ 0 & x = 0 \end{cases}$；

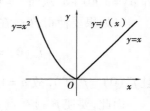

图 2.3

（3）如图 2.3 所示，$f(x) = \begin{cases} x^2 & x < 0 \\ x & x \geq 0 \end{cases}$.

10. 证明：双曲线 $xy = a^2$ 上任意点处的切线与两坐标轴构成的三角形的面积都等于 $2a^2$.

用定义求导举例视频

2.2　求导法则

从 2.1 节中已知,用定义求导数一般是较困难的. 本节将介绍一些求导数的运算法则. 借助于这些法则和基本初等函数的导数公式,原则上可求出所有初等函数的导数.

2.2.1　函数和、差、积、商的求导法则

设函数 $u = u(x)$ 和 $v = v(x)$ 都在点 x 处可导,下面讨论 $u \pm v, uv$ 和 $\dfrac{u}{v}$ 在点 x 处的可导性.

定理 2.3(导数的四则运算法则)　若函数 $u(x)$ 和 $v(x)$ 都在点 x 处可导,那么,它们的和、差、积、商(除分母为零的点外)都在点 x 处可导,且:

① $[u(x) \pm v(x)]' = u'(x) \pm v'(x)$;

② $[u(x)v(x)]' = u'(x)v(x) + u(x)v'(x)$;

③ $\left[\dfrac{u(x)}{v(x)}\right]' = \dfrac{u'(x)v(x) - u(x)v'(x)}{v^2(x)}$　$(v(x) \neq 0)$.

证　①记 $y = u(x) \pm v(x)$,对任意的点 x 及相应的增量 Δx,函数的增量

$$\begin{aligned}
\Delta y &= [u(x + \Delta x) \pm v(x + \Delta x)] - [u(x) \pm v(x)] \\
&= [u(x + \Delta x) - u(x)] \pm [v(x + \Delta x) - v(x)]
\end{aligned}$$

因为函数 $u(x)$ 和 $v(x)$ 在点 x 处可导,所以

$$u'(x) = \lim_{\Delta x \to 0} \frac{u(x + \Delta x) - u(x)}{\Delta x} \text{ 及 } v'(x) = \lim_{\Delta x \to 0} \frac{v(x + \Delta x) - v(x)}{\Delta x}$$

于是

$$\begin{aligned}
\lim_{\Delta x \to 0} \frac{\Delta y}{\Delta x} &= \lim_{\Delta x \to 0} \frac{[u(x + \Delta x) - u(x)] \pm [v(x + \Delta x) - v(x)]}{\Delta x} \\
&= \lim_{\Delta x \to 0} \frac{u(x + \Delta x) - u(x)}{\Delta x} \pm \lim_{\Delta x \to 0} \frac{v(x + \Delta x) - v(x)}{\Delta x} \text{ (其中 } v(x + \Delta x) \neq 0) \\
&= u'(x) \pm v'(x)
\end{aligned}$$

故函数 $y = u(x) \pm v(x)$ 在点 x 处可导,且 $[u(x) \pm v(x)]' = u'(x) \pm v'(x)$.

法则①可简单地表示为

$$(u \pm v)' = u' \pm v'$$

②记 $y = u(x)v(x)$,当自变量 x 有增量 Δx 时,函数 $u = u(x), v = v(x)$ 和 $y = u(x)v(x)$ 分别有相应的增量 $\Delta u, \Delta v$ 和 Δy. 从而

$$\begin{aligned}
\Delta y &= u(x + \Delta x)v(x + \Delta x) - u(x)v(x) \\
&= (u + \Delta u)(v + \Delta v) - uv = v\Delta u + u\Delta v + \Delta u \Delta v
\end{aligned}$$

$$\frac{\Delta y}{\Delta x} = v \frac{\Delta u}{\Delta x} + u \frac{\Delta v}{\Delta x} + \Delta u \frac{\Delta v}{\Delta x}$$

因为函数 $u(x)$ 和 $v(x)$ 在点 x 处可导,所以 $\lim\limits_{\Delta x \to 0} \dfrac{\Delta u}{\Delta x} = u', \lim\limits_{\Delta x \to 0} \dfrac{\Delta v}{\Delta x} = v'$. 又由 $u(x)$ 的可导性

知，$u(x)$ 在点 x 处必连续，即有 $\lim\limits_{\Delta x \to 0} \Delta u = 0$. 于是

$$\lim_{\Delta x \to 0} \frac{\Delta y}{\Delta x} = v \lim_{\Delta x \to 0} \frac{\Delta u}{\Delta x} + u \lim_{\Delta x \to 0} \frac{\Delta v}{\Delta x} + \lim_{\Delta x \to 0} \Delta u \lim_{\Delta x \to 0} \frac{\Delta v}{\Delta x}$$

$$= vu'(x) + v'(x)u$$

于是，$y = u(x)v(x)$ 在点 x 处可导，且 $[u(x)v(x)]' = u'(x)v(x) + u(x)v'(x)$.

法则②可简单地表示为

$$(uv)' = u'v + uv'$$

③记 $y = \dfrac{u(x)}{v(x)}$，当自变量 x 有增量 Δx 时，函数 $u = u(x)$，$v = v(x)$ 和 $y = \dfrac{u(x)}{v(x)}$ 分别有相应的增量 Δu，Δv 和 Δy. 从而

$$\frac{\Delta y}{\Delta x} = \frac{\dfrac{u(x+\Delta x)}{v(x+\Delta x)} - \dfrac{u(x)}{v(x)}}{\Delta x} = \frac{u(x+\Delta x)v(x) - u(x)v(x+\Delta x)}{v(x+\Delta x)v(x)\Delta x}$$

$$= \frac{[u(x+\Delta x) - u(x)]v(x) - u(x)[v(x+\Delta x) - v(x)]}{v(x+\Delta x)v(x)\Delta x}$$

因为函数 $u(x)$ 和 $v(x)$ 在点 x 处可导，且 $v(x) \neq 0$，$\lim\limits_{\Delta x \to 0} v(x+\Delta x) = v(x)$，所以

$$\lim_{\Delta x \to 0} \frac{\Delta y}{\Delta x} = \lim_{\Delta x \to 0} \frac{\dfrac{u(x+\Delta x) - u(x)}{\Delta x}v(x) - u(x)\dfrac{v(x+\Delta x) - v(x)}{\Delta x}}{v(x+\Delta x)v(x)}$$

$$= \frac{u'(x)v(x) - u(x)v'(x)}{v^2(x)}$$

于是，$y = \dfrac{u(x)}{v(x)}$ 在点 x 处可导，且 $\left[\dfrac{u(x)}{v(x)}\right]' = \dfrac{u'(x)v(x) - u(x)v'(x)}{v^2(x)}$.

法则③可简单地表示为

$$\left(\frac{u}{v}\right)' = \frac{u'v - uv'}{v^2}$$

定理 2.3 的①及②还可推广到任意有限个可导函数的情形.

例 1 设 $y = 3x + \sqrt{x} - \dfrac{2}{\sqrt{x}}$，求 y'.

解 $y' = \left(3x + \sqrt{x} - \dfrac{2}{\sqrt{x}}\right)' = (3x)' + (\sqrt{x})' - \left(\dfrac{2}{\sqrt{x}}\right)'$

$$= 3 + \frac{1}{2\sqrt{x}} - 2 \times \left(-\frac{1}{2}\right) \times \frac{1}{\sqrt{x^3}} = 3 + \frac{1}{2\sqrt{x}} + \frac{1}{\sqrt{x^3}}$$

例 2 设 $y = xe^x \ln x$，求 y'.

解 $y' = (xe^x \ln x)' = (x)'e^x \ln x + x(e^x)' \ln x + xe^x(\ln x)'$

$$= e^x \ln x + xe^x \ln x + xe^x \cdot \frac{1}{x}$$

$$= e^x(1 + \ln x + x \ln x)$$

例 3 应用商的求导法则证明以下常用求导公式：

（1）$(\tan x)' = \sec^2 x$，$(\cot x)' = -\csc^2 x$；

（2）$(\sec x)' = \sec x \tan x$，$(\csc x)' = -\csc x \cot x$.

证　（1）$(\tan x)' = \left(\dfrac{\sin x}{\cos x}\right)' = \dfrac{(\sin x)'\cos x - \sin x(\cos x)'}{\cos^2 x}$

$$= \dfrac{1}{\cos^2 x} = \sec^2 x$$

于是

$$(\tan x)' = \sec^2 x$$

类似可证明，$(\cot x)' = -\csc^2 x$.

（2）$(\sec x)' = \left(\dfrac{1}{\cos x}\right)' = \dfrac{(1)'\cos x - 1 \cdot (\cos x)'}{\cos^2 x}$

$$= \dfrac{\sin x}{\cos^2 x} = \sec x \tan x$$

于是

$$(\sec x)' = \sec x \tan x$$

类似可证明，$(\csc x)' = -\csc x \cot x$.

2.2.2　反函数的求导法则

在第 1 章讨论反函数的连续性时已知，如果直接函数 $x = \varphi(y)$ 在区间 I_y 内严格单调且连续，则它的反函数 $y = f(x)$ 在对应区间 $I_x = \{x \mid x = \varphi(y), y \in I_y\}$ 内也是严格单调且连续的. 现在进一步假定 $x = \varphi(y)$ 在区间 I_y 内可导，我们来研究它的反函数 $y = f(x)$ 在对应区间 I_x 内的可导性，给出下面的反函数求导法则.

定理 2.4　如果函数 $x = \varphi(y)$ 在 I_y 内严格单调、可导且 $\varphi'(y) \neq 0$，那么，它的反函数 $y = f(x)$ 在对应区间 I_x 内也可导，且有

$$f'(x) = \dfrac{1}{\varphi'(y)} \tag{2.7}$$

证　任取 $x \in I_x$，给 x 以增量 $\Delta x (\Delta x \neq 0, x + \Delta x \in I_x)$. 由 $y = f(x)$ 的单调性可知

$$\Delta y = f(x + \Delta x) - f(x) \neq 0$$

于是有

$$\dfrac{\Delta y}{\Delta x} = \dfrac{1}{\dfrac{\Delta x}{\Delta y}}$$

因为 $y = f(x)$ 连续，所以当 $\Delta x \to 0$ 时，必有 $\Delta y \to 0$，从而

$$\lim_{\Delta x \to 0} \dfrac{\Delta y}{\Delta x} = \lim_{\Delta y \to 0} \dfrac{1}{\dfrac{\Delta x}{\Delta y}} = \lim_{\Delta y \to 0} \dfrac{1}{\dfrac{\varphi(y + \Delta y) - \varphi(y)}{\Delta y}} = \dfrac{1}{\varphi'(y)}$$

因此，$y = f(x)$ 在对应区间 I_x 内可导，且 $f'(x) = \dfrac{1}{\varphi'(y)}$.

定理 2.4 可简单说成：反函数的导数等于直接函数导数的倒数.

例4 求反正弦函数 $y = \arcsin x$ 的导数.

解 由于 $y = \arcsin x\,(-1 < x < 1)$ 是直接函数 $x = \sin y\left(-\dfrac{\pi}{2} < y < \dfrac{\pi}{2}\right)$ 的反函数,而函数 $x = \sin y$ 在 $I_y = \left(-\dfrac{\pi}{2}, \dfrac{\pi}{2}\right)$ 内单调增加、可导,且 $(\sin y)' = \cos y > 0$. 因此,由定理2.4可知, $y = \arcsin x$ 在对应区间 $I_x = (-1, 1)$ 内可导,且

$$(\arcsin x)' = \frac{1}{(\sin y)'} = \frac{1}{\cos y}$$

现在将 $\cos y$ 中的变量 y 换成 x 的函数,这可由 $\cos y = \sqrt{1 - \sin^2 y} = \sqrt{1 - x^2}$ 求出. 于是得到反正弦函数 $y = \arcsin x$ 的导数公式

$$(\arcsin x)' = \frac{1}{\sqrt{1 - x^2}}$$

同理,反余弦函数 $y = \arccos x$ 的导数公式为

$$(\arccos x)' = -\frac{1}{\sqrt{1 - x^2}}$$

例5 求反正切函数 $y = \arctan x$ 的导数.

解 由于 $y = \arctan x\,(-\infty < x < +\infty)$ 是直接函数 $x = \tan y\left(-\dfrac{\pi}{2} < y < \dfrac{\pi}{2}\right)$ 的反函数,而函数 $x = \tan y$ 在 $I_y = \left(-\dfrac{\pi}{2}, \dfrac{\pi}{2}\right)$ 内单调增加、可导,且 $(\tan y)' = \sec^2 y > 0$. 因此,由定理2.4可知, $y = \arctan x$ 在对应区间 $I_x = (-\infty, +\infty)$ 内可导,且

$$y' = (\arctan x)' = \frac{1}{(\tan y)'} = \frac{1}{\sec^2 y}$$

注意到在 $\left(-\dfrac{\pi}{2}, \dfrac{\pi}{2}\right)$ 内, $\sec^2 y = 1 + \tan^2 y = 1 + x^2$, 于是得到反正切函数 $y = \arctan x$ 的导数公式

$$(\arctan x)' = \frac{1}{1 + x^2}$$

同理,可求得反余切函数 $y = \text{arccot}\, x$ 的导数公式为

$$(\text{arccot}\, x)' = -\frac{1}{1 + x^2}$$

利用对数函数的导数公式 $\dfrac{\mathrm{d}\log_a x}{\mathrm{d}x} = \dfrac{1}{x \ln a}$ 和反函数的求导法则,可求得指数函数的导数公式: $(a^x)' = a^x \ln a$, 请读者试一试.

2.2.3 复合函数的求导法则

在数学理论和实际应用中,复合函数是最常见的函数,因此,复合函数的求导是非常普遍而重要的问题. 下面介绍复合函数的求导法则,这一法则也称链式法则,其求导方法的关键就是弄清函数复合的层次结构,分层求导,各层导数相乘.

定理 2.5（复合函数求导法则）　设函数 $y = f[\varphi(x)]$ 是由 $y = f(u)$ 及 $u = \varphi(x)$ 复合而成的复合函数. 如果 $u = \varphi(x)$ 在点 x 处可导, 而 $y = f(u)$ 在对应点 $u = \varphi(x)$ 处也可导, 那么, 复合函数 $y = f[\varphi(x)]$ 在点 x 处也可导, 且

$$\frac{\mathrm{d}y}{\mathrm{d}x} = f'(u) \cdot \varphi'(x) \text{ 或 } \frac{\mathrm{d}y}{\mathrm{d}x} = \frac{\mathrm{d}y}{\mathrm{d}u} \cdot \frac{\mathrm{d}u}{\mathrm{d}x} \qquad (2.8)$$

证　因为函数 $y = f(u)$ 在对应点 $u = \varphi(x)$ 处可导, 所以

$$\lim_{\Delta u \to 0} \frac{\Delta y}{\Delta u} = f'(u)$$

由函数极限与无穷小的关系有

$$\frac{\Delta y}{\Delta u} = f'(u) + \alpha(\Delta u) \qquad (\lim_{\Delta u \to 0} \alpha(\Delta u) = 0, \text{且 } \Delta u \neq 0)$$

从而有

$$\Delta y = f'(u)\Delta u + \alpha(\Delta u) \cdot \Delta u \qquad (2.9)$$

即当 $\Delta u \neq 0$ 时, 式 (2.9) 成立.

由于当 $\Delta x \to 0$ 时, Δu 可能等于零, 且当 $\Delta u = 0$ 时, 式 (2.9) 的左端 $\Delta y = f(u + \Delta u) - f(u) = 0$, 因此规定 $\alpha(\Delta u) = 0$. 于是, 式 (2.9) 对 $\Delta u = 0$ 也成立. 式 (2.9) 两边同除以 Δx, 并令 $\Delta x \to 0$ 得

$$\lim_{\Delta x \to 0} \frac{\Delta y}{\Delta x} = \lim_{\Delta x \to 0} \left[f'(u)\frac{\Delta u}{\Delta x} + \alpha(\Delta u)\frac{\Delta u}{\Delta x} \right]$$

由于 $u = \varphi(x)$ 在点 x 处可导 (从而在点 x 处连续), 因此有

$$\lim_{\Delta x \to 0} \frac{\Delta u}{\Delta x} = \varphi'(x), \lim_{\Delta x \to 0} \Delta u = 0$$

进而有

$$\lim_{\Delta x \to 0} \alpha(\Delta u) = \lim_{\Delta u \to 0} \alpha(\Delta u) = 0$$

因此

$$\lim_{\Delta x \to 0} \frac{\Delta y}{\Delta x} = f'(u) \lim_{\Delta x \to 0} \frac{\Delta u}{\Delta x} = f'(u) \cdot \varphi'(x)$$

复合函数求导法则可推广到多个中间变量的情形. 例如, 设复合函数 $y = f\{\varphi[\psi(x)]\}$ 是由 $y = f(u)$, $u = \varphi(v)$ 及 $v = \psi(x)$ 复合而成, 且各函数在相应点可导, 则复合函数 $y = f\{\varphi[\psi(x)]\}$ 的导数为

$$\frac{\mathrm{d}y}{\mathrm{d}x} = \frac{\mathrm{d}y}{\mathrm{d}u} \cdot \frac{\mathrm{d}u}{\mathrm{d}v} \cdot \frac{\mathrm{d}v}{\mathrm{d}x}, \text{ 或} \frac{\mathrm{d}y}{\mathrm{d}x} = f'(u) \cdot \varphi'(v) \cdot \psi'(x)$$

例 6　求 $y = \arctan \dfrac{1}{x}$ 的导数.

解　$y = \arctan \dfrac{1}{x}$ 可看成由 $y = \arctan u$ 与 $u = \dfrac{1}{x}$ 复合而成. 因为

$$(\arctan u)' = \frac{1}{1 + u^2}, \left(\frac{1}{x} \right)' = -\frac{1}{x^2}$$

所以

$$y' = \left(\arctan \frac{1}{x} \right)' = \frac{1}{1 + \left(\frac{1}{x} \right)^2} \cdot \left(-\frac{1}{x^2} \right) = -\frac{1}{1 + x^2}$$

例 7　求 $y = x^{\mu}(x > 0, \mu$ 为任意常数)的导数.

解　因为 $y = x^{\mu} = e^{\mu \ln x}$ 是由 $y = e^u, u = \mu \ln x$ 复合而成的,所以

$$y' = (x^{\mu})' = (e^{\mu \ln x})'$$
$$= (e^u)' \cdot (\mu \ln x)'$$
$$= x^{\mu} \cdot \mu \cdot \frac{1}{x} = \mu\, x^{\mu-1}$$

这就是前面 2.1 节例 2 的一般形式:$(x^{\mu})' = \mu\, x^{\mu-1}$.

从以上例子可知,应用复合函数求导法则时,首先要分析清楚所给函数由哪些函数复合而成,即它的复合过程,然后再应用求导法则求出所给函数的导数. 在求复合函数的导数时,若对复合函数的层次分解比较熟练后,可不必写出中间变量,而直接写出函数对中间变量求导的结果.

例 8　设 $y = \sqrt{1 - x^2}$,求导数 y'.

解　$y' = (\sqrt{1 - x^2})' = \left[(1 - x^2)^{\frac{1}{2}} \right]' = \frac{1}{2} \cdot \frac{1}{\sqrt{1 - x^2}} \cdot (1 - x^2)'$

$$= -\frac{x}{\sqrt{1 - x^2}}$$

例 9　设 $y = e^{\sqrt{1 - \sin x}}$,求导数 y'.

解　$y' = (e^{\sqrt{1 - \sin x}})' = e^{\sqrt{1 - \sin x}} \cdot (\sqrt{1 - \sin x})' = e^{\sqrt{1 - \sin x}} \cdot \frac{1}{2} \cdot \frac{(1 - \sin x)'}{\sqrt{1 - \sin x}}$

$$= \frac{1}{2} e^{\sqrt{1 - \sin x}} \cdot \frac{-\cos x}{\sqrt{1 - \sin x}} = -\frac{1}{2} \frac{\cos x}{\sqrt{1 - \sin x}} e^{\sqrt{1 - \sin x}}$$

例 10　求 $y = \ln |x|$ 的导数.

解　当 $x > 0$ 时

$$y' = (\ln |x|)' = (\ln x)' = \frac{1}{x}$$

当 $x < 0$ 时

$$y' = (\ln |x|)' = (\ln(-x))' = \frac{-1}{-x} = \frac{1}{x}$$

因此

$$(\ln |x|)' = \frac{1}{x}$$

例 11　$y = \ln \left[\ln \left(\ln \tan \frac{x}{2} \right) \right]$,求导数 y'.

解　$y' = \dfrac{1}{\ln \left(\ln \tan \dfrac{x}{2} \right)} \cdot \left[\ln \left(\ln \tan \dfrac{x}{2} \right) \right]' = \dfrac{1}{\ln \left(\ln \tan \dfrac{x}{2} \right)} \cdot \dfrac{1}{\ln \tan \dfrac{x}{2}} \left(\ln \tan \dfrac{x}{2} \right)'$

$$= \frac{1}{\ln\left(\ln \tan \frac{x}{2}\right)} \cdot \frac{1}{\ln \tan \frac{x}{2}} \cdot \frac{1}{\tan \frac{x}{2}} \cdot \left(\tan \frac{x}{2}\right)'$$

$$= \frac{1}{\ln\left(\ln \tan \frac{x}{2}\right)} \cdot \frac{1}{\ln \tan \frac{x}{2}} \cdot \frac{1}{\tan \frac{x}{2}} \cdot \frac{1}{\cos^2 \frac{x}{2}} \cdot \left(\frac{x}{2}\right)'$$

$$= \frac{1}{2} \cdot \frac{1}{\cos^2 \frac{x}{2}} \cdot \frac{1}{\tan \frac{x}{2}} \cdot \frac{1}{\ln \tan \frac{x}{2}} \cdot \frac{1}{\ln \ln \tan \frac{x}{2}}$$

$$= \frac{1}{\sin x} \cdot \frac{1}{\ln \tan \frac{x}{2}} \cdot \frac{1}{\ln \ln \tan \frac{x}{2}}$$

例 12　设双曲正弦函数 $\mathrm{sh}\, x = \left(\frac{\mathrm{e}^x - \mathrm{e}^{-x}}{2}\right)$，求 $(\mathrm{sh}\, x)'$.

解　$(\mathrm{sh}\, x)' = \left(\frac{\mathrm{e}^x - \mathrm{e}^{-x}}{2}\right)' = \frac{1}{2}\left[(\mathrm{e}^x)' - (\mathrm{e}^{-x})'\right]$

$$= \frac{1}{2}\left[\mathrm{e}^x - \mathrm{e}^{-x}(-x)'\right] = \frac{\mathrm{e}^x + \mathrm{e}^{-x}}{2} = \mathrm{ch}\, x$$

类似可求得

$$(\mathrm{ch}\, x)' = \mathrm{sh}\, x, \quad (\mathrm{th}\, x)' = \frac{1}{\mathrm{ch}^2 x}$$

例 13　求反双曲正弦函数 $y = \mathrm{arsh}\, x = \ln(x + \sqrt{1 + x^2})$ 的导数.

解　$y' = (\mathrm{arsh}\, x)' = \left[\ln(x + \sqrt{1 + x^2})\right]' = \frac{1}{x + \sqrt{1 + x^2}} \cdot (x + \sqrt{1 + x^2})'$

$$= \frac{1}{x + \sqrt{1 + x^2}}\left[1 + \frac{1}{2} \frac{1}{\sqrt{1 + x^2}}(1 + x^2)'\right]$$

$$= \frac{1}{x + \sqrt{1 + x^2}}\left(1 + \frac{1}{2} \frac{2x}{\sqrt{1 + x^2}}\right) = \frac{1}{\sqrt{1 + x^2}}$$

同理，可得

$$(\mathrm{arch}\, x)' = \left[\ln(x + \sqrt{x^2 - 1})\right]' = \frac{1}{\sqrt{x^2 - 1}} \qquad x \in (1, +\infty)$$

$$(\mathrm{arth}\, x)' = \left(\frac{1}{2}\ln \frac{1 + x}{1 - x}\right)' = \frac{1}{1 - x^2} \qquad x \in (-1, 1)$$

2.2.4　求导公式与基本求导法则

到此为止，已经推出了所有基本初等函数及双曲函数、反双曲函数的导数公式. 这些公式与本节所讨论的求导法则，在初等函数的求导运算中起着重要的作用，读者必须熟练地掌握它们. 现将这些求导公式和运算法则归纳如下：

（1）常数和基本初等函数的求导公式

①$(c)' = 0$；　　　　　　　　　　　　②$(x^\mu)' = \mu x^{\mu-1}$；

③$(\sin x)' = \cos x$; 　　④$(\cos x)' = -\sin x$;

⑤$(\tan x)' = \sec^2 x$; 　　⑥$(\cot x)' = -\csc^2 x$;

⑦$(\sec x)' = \sec x \cdot \tan x$; 　　⑧$(\csc x)' = -\csc x \cdot \cot x$;

⑨$(a^x)' = a^x \ln a$; 　　⑩$(\mathrm{e}^x)' = \mathrm{e}^x$;

⑪$(\log_a x)' = \dfrac{1}{x \ln a}$; 　　⑫$(\ln x)' = \dfrac{1}{x}$;

⑬$(\arcsin x)' = \dfrac{1}{\sqrt{1-x^2}}$; 　　⑭$(\arccos x)' = -\dfrac{1}{\sqrt{1-x^2}}$;

⑮$(\arctan x)' = \dfrac{1}{1+x^2}$; 　　⑯$(\operatorname{arccot} x)' = -\dfrac{1}{1+x^2}$.

(2)双曲函数和反双曲函数的求导公式

①$(\operatorname{sh} x)' = \operatorname{ch} x$; 　　②$(\operatorname{ch} x)' = \operatorname{sh} x$;

③$(\operatorname{th} x)' = \dfrac{1}{\operatorname{ch}^2 x}$; 　　④$(\operatorname{arsh} x)' = \dfrac{1}{\sqrt{1+x^2}}$;

⑤$(\operatorname{arch} x)' = \dfrac{1}{\sqrt{x^2-1}}, x \in (1,+\infty)$;⑥$(\operatorname{arth} x)' = \dfrac{1}{1-x^2}, x \in (-1,1)$.

(3)函数的四则运算的求导法则

设 $u = u(x)$，$v = v(x)$ 都可导，则：

①$(u \pm v)' = u' \pm v'$; 　　②$(cu)' = cu'$;

③$(uv)' = u'v + uv'$; 　　④$\left(\dfrac{u}{v}\right)' = \dfrac{u'v - uv'}{v^2}$ $(v \neq 0)$.

(4)反函数函数的求导法则

设函数 $x = \varphi(y)$ 在 I_y 内严格单调、可导且 $\varphi'(y) \neq 0$，那么，它的反函数 $y = f(x)$ 在对应区间 I_x 内也可导，且有 $f'(x) = \dfrac{1}{\varphi'(y)}$.

(5)复合函数的求导法则

设 $y = f(u)$，$u = \varphi(x)$，且 $y = f(u)$ 及 $u = \varphi(x)$ 都可导，则 $y = f[\varphi(x)]$ 的导数为

$$\frac{\mathrm{d}y}{\mathrm{d}x} = f'(u) \cdot \varphi'(x) \text{ 或} \frac{\mathrm{d}y}{\mathrm{d}x} = \frac{\mathrm{d}y}{\mathrm{d}u} \cdot \frac{\mathrm{d}u}{\mathrm{d}x}$$

由于初等函数是由常数和基本初等函数经过有限次四则运算和有限次的函数复合步骤所构成的函数，因此，利用以上公式和法则可较方便地求出初等函数的导数，从而解决了初等函数的求导问题.

在求初等函数的导数时，有时需要根据函数的具体特点选择适当的方法.下面举例说明.

例 14　求下列函数的导数：

(1)$y = \dfrac{2x^3 - 3x + \sqrt{x} - 1}{x\sqrt{x}}$; 　　(2)$y = \ln \dfrac{x^4 + 2}{\sqrt{x^2+1}}$.

解　(1)因为 $y = 2x^{\frac{3}{2}} - 3x^{-\frac{1}{2}} + x^{-1} - x^{-\frac{3}{2}}$，所以

$$y' = \left(2x^{\frac{3}{2}} - 3x^{-\frac{1}{2}} + x^{-1} - x^{-\frac{3}{2}}\right)'$$

$$= 2 \cdot \frac{3}{2}x^{\frac{1}{2}} - 3\left(-\frac{1}{2}\right)x^{-\frac{3}{2}} - x^{-2} + \frac{3}{2}x^{-\frac{5}{2}}$$

$$= 3\sqrt{x} + \frac{3}{2x\sqrt{x}} - \frac{1}{x^2} + \frac{3}{2x^2\sqrt{x}}$$

注　本题若用商的求导法则,计算就比较麻烦.

(2)因为 $y = \ln\dfrac{x^4+2}{\sqrt{x^2+1}} = \ln(x^4+2) - \dfrac{1}{2}\ln(x^2+1)$,所以

$$y' = \left[\ln(x^4+2)\right]' - \left[\frac{1}{2}\ln(x^2+1)\right]' = \frac{1}{x^4+2}(x^4+2)' - \frac{1}{2(x^2+1)}(x^2+1)'$$

$$= \frac{4x^3}{x^4+2} - \frac{x}{x^2+1}$$

注　本题利用对数的性质先将函数化简后再求导,比直接用复合函数求导法则简单.

例 15　求函数 $y = x^{\sin x}\ (x>0)$ 的导数.

解　将函数 $y = x^{\sin x}$ 变形为 $y = x^{\sin x} = e^{\sin x \ln x}$,由复合函数求导法则得

$$y' = e^{\sin x \ln x}(\sin x \ln x)' = x^{\sin x}\left(\cos x \ln x + \frac{\sin x}{x}\right)$$

习题 2.2

1. 求下列函数的导数:

(1) $y = 5x^3 - 2^x + 7e^x$;

(2) $y = 2\tan x + \sec x - 1$;

(3) $y = 3e^x\cos x$;

(4) $y = \dfrac{2\csc x}{1+x^2}$;

(5) $y = \dfrac{1}{1+x+x^2}$;

(6) $y = \dfrac{e^x}{x^2} + \ln 3$;

(7) $y = (x-1)(x-2)(x-3)$;

(8) $y = x^2\ln x \cos x$.

2. 求下列函数在给定点处的导数:

(1) $f(t) = \dfrac{1-\sqrt{t}}{1+\sqrt{t}}$,求 $f'(4)$;

(2) $\rho = \varphi \sin \varphi + \dfrac{1}{2}\cos \varphi$,求 $\rho'\left(\dfrac{\pi}{4}\right)$.

3. 选择题:

(1)设 $f(x) = \cos 3x$,则 $f'\left(\dfrac{\pi}{2}\right) = ($ 　　　$)$.

A. -1 　　　　　　B. 1 　　　　　　C. -3 　　　　　　D. 3

(2)设 $y = f(-2x)$,且 $f(u)$ 可导,则 $y' = ($ 　　　$)$.

A. $f'(-2x)$ 　　　B. $-f'(-2x)$ 　　　C. $-2f'(-2x)$ 　　　D. $f'(2x)$

4. 求下列函数的导数:

(1) $y = \arctan(e^x)$;

(2) $y = \sqrt{\ln x}$;

(3) $y = \ln(1 + x^3)$;

(4) $y = \sqrt{a^2 - x^2}$;

(5) $y = e^{-\frac{x}{2}} \cos 3x$;

(6) $y = \dfrac{1 - \ln x}{1 + \ln x}$;

(7) $y = \sin^2 x \cdot \sin(x^2)$;

(8) $y = e^{\arctan\sqrt{x}}$;

(9) $y = \ln(x + \sqrt{a^2 + x^2})$;

(10) $y = \ln(\sec x + \tan x)$;

(11) $y = \left(\dfrac{x}{1+x}\right)^x$;

(12) $y = \text{ch}(\text{sh } 2x)$.

5. 设 $f(u)$ 可导,求 $\dfrac{dy}{dx}$:

(1) $y = f(e^{-x})$;

(2) $y = f(e^x) e^{f(x)}$;

(3) $y = \arctan f(x)$;

(4) $y = \sqrt{f^2(x) + g^2(x)}$,其中 f, g 可导,且 $f^2(x) + g^2(x) \neq 0$.

2.3 高阶导数

前面讲过,若作变速直线运动的质点的位置函数为 $s = s(t)$,则其运动速度为 $v(t) = s'(t)$,或 $v(t) = \dfrac{ds}{dt}$,而加速度 $a(t)$ 是速度 $v(t)$ 对时间 t 的变化率,即 $a(t)$ 是速度 $v(t)$ 对时间 t 的导数,则

$$a(t) = \frac{dv}{dt} = \frac{d}{dt}\left(\frac{ds}{dt}\right), \text{或 } a(t) = v'(t) = (s'(t))'$$

由上可见,加速度 a 是位置函数 $s(t)$ 的导函数的导数,这样就产生了高阶导数的概念.

2.3.1 高阶导数的定义及求法

定义 2.2 若函数 $y = f(x)$ 的导函数 $f'(x)$ 在 x_0 点可导,则称 $f'(x)$ 在点 x_0 处的导数为函数 $y = f(x)$ 在点 x_0 处的二阶导数,记为 $f''(x_0)$,即

$$\lim_{x \to x_0} \frac{f'(x) - f'(x_0)}{x - x_0} = f''(x_0)$$

此时,也称函数 $y = f(x)$ 在点 x_0 处二阶可导.

一般,如果函数 $y = f(x)$ 的导函数 $y' = f'(x)$ 仍是可导的,则称 $f'(x)$ 的导数 $(f'(x))'$ 为 $f(x)$ 的二阶导数,记作 y'',$f''(x)$,$\dfrac{d^2 y}{dx^2}$ 或 $\dfrac{d^2 f(x)}{dx^2}$,即

$$y'' = \frac{dy'}{dx} = \lim_{\Delta x \to 0} \frac{f'(x + \Delta x) - f'(x)}{\Delta x} \tag{2.10}$$

类似地,二阶导数的导数称为三阶导数,记作

$$y''',f'''(x),\frac{\mathrm{d}^3y}{\mathrm{d}x^3}或\frac{\mathrm{d}^3f(x)}{\mathrm{d}x^3}$$

一般,$n-1$ 阶导数的导数称为 n 阶导数,记作

$$y^{(n)},f^{(n)}(x),\frac{\mathrm{d}^ny}{\mathrm{d}x^n}或\frac{\mathrm{d}^nf(x)}{\mathrm{d}x^n}$$

二阶及二阶以上的导数称为**高阶导数**. 为统一起见,把 $f'(x)$ 称为 $f(x)$ 的一阶导函数,把 $f(x)$ 本身称为 $f(x)$ 的零阶导数. 显然,计算一个函数的高阶导数,只要逐次进行求导即可(当它们可导时). 另外,在逐次求导中,还要善于寻求它的某种规律.

本节开始提到的加速度 $a(t)$ 就是位移函数 $s(t)$ 对 t 的二阶导数,即 $a(t)=\dfrac{\mathrm{d}^2s}{\mathrm{d}t^2}$ 或 $a(t)=s''(t)$.

例 1　设 $y=ax^2+bx+c$,求 $y^{(4)}$.

解　$y'=2ax+b,y''=2a,y'''=0,y^{(4)}=0$.

例 2　设 $y=\mathrm{e}^{-t}\sin t$,求 y''.

解　$y'=(\mathrm{e}^{-t}\sin t)'=-\mathrm{e}^{-t}\sin t+\mathrm{e}^{-t}\cos t$,

$$y''=(y')'=(-\mathrm{e}^{-t}\sin t+\mathrm{e}^{-t}\cos t)'=(-\mathrm{e}^{-t}\sin t)'+(\mathrm{e}^{-t}\cos t)'$$
$$=(\mathrm{e}^{-t}\sin t-\mathrm{e}^{-t}\cos t)+(-\mathrm{e}^{-t}\cos t-\mathrm{e}^{-t}\sin t)=-2\mathrm{e}^{-t}\cos t$$

例 3　验证 $y=\dfrac{x-3}{x-4}$ 满足关系式:$2y'^2=(y-1)y''$.

解　将函数变形为 $y=\dfrac{x-3}{x-4}=1+\dfrac{1}{x-4}$,则

$$y'=-\frac{1}{(x-4)^2},y''=\frac{1\cdot2}{(x-4)^3}$$

又

$$2y'^2-(y-1)y''=2\cdot\frac{1}{(x-4)^4}-\frac{1}{x-4}\cdot\frac{2}{(x-4)^3}=0$$

所以

$$2y'^2-(y-1)y''=0$$

例 4　求 $y=\mathrm{e}^x$ 的 n 阶导数.

解　显然 $y'=\mathrm{e}^x,y''=\mathrm{e}^x,y'''=\mathrm{e}^x,y^{(4)}=\mathrm{e}^x$

利用数学归纳法易得 $y^{(n)}=\mathrm{e}^x$,即 $(\mathrm{e}^x)^{(n)}=\mathrm{e}^x$.

例 5　求 $y=\sin x$ 的 n 阶导数.

解　$y'=(\sin x)'=\cos x=\sin\left(x+\dfrac{\pi}{2}\right)$

$$y''=\left[\sin(x+\frac{\pi}{2})\right]'=\cos(x+\frac{\pi}{2})=\sin(x+2\cdot\frac{\pi}{2})$$

假定 $(\sin x)^{(k)}=\sin(x+k\cdot\dfrac{\pi}{2})$ 成立,则

$$(\sin x)^{(k+1)}=\left[\sin(x+k\cdot\frac{\pi}{2})\right]'=\cos(x+k\cdot\frac{\pi}{2})=\sin\left[x+(k+1)\cdot\frac{\pi}{2}\right]$$

由数学归纳法知,对于任何 $n \in \mathbb{N}^+$,都有

$$(\sin x)^{(n)} = \sin\left(x + n\frac{\pi}{2}\right)$$

同样可求得

$$(\cos x)^{(n)} = \cos\left(x + n\frac{\pi}{2}\right)$$

例6 求 $y = \ln(1 + x)$ 的 n 阶导数.

解 $y' = \dfrac{1}{1+x}$, $y'' = -\dfrac{1}{(1+x)^2}$,

$y''' = \dfrac{1 \cdot 2}{(1+x)^3}$, $y^{(4)} = -\dfrac{1 \cdot 2 \cdot 3}{(1+x)^4}, \cdots$

一般,有

$$[\ln(1+x)]^{(n)} = (-1)^{n-1}\frac{(n-1)!}{(1+x)^n}$$

例7 求 $y = x^\mu$(μ 为任意常数)的 n 阶导数.

解 $y' = \mu x^{\mu-1}, y'' = \mu(\mu-1)x^{\mu-2}$

$y''' = \mu(\mu-1)(\mu-2)x^{\mu-3}$

$y^{(4)} = \mu(\mu-1)(\mu-2)(\mu-3)x^{\mu-4}$

一般,有

$$(x^\mu)^{(n)} = \mu(\mu-1)(\mu-2)\cdots(\mu-n+1)x^{\mu-n}$$

若 μ 为正整数,则:

当 $n < \mu$ 时

$$(x^\mu)^{(n)} = \mu(\mu-1)(\mu-2)\cdots(\mu-n+1)x^{\mu-n}$$

当 $n = \mu$ 时

$$(x^\mu)^{(n)} = (x^n)^{(n)} = n!$$

当 $n > \mu$ 时

$$(x^\mu)^{(n)} = 0$$

特别地,当 $\mu = -1$ 时

$$\left(\frac{1}{x}\right)^{(n)} = (-1)(-2)\cdots(-n)x^{-1-n} = \frac{(-1)^n n!}{x^{n+1}}$$

2.3.2 高阶导数的运算法则

如果函数 $u = u(x)$ 和 $v = v(x)$ 都在点 x 处具有 n 阶导数,则显然 $u \pm v, Cu$(其中,C 为常数)也在点 x 处具有 n 阶导数,且有线性性质

$$(u \pm v)^{(n)} = u^{(n)} \pm v^{(n)}$$

$$(Cu)^{(n)} = Cu^{(n)}$$

但两个函数的乘积 $u(x)v(x)$ 的 n 阶导数并不如此简单. 事实上,由

$$(uv)' = u'v + uv'$$

首先得出

$$(uv)'' = u''v + 2u'v' + uv''$$

$$(uv)''' = u'''v + 3u''v' + 3u'v'' + uv'''$$

用数学归纳法和组合数公式 $C_n^k + C_n^{k-1} = C_{n+1}^k$，可证明

$$(uv)^{(n)} = u^{(n)}v + C_n^1 u^{(n-1)}v' + C_n^2 u^{(n-2)}v'' + \cdots + C_n^{n-1}u'v^{(n-1)} + C_n^n uv^{(n)}$$

$$= \sum_{k=0}^{n} C_n^k u^{(n-k)} v^{(k)} \tag{2.11}$$

其中，$u^{(0)} = u, v^{(0)} = v.$ 式(2.11)称为**莱布尼茨**(Leibniz)公式.

读者可借助于二项展开式定理来记忆. 下面再举几个例子说明如何运用高阶导数运算法则来求导数.

例 8　求 $y = \dfrac{x^2 + 2}{x^2 - 1}$ 的 n 阶导数.

解　因为 $y = \dfrac{x^2 + 2}{x^2 - 1} = 1 + \dfrac{3}{x^2 - 1} = 1 + \dfrac{3}{2}\left(\dfrac{1}{x-1} - \dfrac{1}{x+1}\right)$，所以

$$y^{(n)} = \left[1 + \frac{3}{2}\left(\frac{1}{x-1} - \frac{1}{x+1}\right)\right]^{(n)} = 0 + \frac{3}{2}\left[\left(\frac{1}{x-1}\right)^{(n)} - \left(\frac{1}{x+1}\right)^{(n)}\right]$$

$$= \frac{3}{2}\left[\frac{(-1)^n n!}{(x-1)^{n+1}} - \frac{(-1)^n n!}{(x+1)^{n+1}}\right] = \frac{3}{2}(-1)^n n! \cdot \left[\frac{1}{(x-1)^{n+1}} - \frac{1}{(x+1)^{n+1}}\right]$$

例 9　设 $y = x^2 e^{3x}$，求 $y^{(20)}$.

解　设 $u = e^{3x}, v = x^2$，则

$$u^{(k)} = 3^k e^{3x} \qquad (k = 1, 2, \cdots, 20)$$

$$v' = 2x, v'' = 2, v^{(k)} = 0 \qquad (k = 3, 4, \cdots, 20)$$

于是，运用**莱布尼茨**(Leibniz)公式，有

$$y^{(20)} = (x^2 e^{3x})^{(20)} = x^2 \cdot (e^{3x})^{(20)} + C_{20}^1 (x^2)' \cdot (e^{3x})^{(19)} + C_{20}^2 (x^2)'' \cdot (e^{3x})^{(18)}$$

$$= 3^{20} e^{3x} \cdot x^2 + 20 \cdot 3^{19} e^{3x} \cdot 2x + \frac{20 \cdot 19}{2!} 3^{18} e^{3x} \cdot 2$$

$$= 3^{20} x^2 e^{3x} + 40 \cdot 3^{19} \cdot x e^{3x} + 380 \cdot 3^{18} e^{3x}$$

$$= 3^{18} \cdot e^{3x}(9x^2 + 120x + 380)$$

例 10　设 $y = f(e^{-x})$，且 $f''(u)$ 存在，求 $\dfrac{d^2 y}{dx^2}$.

解　$\dfrac{dy}{dx} = [f(e^{-x})]' = f'(e^{-x}) \cdot (e^{-x})'$

$$= -e^{-x} f'(e^{-x})$$

$$\frac{d^2 y}{dx^2} = \frac{dy'}{dx} = [-e^{-x} f'(e^{-x})]' = (-e^{-x})' \cdot f'(e^{-x}) + (-e^{-x})[(f'(e^{-x}))]'$$

$$= e^{-x} f'(e^{-x}) + e^{-2x} f''(e^{-x})$$

习题 2.3

1. 求下列函数的二阶导数：

(1) $y = x \ln x$；

(2) $y = e^{-\sin x}$；

（3）$y = (1 + x^2) \arctan x$；

（4）$y = \cos^2 x \ln x$；

（5）$y = \ln(x + \sqrt{1 + x^2})$；

（6）$y = \ln[f(x)]$，这里 $f''(x)$ 存在.

2. 验证 $y = e^x \sin x$ 满足关系式 $y'' - 2y' + 2y = 0$.

3. 填空题：

（1）设 $f(x) = e^x \sin x$，则 $f''(0) = $ _____；

（2）设 $y = x \ln x$，则 $y^{(10)} = $ _____.

4. 求下列函数的高阶导数：

（1）$y = e^x \cos x$，求 y'''；

（2）$y = \sin^2 x$，求 $y^{(n)}$；

（3）$y = x^2 e^x$，求 $y^{(n)}$；

（4）$y = 2^x$，求 $y^{(n)}$.

5. 设 $f(x) = \begin{cases} ax^2 + bx + c & x < 0 \\ \ln(1 + x) & x \geqslant 0 \end{cases}$，试确定常数 a, b, c，使 $f(x)$ 处处二阶可导.

6. 设 $F(x) = \lim\limits_{t \to \infty} t^2 \left[f\left(x + \dfrac{\pi}{t}\right) - f(x) \right] \sin \dfrac{x}{t}$，其中，$f(x)$ 二阶可导，试求 $F(x)$ 及 $F'(x)$.

2.4 隐函数及由参数方程所确定的函数的导数

2.4.1 隐函数的导数

到此为止，所讨论的函数形式都是 $y = f(x)$，其因变量 y 能用自变量 x 明显地表示出来，如 $y = x^2 + 5$，$y = x \sin \dfrac{2}{x} + e^x$ 等，这样的函数称为显函数. 但在实际问题和理论研究中，有时因变量 y 与自变量 x 的对应关系是由方程 $F(x, y) = 0$ 确定的，即若存在一个定义在某区间上的函数 $y = f(x)$，使 $F(x, f(x)) \equiv 0$，则称 $y = f(x)$ 是由方程 $F(x, y) = 0$ 所确定的隐函数.

例如，方程 $x^2 + y^2 = 1$ 在限定 $y > 0$ 的条件下，当变量 x 在区间 $(-1, 1)$ 内取值时，变量 y 总有唯一确定的值与之对应，从而方程 $x^2 + y^2 = 1 (y > 0)$ 在区间 $(-1, 1)$ 内就确定了一个隐函数.

有的隐函数可解出，使之成为显函数，如上例. 但有些隐函数要从方程 $F(x, y) = 0$ 解出就较困难或根本不可能. 例如，可证明方程 $e^y + xy - 1 = 0$ 确定 y 是 x 的隐函数，但却不能使其显化.

在什么条件下，由方程 $F(x, y) = 0$ 能确定 y 是 x 的隐函数？ 如果能由方程 $F(x, y) = 0$ 确定 y 是 x 的隐函数，那么，这个隐函数又具有哪些性质？ 这些问题将在高等数学（下）中讨论. 这里只讨论假设由方程 $F(x, y) = 0$ 确定了隐函数 $y = f(x)$，且是可导的，如何求 $y'(x)$ 的问题.

假设由方程 $F(x, y) = 0$ 确定了隐函数 $y = y(x)$，则 $F(x, f(x)) \equiv 0$. 因 $y = f(x)$ 可导，为了求出 y'，故只需将方程 $F(x, y) = 0$ 两边对 x 求导，并注意 y 是 x 的函数（求导时利用复合函数求导法则），这样求导后就可求出 y'. 下面举例说明.

例 1　设方程 $e^y + xy - 1 = 0$ 确定 y 是 x 的隐函数,求 $\dfrac{dy}{dx}$.

解　将方程两边分别对 x 求导,并注意 y 是 x 的函数,e^y 是 x 的复合函数,则得

$$e^y \frac{dy}{dx} + \left(y + x \frac{dy}{dx}\right) + 0 = 0$$

解出 $\dfrac{dy}{dx}$,得

$$\frac{dy}{dx} = \frac{-y}{e^y + x}$$

例 2　求在 $x = \dfrac{1}{2}$ 时半圆 $x^2 + y^2 = 1 (x > 0)$ 上对应点处的切线方程.

解　方程 $x^2 + y^2 = 1$ 确定 x 是 y 的隐函数:$x = \sqrt{1 - y^2}, y \in [-1, 1]$.

在 $x = \dfrac{1}{2}$ 时,确定了圆周上的两个点 $A\left(\dfrac{1}{2}, \dfrac{\sqrt{3}}{2}\right)$ 和 $B\left(\dfrac{1}{2}, -\dfrac{\sqrt{3}}{2}\right)$,下面分别求过曲线在点 A 和点 B 处的切线方程. 为此,先求出这两条切线的斜率 k_A 和 k_B.

方程 $x^2 + y^2 = 1$ 两边分别对 x 求导得 $2x + 2y \dfrac{dy}{dx} = 0$,从而 $\dfrac{dy}{dx} = -\dfrac{x}{y}$. 故

$$k_A = \left.\frac{dy}{dx}\right|_{A\left(\frac{1}{2}, \frac{\sqrt{3}}{2}\right)} = -\frac{\dfrac{1}{2}}{\dfrac{\sqrt{3}}{2}} = -\frac{1}{\sqrt{3}} = -\frac{\sqrt{3}}{3}$$

$$k_B = \left.\frac{dy}{dx}\right|_{B\left(\frac{1}{2}, -\frac{\sqrt{3}}{2}\right)} = -\frac{\dfrac{1}{2}}{-\dfrac{\sqrt{3}}{2}} = \frac{1}{\sqrt{3}} = \frac{\sqrt{3}}{3}$$

于是,所求切线方程为

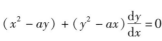

$$y - \frac{\sqrt{3}}{2} = -\frac{\sqrt{3}}{3}\left(x - \frac{1}{2}\right) \text{和} \quad y + \frac{\sqrt{3}}{2} = \frac{\sqrt{3}}{3}\left(x - \frac{1}{2}\right)$$

例 3　求笛卡儿(Descartes)叶形线 $x^3 + y^3 - 3axy = 0$(见图 2.4)所确定的隐函数 $y = y(x)$ 的一阶导数与二阶导数.

解　按照复合函数求导法则,方程 $x^3 + y^3 - 3axy = 0$ 两边分别对 x 求导,得

$$3x^2 + 3y^2 \frac{dy}{dx} - 3ay - 3ax \frac{dy}{dx} = 0$$

即

$$(x^2 - ay) + (y^2 - ax) \frac{dy}{dx} = 0$$

解得

$$\frac{dy}{dx} = \frac{ay - x^2}{y^2 - ax}$$

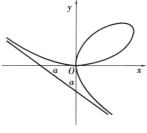

图 2.4

为方便求出隐函数 y 对 x 的二阶导数，方程 $(x^2 - ay) + (y^2 - ax)\dfrac{\mathrm{d}y}{\mathrm{d}x} = 0$ 的两边再次对 x 求导，并注意到 y 和 $\dfrac{\mathrm{d}y}{\mathrm{d}x}$ 都是 x 的函数，按照复合函数求导法则有

$$2x - a\frac{\mathrm{d}y}{\mathrm{d}x} + \left(2y\frac{\mathrm{d}y}{\mathrm{d}x} - a\right)\frac{\mathrm{d}y}{\mathrm{d}x} + (y^2 - ax)\frac{\mathrm{d}^2 y}{\mathrm{d}x^2} = 0$$

即

$$\frac{\mathrm{d}^2 y}{\mathrm{d}x^2}(y^2 - ax) = 2a\frac{\mathrm{d}y}{\mathrm{d}x} - 2y\left(\frac{\mathrm{d}y}{\mathrm{d}x}\right)^2 - 2x$$

将 $\dfrac{\mathrm{d}y}{\mathrm{d}x} = \dfrac{ay - x^2}{y^2 - ax}$ 代入上式有

$$\frac{\mathrm{d}^2 y}{\mathrm{d}x^2}(y^2 - ax) = 2a\frac{ay - x^2}{y^2 - ax} - 2y\left(\frac{ay - x^2}{y^2 - ax}\right)^2 - 2x$$

再由 $x^3 + y^3 - 3axy = 0$，并整理上式得

$$\frac{\mathrm{d}^2 y}{\mathrm{d}x^2} = -\frac{2a^3 xy}{(y^2 - ax)^3}$$

作为隐函数求导法的应用，介绍下面的对数求导法. 这种方法是先在 $y = f(x)$ 两边取对数，再对得到的 $\ln y = \ln f(x)$ 利用隐函数求导方法，求出 y 对 x 的导数. 下面举例说明.

例 4　求 $y = \sqrt{\dfrac{(x-1)(x-2)}{(x-3)(x-4)}}$ 的导数.

解　先对等式两边取对数（假定所取的对数有意义），将原函数化为方程

$$\ln y = \frac{1}{2}(\ln|x-1| + \ln|x-2| - \ln|x-3| - \ln|x-4|)$$

方程两边再对 x 求导（注意 y 是 x 的函数），得

$$\frac{1}{y}y' = \frac{1}{2}\left(\frac{1}{x-1} + \frac{1}{x-2} - \frac{1}{x-3} - \frac{1}{x-4}\right)$$

于是

$$y' = \frac{y}{2}\left(\frac{1}{x-1} + \frac{1}{x-2} - \frac{1}{x-3} - \frac{1}{x-4}\right)$$

$$= \frac{1}{2}\sqrt{\frac{(x-1)(x-2)}{(x-3)(x-4)}}\left(\frac{1}{x-1} + \frac{1}{x-2} - \frac{1}{x-3} - \frac{1}{x-4}\right)$$

求幂指函数的导数时，除采用 2.2 节例 15 所介绍的方法外，还可采用对数求导法.

例 5　设 $y = x^x(x > 0)$，求 $\dfrac{\mathrm{d}y}{\mathrm{d}x}$.

解　因为 $y = x^x$，所以等式两边取对数得

$$\ln y = x \ln x$$

方程两边再对 x 求导（注意 y 是 x 的函数），得

$$\frac{1}{y}y' = \ln x + 1$$

于是

$$y' = y(\ln x + 1) = x^x(\ln x + 1)$$

2.4.2　参数方程求导法

在解析几何里,曲线常可用参数方程来表示,即

$$\begin{cases} x = \varphi(t) \\ y = \psi(t) \end{cases} \qquad \alpha < t < \beta \tag{2.12}$$

例如,圆心在原点,半径为 R 的圆的参数方程为

$$\begin{cases} x = R\cos\theta \\ y = R\sin\theta \end{cases} \qquad 0 \leqslant \theta \leqslant 2\pi$$

假设参数方程(2.12)确定了 y 是 x 的函数,则称此函数关系所表达的函数为由参数方程 (2.12)所确定的函数.

在实际问题中,需要计算由参数方程(2.12)所确定的函数的导数. 但从该参数方程中消去参数 t 比较难. 因此,希望有一种方法能直接由参数方程求出它所确定的函数的导数.

在方程(2.12)中,如果 $x = \varphi(t)$ 和 $y = \psi(t)$ 都可导,而且 $x = \varphi(t)$ 单调,那么,$x = \varphi(t)$ 就具有单调、连续、可导的反函数 $t = \varphi^{-1}(x)$. 如果函数 $y = \psi(t)$ 与 $t = \varphi^{-1}(x)$ 确定了一个复合函数,那么,应用复合函数求导法则和反函数求导法则,对函数 $y = \psi(\varphi^{-1}(x))$ 关于 x 求导得

$$\frac{dy}{dx} = \frac{dy}{dt} \cdot \frac{dt}{dx} = \frac{dy}{dt} \cdot \frac{1}{\dfrac{dx}{dt}}$$

即

$$\frac{dy}{dx} = \frac{\psi'(t)}{\varphi'(t)} \tag{2.13}$$

这就是直接从参数方程(2.12)求导数 $\dfrac{dy}{dx}$ 的公式.

进一步,如果 $x = \varphi(t)$,$y = \psi(t)$ 还是二阶可导的,那么,由参数方程求导公式,还可求函数 $y = y(x)$ 的二阶导数 $\dfrac{d^2y}{dx^2}$. 其方法是对式(2.13)的两边再对 x 求导,得

$$\frac{d^2y}{dx^2} = \frac{d}{dx}\left(\frac{dy}{dx}\right) = \frac{d}{dx}\left(\frac{\psi'(t)}{\varphi'(t)}\right)$$

$$= \frac{d}{dt}\left(\frac{\psi'(t)}{\varphi'(t)}\right) \cdot \frac{dt}{dx}$$

$$= \frac{\varphi'(t)\psi''(t) - \varphi''(t)\psi'(t)}{(\varphi'(t))^2} \frac{1}{\varphi'(t)}$$

即

$$\frac{d^2y}{dx^2} = \frac{\varphi'(t)\psi''(t) - \varphi''(t)\psi'(t)}{[\varphi'(t)]^3}$$

这是直接从参数方程求函数的二阶导数 $\dfrac{d^2y}{dx^2}$ 的公式. 如果读者不便记忆这个公式,可记住

这一方法，即应用复合函数求导法则和反函数求导法则，在$\dfrac{\mathrm{d}y}{\mathrm{d}x}=\dfrac{\psi'(t)}{\varphi'(t)}$的两边对 x 求导就行.

例6 设 $\begin{cases} x=\mathrm{e}^t\cos t \\ y=\mathrm{e}^t\sin t \end{cases}$，求 $\dfrac{\mathrm{d}y}{\mathrm{d}x}\Big|_{t=\frac{\pi}{3}}$.

解 由参数方程的求导公式得

$$\frac{\mathrm{d}y}{\mathrm{d}x}=\frac{(\mathrm{e}^t\sin t)'}{(\mathrm{e}^t\cos t)'}=\frac{\mathrm{e}^t\sin t+\mathrm{e}^t\cos t}{\mathrm{e}^t\cos t-\mathrm{e}^t\sin t}=\frac{\sin t+\cos t}{\cos t-\sin t}$$

于是

$$\frac{\mathrm{d}y}{\mathrm{d}x}\Big|_{t=\frac{\pi}{3}}=\frac{\sin t+\cos t}{\cos t-\sin t}\Big|_{t=\frac{\pi}{3}}=\frac{\dfrac{\sqrt{3}}{2}+\dfrac{1}{2}}{\dfrac{1}{2}-\dfrac{\sqrt{3}}{2}}=-(2+\sqrt{3})$$

例7 设 $\begin{cases} x=a\cos t \\ y=b\sin t \end{cases}$ $(0<t<\pi)$，求 $\dfrac{\mathrm{d}y}{\mathrm{d}x}$ 与 $\dfrac{\mathrm{d}^2y}{\mathrm{d}x^2}$.

解 由参数方程求导公式得

$$\frac{\mathrm{d}y}{\mathrm{d}x}=\frac{b\cdot\cos t}{-a\cdot\sin t}=-\frac{b}{a}\cdot\frac{\cos t}{\sin t}=-\frac{b}{a}\cdot\cot t$$

再运用参数方程求二阶导数的公式得

$$\frac{\mathrm{d}^2y}{\mathrm{d}x^2}=\frac{-a\cdot\sin t\cdot(-b\sin t)-(-a\cos t)\cdot(b\cos t)}{[-a\sin t]^3}$$

$$=-\frac{ab}{a^3\sin^3 t}=-\frac{b}{a^2\sin^3 t}$$

或对 $\dfrac{\mathrm{d}y}{\mathrm{d}x}=-\dfrac{b}{a}\cdot\cot t$ 两边关于 x 求导得

$$\frac{\mathrm{d}^2y}{\mathrm{d}x^2}=\frac{\mathrm{d}}{\mathrm{d}x}\Big(-\frac{b}{a}\cdot\cot t\Big)=\frac{\mathrm{d}}{\mathrm{d}t}\Big(-\frac{b}{a}\cdot\cot t\Big)\frac{\mathrm{d}t}{\mathrm{d}x}$$

$$=\frac{\mathrm{d}}{\mathrm{d}t}\Big(-\frac{b}{a}\cdot\cot t\Big)\frac{1}{\dfrac{\mathrm{d}x}{\mathrm{d}t}}=-\frac{b}{a^2\sin^3 t}$$

2.4.3 相关变化率

设 $x(t)$ 及 $y(t)$ 都是可导函数，而变量 x 与 y 之间存在某种关系，从而它们的变化率 $\dfrac{\mathrm{d}x}{\mathrm{d}t}$ 与 $\dfrac{\mathrm{d}y}{\mathrm{d}t}$ 之间也存在一定的关系，这样两个互相依赖的变化率称为**相关变化率**. 解决相关变化率问题，可首先建立包含 x,y 的等式关系，然后用复合函数求导法则在等式两端对 t 求导.

例8 一气球从距离观察员 500 m 处离地面铅直上升，其速率为 140 m/min. 当气球高度为 500 m 时，求此时观察员视线的仰角增加的速率是多少？

解 设气球上升 t min 后高度为 h，观察员视线的仰角为 α，则

$$\tan \alpha = \frac{h}{500}$$

其中, α 及 h 都与 t 存在可导的函数关系.

上式两边对 t 求导, 得

$$\sec^2 \alpha \frac{\mathrm{d}\alpha}{\mathrm{d}t} = \frac{1}{500} \frac{\mathrm{d}h}{\mathrm{d}t}$$

当 $\dfrac{\mathrm{d}h}{\mathrm{d}t} = 140 \ \mathrm{m/min}, h = 500 \ \mathrm{m}$ 时, $\tan \alpha = 1$, 从而 $\sec^2 \alpha = 2$. 于是

$$2 \frac{\mathrm{d}\alpha}{\mathrm{d}t} = \frac{1}{500} \cdot 140$$

所以此时

$$\frac{\mathrm{d}\alpha}{\mathrm{d}t} = \frac{70}{500} \ \mathrm{rad/min} = 0.14 \ \mathrm{rad/min}$$

即此时观察员视线的仰角增加的速率为 $0.14 \ \mathrm{rad/min}$.

习题 2.4

1. 求下列方程所确定的隐函数 $y = y(x)$ 的一阶导数 $\dfrac{\mathrm{d}y}{\mathrm{d}x}$:

$(1) \arctan \dfrac{y}{x} = \ln \sqrt{x^2 + y^2}$;　　　　　　$(2) y = \cos(x + y)$;

$(3) xy = \mathrm{e}^{x+y}$;　　　　　　　　　　　　$(4) x^2 + y^2 - xy = \ln 2$.

2. 求下列方程所确定的隐函数 $y = y(x)$ 的二阶导数 $\dfrac{\mathrm{d}^2 y}{\mathrm{d}x^2}$:

$(1) y = \tan(x + y)$;　　　　　　　　　$(2) xy = \mathrm{e}^{x+y}$.

3. 求平面曲线 $2x^3 + 2y^3 - 9xy = 0$ 在点 $(1, 2)$ 处的切线与法线方程.

4. 设方程 $\mathrm{e}^y + xy = \mathrm{e}$ 确定了隐函数 $y = y(x)$, 求 $\dfrac{\mathrm{d}y}{\mathrm{d}x}\bigg|_{x=0}$ 和 $\dfrac{\mathrm{d}^2 y}{\mathrm{d}x^2}\bigg|_{x=0}$.

5. 利用对数求导法求下列函数的导数:

$(1) y = (1 + x^2)^{\sin^2 x}$;　　　　　　　　$(2) y = \sqrt[3]{\dfrac{x(x^2 + 1)}{(x^2 - 1)^2}}$.

6. 求由下列参数方程所确定的函数的导数 $\dfrac{\mathrm{d}y}{\mathrm{d}x}$ 和 $\dfrac{\mathrm{d}^2 y}{\mathrm{d}x^2}$:

$(1) \begin{cases} x = \dfrac{1}{1+t} \\ y = \dfrac{t}{1+t} \end{cases}$;　　　　　　　　$(2) \begin{cases} x = t^4 \\ y = 4t \end{cases}$;

$(3) \begin{cases} x = \ln(1 + t^2) \\ y = t - \arctan t \end{cases}$;

$(4) \begin{cases} x = f'(t) \\ y = tf'(t) - f(t) \end{cases}$, 其中 $f''(t)$ 存在且不为 0, 求 $\dfrac{\mathrm{d}^2 y}{\mathrm{d}x^2}$.

7. 求曲线 $\begin{cases} x = 1 + t^2 \\ y = t^3 \end{cases}$ 在 $t = 2$ 处的切线方程.

8. 在中午 12 点整,甲船以 6 km/h 的速率向东行驶,乙船在甲船之北 16 km,以 8 km/h 的速率向南行驶,问下午 1 点整两船相距的速率为多少?

9. 注水入深 6 m、上顶直径 6 m 的正圆锥形容器中,其速率为 3 m³/min. 当水深为 4 m 时,其水面上升的速率为多少?

相关变化率视频

2.5 函数的微分

2.5.1 微分的定义

在实际问题中,有时需要考察由自变量 x 的变化量 Δx 而引起的函数 y 的改变量 Δy. 一般当 y 与 x 的函数关系较复杂时,Δy 往往是 Δx 的更为复杂的函数. 因此,自然希望用一个关于 Δx 的简单函数来近似地表示(或逼近)Δy. 例如,用 Δx 的一次函数,在局部上近似表示 Δy,这种思想称为局部线性逼近. 微分概念正是在这种背景下产生的.

先分析一个具体问题. 一块正方形金属薄片受温度变化的影响,其边长由 x_0 变到 $x_0 + \Delta x$,如图 2.5 所示. 问此薄片的面积改变了多少?

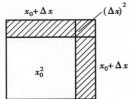

图 2.5

设此薄片的边长为 x,面积为 A,则 $A = x^2$. 若薄片的边长由 x_0 变到 $x_0 + \Delta x$,则面积的改变量为

$$\Delta A = (x_0 + \Delta x)^2 - x_0^2 = 2x_0\Delta x + (\Delta x)^2$$

从上式可知,ΔA 由两部分组成:第一部分 $2x_0\Delta x$ 是 Δx 的线性函数,第二部分 $(\Delta x)^2$ 当 $\Delta x \to 0$ 时是关于 Δx 的高阶无穷小,即 $(\Delta x)^2 = o(\Delta x)$. 由此可知,如果边长改变很小,即当 $|\Delta x|$ 很小时,薄片面积的改变量 ΔA 可近似地用第一部分来代替,即 $\Delta A \approx 2x_0\Delta x$.

一般,若 $y = f(x)$ 为定义在某区间上满足一定条件的函数,x_0 为该区间内的一点,当给自变量以增量 Δx 时,则函数 y 的增量 Δy 可表示为

$$\Delta y = f(x_0 + \Delta x) - f(x_0) = A\Delta x + o(\Delta x)$$

其中,A 是不依赖于 Δx 的常数,因此,$A\Delta x$ 是 Δx 的线性函数,且 Δy 与它的差

$$\Delta y - A\Delta x = o(\Delta x)$$

是比 Δx 高阶的无穷小. 因此,当 $A \neq 0$,且 $|\Delta x|$ 很小时,就用 Δx 的线性函数 $A\Delta x$ 来近似代替 Δy. 由此得到下面微分概念.

定义 2.3 设函数 $y = f(x)$ 在某区间内有定义,x_0 及 $x_0 + \Delta x$ 在这区间内,如果函数的增量 $\Delta y = f(x_0 + \Delta x) - f(x_0)$ 可表示为

$$\Delta y = A\Delta x + o(\Delta x) \tag{2.14}$$

其中,A 是不依赖于 Δx 的常数,则称函数 $y=f(x)$ 在点 x_0 处可微,而 $A\Delta x$ 称为 $y=f(x)$ 在点 x_0 处相应于自变量增量 Δx 的微分,记作 $\mathrm{d}y$,即

$$\mathrm{d}y\big|_{x=x_0} = A\Delta x$$

注　函数 $y=f(x)$ 在点 x_0 处的微分常简记为 $\mathrm{d}y=A\Delta x$,也可记作 $\mathrm{d}f(x)\big|_{x=x_0} = A\Delta x$ 或 $\mathrm{d}f\big|_{x=x_0}=A\Delta x$.

下面的定理给出了函数 $y=f(x)$ 在点 x_0 处可微与可导的关系.

定理 2.6　函数 $y=f(x)$ 在点 x_0 处可微的充分必要条件是函数 $y=f(x)$ 在点 x_0 处可导,且当 $f(x)$ 在点 x_0 处可微时,其微分为

$$\mathrm{d}y\big|_{x=x_0} = f'(x_0)\Delta x \tag{2.15}$$

证　必要性:设函数 $y=f(x)$ 在点 x_0 处可微,则 $f(x)$ 在 x_0 处的增量 Δy 可写成

$$\Delta y = A\Delta x + o(\Delta x)$$

于是,当 $\Delta x \to 0$ 时有

$$\lim_{\Delta x \to 0}\frac{\Delta y}{\Delta x} = \lim_{\Delta x \to 0}\left(A + \frac{o(\Delta x)}{\Delta x}\right) = A$$

因此,函数 $f(x)$ 在点 x_0 处可导,且 $A=f'(x_0)$.

充分性:设函数 $y=f(x)$ 在点 x_0 处可导,其导数为 $f'(x_0)$,则

$$\lim_{\Delta x \to 0}\frac{\Delta y}{\Delta x} = f'(x_0)$$

根据极限与无穷小的关系,上式可写成

$$\frac{\Delta y}{\Delta x} = f'(x_0) + \alpha$$

其中,$\lim_{\Delta x \to 0}\alpha = 0$.

于是

$$\Delta y = f'(x_0)\Delta x + \alpha\Delta x$$

因 $\alpha\Delta x = o(\Delta x)$,且 $f'(x_0)$ 不依赖于 Δx,故由函数可微的定义可知,函数 $f(x)$ 在 x_0 点可微,且 $\mathrm{d}y\big|_{x=x_0}=f'(x_0)\Delta x$.

注　①定理 2.6 说明函数 $y=f(x)$ 的可微性和可导性是互相等价的.

②因当 $y=x$ 时,$\mathrm{d}y=\mathrm{d}x=\Delta x$,故式(2.15)常写为 $\mathrm{d}y\big|_{x=x_0}=f'(x_0)\mathrm{d}x$.

若函数 $y=f(x)$ 在区间 I 上的每一点都可微,就称 $y=f(x)$ 是 I 上的可微函数. 此时,$y=f(x)$ 在区间 I 上任一点 x 处的微分可写成 $\mathrm{d}y=f'(x)\mathrm{d}x$. 显然,它不仅依赖于 Δx,也依赖于 x.

③在 $f'(x_0)\neq 0$ 的条件下,则称 $\mathrm{d}y$ 是 Δy 的线性主部(当 $\Delta x \to 0$ 时). 此时,以微分 $\mathrm{d}y=f'(x_0)\Delta x$ 近似代替增量 $\Delta y=f(x_0+\Delta x)-f(x_0)$ 时,其误差为 $o(\Delta x)$. 因此,在 $|\Delta x|$ 很小时,$\Delta y \approx \mathrm{d}y$.

为进一步理解微分的含义,下面讨论其几何意义.

在图 2.6 中,函数 $y=f(x)$ 的图形是一条连续的光滑曲线,即曲线上每一点都存在切线,且切线可连续转动. MT 是曲线 $y=f(x)$ 在点 $M(x_0,y_0)$ 处的切线,$f'(x_0)$ 是切线 MT 的斜率,即 $f'(x_0)=$

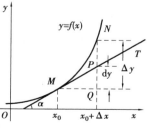

图 2.6

$\tan \alpha$. 由图 2.6 可知

$$\mathrm{d}y\big|_{x=x_0} = f'(x_0)\Delta x = MQ \cdot \tan \alpha = QP$$

上式表明,函数 $y = f(x)$ 在点 x_0 处的微分 $\mathrm{d}y$,从几何上看,恰好是曲线 $y = f(x)$ 在对应点处切线纵坐标的增量 QP. 因此,用微分近似代替增量时,所产生的误差 $o(\Delta x) = PN$,即当 $|\Delta x|$ 很小时,$|\Delta y - \mathrm{d}y|$ 小得多. 故在曲线上点 M 附近,可用切线段近似代替曲线段,即"以直代曲". 这是微分学的基本思想方法之一.

例 1 求 $y = x^2$ 在 $x = 2$ 处的微分,并求当 $\Delta x = 0.1$ 时的微分.

解 (1)函数 $y = x^2$ 在 $x = 2$ 处的微分为

$$\mathrm{d}y\big|_{x=2} = (x^2)'\big|_{x=2}\Delta x = (2x)\big|_{x=2}\Delta x = 4\Delta x$$

(2)函数 $y = x^2$ 当 $x = 2$,$\Delta x = 0.1$ 时的微分为

$$\mathrm{d}y\Big|_{\substack{x=2\\\Delta x=0.1}} = \big[(x^2)'\Delta x\big]\Big|_{\substack{x=2\\\Delta x=0.1}} = (2x\Delta x)\Big|_{\substack{x=2\\\Delta x=0.1}} = 0.4$$

例 2 求函数 $y = x^3$ 当 $x = 1$ 时,Δx 分别等于 0.01 和 0.001 时的增量和微分.

解 当 $x = 1$,$\Delta x = 0.01$ 时

$$\Delta y = (x + \Delta x)^3 - x^3 = 1.030\ 301 - 1 = 0.030\ 301$$

$$\mathrm{d}y\Big|_{\substack{x=1\\\Delta x=0.01}} = 3x^2\Delta x\Big|_{\substack{x=1\\\Delta x=0.01}} = 3 \times 0.01 = 0.03$$

当 $x = 1$,$\Delta x = 0.001$ 时

$$\Delta y = (x + \Delta x)^3 - x^3 = 1.003\ 003\ 001 - 1 = 0.003\ 003\ 001$$

$$\mathrm{d}y\Big|_{\substack{x=1\\\Delta x=0.001}} = 3x^2\Delta x\Big|_{\substack{x=1\\\Delta x=0.001}} = 3 \times 0.001 = 0.003$$

由例 2 可知,当 $\Delta x = 0.01$ 时,$\Delta y - \mathrm{d}y = 0.000\ 301$;当 $\Delta x = 0.001$ 时,$\Delta y - \mathrm{d}y = 0.000\ 003\ 001$. 从例 2 可知,当 $|\Delta x|$ 很小时,用 $\mathrm{d}y$ 代替 Δy,误差很小.

2.5.2 基本初等函数的微分公式与微分运算法则

前面已指出,为求函数的微分,只要求出函数的导数再乘以 $\mathrm{d}x$ 即可. 因此,每一个求导公式都对应着一个微分公式. 于是,由基本初等函数导数公式及求导法则,立即就能得到基本初等函数的微分公式和微分运算法则.

例如,$y = \sin x$ 的导数公式为 $y' = \cos x$,而微分公式则为 $\mathrm{d}y = \cos x\mathrm{d}x$;乘积的求导法则为 $(uv)' = u'v + uv'$,而微分法则 $\mathrm{d}(uv) = u\mathrm{d}v + v\mathrm{d}u$. 这里不再一一列出.

下面讨论复合函数的微分运算法则.

设 $y = f(u)$,$u = \varphi(x)$ 都可导,则复合函数 $y = f(\varphi(x))$ 的微分为

$$\mathrm{d}y = f'(u)\varphi'(x)\mathrm{d}x$$

又 $\mathrm{d}u = \varphi'(x)\mathrm{d}x$,故复合函数 $y = f(\varphi(x))$ 的微分公式也可写成

$$\mathrm{d}y = f'(u)\mathrm{d}u$$

这说明不论 u 是自变量还是中间变量,都有 $\mathrm{d}y = f'(u)\mathrm{d}u$. 这一性质称为**一阶微分形式不变性**.

例 3 求 $y = \ln(x+1)$ 的微分.

解 $\mathrm{d}y = \mathrm{d}\ln(x+1) = \dfrac{1}{x+1}\mathrm{d}(x+1) = \dfrac{1}{x+1}\mathrm{d}x$

例 4 求 $y = \mathrm{e}^x \sin 3x$ 的微分.

解 $\mathrm{d}y = (\mathrm{e}^x \sin 3x)' \mathrm{d}x = \mathrm{e}^x(\sin 3x + 3\cos 3x)\mathrm{d}x$

或

$$\mathrm{d}y = \mathrm{d}(\mathrm{e}^x \sin 3x) = \sin 3x\,\mathrm{d}(\mathrm{e}^x) + \mathrm{e}^x \mathrm{d}(\sin 3x)$$
$$= \mathrm{e}^x \sin 3x\,\mathrm{d}x + \mathrm{e}^x \cos 3x\,\mathrm{d}(3x)$$
$$= \mathrm{e}^x(\sin 3x + 3\cos 3x)\mathrm{d}x$$

例 5 在下列括号中填入适当的函数,使等式成立.

(1) $\mathrm{d}(\quad) = 2\mathrm{d}x$；　　(2) $\mathrm{d}(\quad) = \dfrac{1}{x+1}\mathrm{d}x$；　　(3) $\mathrm{d}(\quad) = 3\sin^2 x \cos x\,\mathrm{d}x$.

解 (1) 因为 $(2x)' = 2$,所以

$$\mathrm{d}(2x) = 2\mathrm{d}x$$

一般,有

$$\mathrm{d}(2x + C) = 2\mathrm{d}x \qquad (C\text{ 为任意常数})$$

(2) 可得

$$\mathrm{d}(\ln(x+1)) = \dfrac{1}{x+1}\mathrm{d}x$$

一般,有

$$\mathrm{d}(\ln(x+1) + C) = \dfrac{1}{x+1}\mathrm{d}x \qquad (C\text{ 为任意常数})$$

(3) 因为 $(\sin^3 x)' = 3\sin^2 x \cos x$,所以

$$\mathrm{d}(\sin^3 x) = 3\sin^2 x \cos x\,\mathrm{d}x$$

一般,有

$$\mathrm{d}(\sin^3 x + C) = 3\sin^2 x \cos x\,\mathrm{d}x \qquad (C\text{ 为任意常数})$$

*2.5.3　微分的运用

上面讲到用函数的微分来进行近似计算函数的增量,即 $\Delta y \approx \mathrm{d}y = f'(x_0)\Delta x$. 相应地,若令 $x = x_0 + \Delta x$,则有

$$f(x) \approx f(x_0) + f'(x_0)\Delta x$$

上式表明,若要计算 $f(x)$ 的值,可找一邻近于 x 的点 x_0 使 $f(x_0)$, $f'(x_0)$ 易于计算,然后代入公式计算其近似值.

例 6 导出 $y = \sin x$ 在 $x_0 = 0$ 附近的近似计算公式.

解 这里 $f(x) = \sin x$, $f'(x) = \cos x$,取 $x_0 = 0$, $x = x_0 + \Delta x$,则

$$f(x_0) = \sin 0 = 0, \quad f'(x_0) = \cos 0 = 1$$

于是

$$\sin \Delta x = f(x_0 + \Delta x) \approx f(x_0) + f'(x_0) \cdot \Delta x$$
$$= \sin x_0 + \cos x_0 \cdot \Delta x = \Delta x$$

即当 $|x|$ 很小时,有近似计算公式 $\sin x \approx x$.

注 当 $|x|$ 很小时,类似有近似计算公式 $\tan x \approx x, \mathrm{e}^x \approx 1 + x, \ln(1 + x) \approx x$.

例 7 求 $\sqrt{0.97}$ 的近似值.

解 $\sqrt{0.97}$ 是函数 $y = \sqrt{x}$ 在 $x = 0.97$ 处的值,此时,可取 $x_0 = 1, x = 0.97$,所以 $\Delta x = -0.03$. 又

$$f(1) = 1, f'(1) = (\sqrt{x})' \Big|_{x=1} = \frac{1}{2}$$

所以

$$\sqrt{0.97} \approx f(1) + f'(1)\Delta x = 1 + \frac{1}{2} \times (-0.03) = 0.985$$

注 查表可得 $\sqrt{0.97} \approx 0.984\ 9$.

微分还可用于误差估计中. 在测量某一量时,所测的结果相对于精确值有一个误差,有误差的结果在计算过程中,可导致所计算的其他量也带有误差,那么,如何估计这些误差呢?

一般,设 A 为某量的精确值,a 为所测的近似值,$|A - a|$ 称为其绝对误差,$\left|\dfrac{A-a}{a}\right|$ 称为其相对误差. 然而,A 通常是无法知道的,但根据使用者的经验,有时能确定其绝对误差不超过 δ_A,即 $|A - a| \leq \delta_A$. 此时,称 δ_A 称为测量 A 的绝对误差限,而 $\dfrac{\delta_A}{|a|}$ 称为 A 的相对误差限.

设 x 在测量时测得值为 x_0,且测量的绝对误差限为 δ_x,即 $|\Delta x| \leq \delta_x$,则当 $f'(x_0) \neq 0$ 时,因 $|\Delta y| \approx |\mathrm{d}y| = |f'(x_0)\Delta x| = |f'(x_0)||\Delta x| \leq |f'(x_0)|\delta_x$,故 $\delta_y = |f'(x_0)|\delta_x$ 称为 $y = f(x)$ 的绝对误差限,$\dfrac{|f'(x_0)|\delta_x}{|f(x_0)|}$ 称为 y 的相对误差限.

例 8 已测得一球的半径为 43 cm,并知道在测量中的绝对误差不超过 0.2 cm,求以此数据计算体积时所产生的误差.

解 设球的半径为 r,则体积 $V = f(r) = \dfrac{4}{3}\pi r^3, f'(r) = 4\pi r^2$. 取 $r_0 = 43$ cm,以此数据算得体积为

$$V = f(x_0) = \frac{4}{3}\pi r_0^3 \approx \frac{4}{3} \times 3.14 \times 43^3 = 332\ 869.306\ 7\ \mathrm{cm}^3$$

则绝对误差(限)为

$$\delta_V \approx |f'(r_0)|\delta_x = 4\pi r_0^2\delta_x = 4 \times 3.14 \times 43^2 \times 0.2 = 4\ 644.688\ \mathrm{cm}^3$$

相对误差(限)为

$$\frac{\delta_V}{V} \approx \frac{3\delta_x}{r_0} = \frac{3 \times 0.2}{43} \approx 0.013\ 95$$

习题 2.5

1. 求函数 $y = \sin x$ 当 $x = \dfrac{\pi}{3}$，$\Delta x = \dfrac{\pi}{18}$ 时的微分.

2. 填空题：

（1）设 $y = f(x)$ 为可微函数，则在点 x 处有 $\lim\limits_{\Delta x \to 0} \dfrac{\Delta y - \mathrm{d}y}{\Delta x} =$ _____.

（2）设函数 $f(x)$ 可导，$y = f(-x^2)$，则 $\mathrm{d}y =$ _____.

3. 求下列函数的微分 $\mathrm{d}y$：

（1）$y = \arcsin \sqrt{\sin x}$；

（2）$y = x^2 \mathrm{e}^{2x}$；

（3）$y = \arctan \dfrac{a}{x} + \ln \sqrt{\dfrac{x-a}{x+a}}$；

（4）$y = x^{\arcsin x}$.

4. 利用微分形式的不变性求下列函数的微分 $\mathrm{d}y$：

（1）$y = \mathrm{e}^{\cos^2 x}$；

（2）$y^2 + \ln y = x^4$.

5. 已知 $y = f(1 - 2x) + \sin f(x)$，其中 f 可微，求 $\mathrm{d}y$.

6. 将适当的函数填入下列括号中，使等式成立：

（1）$\mathrm{d}(\qquad) = \dfrac{1}{\sqrt{x}}\mathrm{d}x$；

（2）$\mathrm{d}(\qquad) = \cos(\omega x)\mathrm{d}x$；

（3）$\mathrm{d}(\qquad) = \sec^2(4x)\mathrm{d}x$；

（4）$\mathrm{d}(\qquad) = \dfrac{1}{(1+x)^2}\mathrm{d}x$；

（5）$\mathrm{d}(\qquad) = \mathrm{e}^{2x+3}\mathrm{d}x$；

（6）$\mathrm{d}(\qquad) = \dfrac{1}{1+x}\mathrm{d}x$.

7. 有一批半径为 1 cm 的球，为了提高球面的表面粗糙度，要镀上一层铜，其厚度为 0.01 cm. 试估计每只球需要铜多少克？（铜的密度为 8.9 g/cm³）

8. 计算下列各数值的近似值：

（1）$\cos 29°$；

（2）$\sqrt[3]{996}$.

9. 当 $|x|$ 较小时，证明下列近似公式：

（1）$\ln(1+x) \approx x$；

（2）$\sqrt[n]{1+x} \approx 1 + \dfrac{1}{n}x$.

10. 测量球的半径 r，其相对误差为何值时，才能保证由公式 $V = \dfrac{4}{3}\pi r^3$ 计算球的体积所产生的相对误差不超过 3%？

总习题 2

1. 填空选择题：

（1）设函数 $f(x)$ 在 $x = 0$ 处连续，下列命题错误的是（　　）.

A. 若 $\lim\limits_{x \to 0} \dfrac{f(x)}{x}$ 存在，则 $f(0) = 0$

B. 若 $\lim\limits_{x \to 0} \dfrac{f(x) + f(-x)}{x}$ 存在，则 $f(0) = 0$

C. 若 $\lim\limits_{x \to 0} \dfrac{f(x)}{x}$ 存在，则 $f'(0)$ 存在　　　　　D. 若 $\lim\limits_{x \to 0} \dfrac{f(x) - f(-x)}{x}$ 存在，则 $f'(0)$ 存在

（2）设 $f(x)$ 可导且满足条件 $\lim\limits_{x \to 0} \dfrac{f(1) - f(1-x)}{2x} = -1$，则曲线 $y = f(x)$ 在点 $(1, f(1))$ 处的切线斜率为（　　）.

A. 2 　　　　　　　B. -2 　　　　　　　C. 1 　　　　　　　D. -1

（3）设函数 $f(x) = \begin{cases} \dfrac{1-\cos x}{\sqrt{x}} & x > 0 \\ x^2 g(x) & x \leq 0 \end{cases}$，其中，$g(x)$ 是有界函数，则 $f(x)$ 在点 $x = 0$ 处（　　）.

A. 极限不存在　　　　B. 极限存在但不连续　　　　C. 连续不可导　　　　D. 可导

（4）设 $f(x) = \lim\limits_{t \to \infty} x\left(1 + \dfrac{1}{t}\right)^{2tx}$，则 $f'(x) = $ _____.

（5）设 $y = x^n + \mathrm{e}^{2x}$，则 $y^{(n)} = $ _____.

（6）已知函数 $y = y(x)$ 由方程 $\mathrm{e}^y + 6xy + x^2 - 1 = 0$ 确定，则 $y''(0) = $ _____.

（7）曲线 $\begin{cases} x = \cos t + \cos^2 t \\ y = 1 + \sin t \end{cases}$ 上对应于 $t = \dfrac{\pi}{4}$ 处的切线的斜率是 _____.

（8）设 $y = \ln \sin \sqrt{x}$，则 $\mathrm{d}y = $ (　　).

A. $\dfrac{\mathrm{d}x}{\sin \sqrt{x}}$ 　　　　　B. $\cot \sqrt{x}\,\mathrm{d}x$ 　　　　　C. $\dfrac{\mathrm{d}(\sin \sqrt{x})}{\sin \sqrt{x}}$ 　　　　　D. $\dfrac{\mathrm{d}(\sqrt{x})}{\sin \sqrt{x}}$

2. 已知设曲线 $y = f(x)$ 在原点与 $y = \sin x$ 相切，求 $\lim\limits_{n \to \infty} \sqrt{nf\left(\dfrac{2}{n}\right)}$.

3. 设 $f(x)$ 在 $x = 2$ 处连续，且 $\lim\limits_{x \to 2} \dfrac{f(x)}{x-2} = 5$，求 $f'(2)$.

4. 设 $f(x) = \begin{cases} x^2 & x \leq 1 \\ ax + b & x > 1 \end{cases}$，问 a, b 取何值时，$f(x)$ 在 $x = 1$ 处连续且可导？

5. 设 $y = f\left(\dfrac{3x-2}{3x+2}\right)$，且 $f'(x) = \arcsin x^2$，求 $\dfrac{\mathrm{d}y}{\mathrm{d}x}\Big|_{x=0}$.

6. 设 $f(x) = \begin{cases} x^3 \sin \dfrac{1}{x} & x \neq 0 \\ 0 & x = 0 \end{cases}$，求 $f'(x)$.

*7. 在经济问题中，常把区间 (a, b) 内的导函数 $f'(x)$ 称为边际函数，而把函数在点 $x_0 \in (a, b)$ 处的导数 $f'(x_0)$ 称为边际函数值，简称点 x_0 处的边际. 在生产和经营活动中，产品成本、销售后的收益和利润等都是产品数量 x 的函数，它们关于产量的导数分别称为边际成本、边际收益和边际利润.

设生产 x 件产品的总成本 $C(x)$（元）和总收益 $R(x)$（元）分别是 $C(x) = 1\,200 + 5x + \dfrac{1}{10}x^2$，$R(x) = 160x - x^2$. 求：

（1）生产 30 件产品时的平均成本及边际成本；

（2）生产 30 件产品时的边际利润.

8. 求下列函数的导数：

（1）$y = \dfrac{\cos 2x}{\sin x + \cos x}$；

（2）$y = x + x^x \, (x > 0)$；

（3）$y = \dfrac{1}{\sin x \cos x}$；

（4）$y = \dfrac{x}{2}\sqrt{x^2 + a^2} + \dfrac{a^2}{2}\ln(x + \sqrt{x^2 + a^2})$.

9. 求下列函数的 n 阶导数：

（1）$y = \sin^6 x + \cos^6 x$；

（2）$y = x e^{-x}$.

10. 设 $y = f(x + y)$，其中，$f(u)$ 具有二阶导数，且 $f'(u) \neq 1$，求 $\dfrac{d^2 y}{dx^2}$.

11. 设 $y = 1 + x e^y$ 确定了函数 $y = y(x)$，求 $\dfrac{dy}{dx}\Big|_{x=0}$ 和 $\dfrac{d^2 y}{dx^2}\Big|_{x=0}$.

12. 设 $\begin{cases} x = t - \ln(1 + t^2) \\ y = \arctan t \end{cases}$，求 $\dfrac{dy}{dx}$ 和 $\dfrac{d^2 y}{dx^2}$.

13. 求由参数方程 $\begin{cases} x = 3t^2 + 2t + 3 \\ e^y \sin t - y + 1 = 0 \end{cases}$ 所确定的函数 $y = y(x)$ 的微分 dy.

14. 设 $f(x)$ 在 $[a,b]$ 上连续，且 $f(a) = f(b) = 0$，$f'_+(a) f'_-(b) > 0$. 证明：$f(x)$ 在 (a,b) 内至少有一点 c，使 $f(c) = 0$.

微分的概念视频

导数与微分视频

部分习题答案

第 **3** 章
微分中值定理和导数的应用

导数是研究函数性质的重要工具. 第 2 章主要介绍了导数和微分的概念和计算方法. 本章将介绍微分学的几个中值定理,它们是沟通函数与导数之间的桥梁,是导数应用的理论基础. 本章还将利用导数来研究函数以及曲线的某些性态,并利用这些知识来解决一些实际问题.

3.1　微分中值定理

微分中值定理简介

本节在费马引理的基础上介绍了罗尔定理、拉格朗日中值定理、柯西中值定理这三大微分中值定理以及这些定理之间的关系与应用.

3.1.1　费马引理

由第 1.10 节可知,闭区间上的连续函数必定取得最大值和最小值,这是函数在区间上的"整体性质". 把这种最大值、最小值的概念限制在某一点 x 的邻域这一"局部",就可以引出极大值、极小值的概念.

定义 3.1　设函数 $f(x)$ 在点 x_0 的某一邻域 $U(x_0)$ 内有定义,如果对于 $U(x_0)$ 内的任一点 x,有

图 3.1

$$f(x) \leqslant f(x_0) \quad (\text{或} f(x) \geqslant f(x_0))$$

则称 $f(x_0)$ 是函数 $f(x)$ 的一个极大值(或极小值). 函数的极大值与极小值统称为函数的极值,使函数 $f(x)$ 取得极值的点 x_0 称为极值点(见图 3.1).

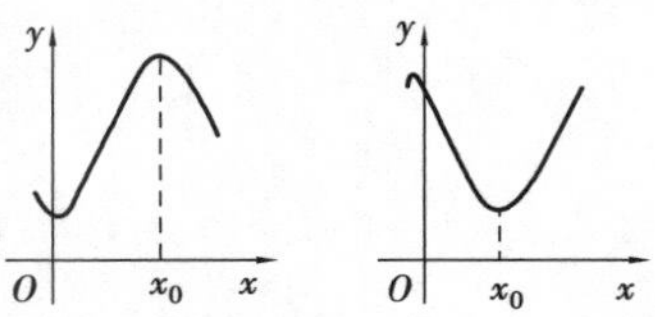

函数的极大值和极小值是局部性的.如果就 $f(x)$ 的定义区间来说,函数的极小值可能大于极大值,如图 3.2 所示.

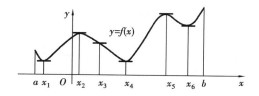

图 3.2

下面给出著名的费马引理(原理),它是证明罗尔定理的基础,也是可导函数取得极值的必要条件.

费马引理　设函数 $f(x)$ 在点 x_0 处可导,且在 x_0 处取得极值,那么 $f'(x_0)=0$.

证　不妨设函数 $f(x)$ 在点 x_0 处取得极大值,则存在 x_0 的某一去心邻域 $\overset{\circ}{U}(x_0)$,当 $x\in\overset{\circ}{U}(x_0)$ 时,有 $f(x)\leqslant f(x_0)$,那么

$$f'_-(x_0)=\lim_{x\to x_0^-}\frac{f(x)-f(x_0)}{x-x_0}\geqslant 0$$

$$f'_+(x_0)=\lim_{x\to x_0^+}\frac{f(x)-f(x_0)}{x-x_0}\leqslant 0$$

因为 $f'(x_0)$ 存在,所以 $f'_-(x_0)=f'_+(x_0)=f'(x_0)$,从而有 $f'(x_0)=0$.证毕.

注　使得导数等于零的点称为函数的**驻点(临界点)**.

3.1.2　罗尔定理

罗尔定理　如果函数 $f(x)$ 满足

(1)在闭区间 $[a,b]$ 上连续;

(2)在开区间 (a,b) 内可导;

(3)在区间端点处的函数值相等,即 $f(a)=f(b)$,

那么在 (a,b) 内至少有一点 $\xi(a<\xi<b)$,使得 $f'(\xi)=0$.

证　由于 $f(x)$ 在 $[a,b]$ 上连续,根据闭区间上连续函数的性质,因此,$f(x)$ 在 $[a,b]$ 上必定取得最大值 M 和最小值 m.

若 $M=m$,那么,$f(x)$ 在 $[a,b]$ 上是常数函数,$f(x)\equiv M$,由此得 $f'(x)\equiv 0$.这时,对于任意的 $\xi\in(a,b)$,都有 $f'(\xi)=0$ 成立.

若 $M\neq m$,因为 $f(a)=f(b)$,所以最大值 M 和最小值 m 中至少有一个不在端点取得.不妨设 $M\neq f(a)$,那么,至少存在一点 $\xi\in(a,b)$,使得 $f(\xi)=M$.此时,$f(x)\leqslant f(\xi)(a<x<b)$,因此由费马引理可知 $f'(\xi)=0$.

罗尔定理的几何意义

如果连续曲线 $y=f(x)$ 在弧 $\overparen{AB}$ 两个端点的纵坐标相等,且除了端点外处处有不垂直于 x 轴的切线,那么在弧 $\overparen{AB}$ 上至少有一点 C,使得曲线在点 C 处的切线是水平的,即此切线平行于

89

弦 AB,如图 3.3 所示.

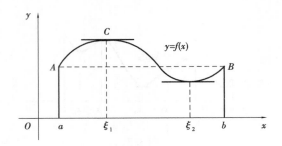

图 3.3

注 1 如果罗尔定理的 3 个条件有 1 个不满足,那么其结论就可能不成立. 例如

①函数 $f(x) = \begin{cases} x & x \in [0,1) \\ 0 & x = 1 \end{cases}$ 在 $[0,1]$ 上不满足条件(1),而 $f'(x) \equiv 1(0 < x < 1)$,即在 $(0,1)$ 内不存在使得导数为 0 的点,如图 3.4(a).

②函数 $f(x) = |x|$ 在 $[-1,1]$ 上不满足条件(2),如图 3.4(b)可知,在 $(-1,1)$ 内找不到一点 ξ,使得 $f'(\xi) = 0$.

③函数 $f(x) = x$ 在 $[0,1]$ 上不满足条件(3),显然,在 $(0,1)$ 内找不到一点 ξ,使得 $f'(\xi) = 0$,如图 3.4(c).

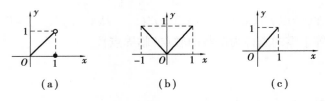

图 3.4

注 2 罗尔定理的 3 个条件是充分但非必要的. 当定理的 3 个条件不完全满足时,定理的结论也可能成立. 例如函数

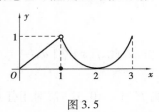

$$g(x) = \begin{cases} x, & 0 \leqslant x < 1 \\ 0, & x = 1 \\ (x-2)^2, & 1 < x \leqslant 3 \end{cases}$$

图 3.5

不满足罗尔定理的 3 个条件,但函数 $g(x)$ 在 $x = 2$ 处有水平切线 x 轴,如图 3.5 所示.

例 1 设函数 $f(x)$ 在 $[0,1]$ 上连续,在 $(0,1)$ 内可导,且 $f(1) = 0$. 求证:存在 $\xi \in (0,1)$,使得 $f(\xi) + \xi f'(\xi) = 0$.

分析 要证明结论 $f(\xi) + \xi f'(\xi) = 0$ 成立,只需逆向思维构造一个函数 $\varphi(x)$,使得 $\varphi'(\xi) = f(\xi) + \xi f'(\xi)$.

证 设辅助函数 $\varphi(x) = xf(x)$. 因为 $f(x)$ 在 $[0,1]$ 上连续,在 $(0,1)$ 内可导,因此 $\varphi(x)$ 也在 $[0,1]$ 上连续,在 $(0,1)$ 内可导,且 $\varphi(0) = \varphi(1) = 0$,即 $\varphi(x)$ 在 $[0,1]$ 上满足罗尔定理的条件. 因此存在 $\xi \in (0,1)$,使得

$$\varphi'(\xi) = f(\xi) + \xi f'(\xi) = 0$$

注　利用罗尔定理证明有关中值问题的关键是根据结论逆向思维构造函数. 思考：下列问题如何构造函数？读者可以动手试试.

问题 1　设函数 $f(x)$ 在 $[0,1]$ 上连续，在 $(0,1)$ 内可导，且 $f(1)=0$. 求证：存在 $\xi \in (0,1)$，使得 $n f(\xi) + \xi f'(\xi) = 0$，其中 n 为任意正数.

问题 2　设函数 $g(x)$ 在 $[a,b]$ 上连续，在 (a,b) 内可导，且 $g(a)=g(b)=0$，求证：存在 $\xi \in (a,b)$，使得 $g'(\xi) + \lambda g(\xi) = 0$，其中 λ 为任意实数.

问题 3　设函数 $f(x)$，$g(x)$ 在 $[a,b]$ 上连续，在 (a,b) 内可导，且 $f(a)=f(b)=0$，求证：存在 $\xi \in (a,b)$，使得 $f'(\xi) + g'(\xi) f(\xi) = 0$.

解题思路

例 2　证明：方程 $x^5 - 5x + 1 = 0$ 有且仅有一个小于 1 的正实根.

证　设函数 $f(x) = x^5 - 5x + 1$，则 $f(x)$ 在 $[0,1]$ 上连续，且 $f(0)=1$，$f(1)=-3$. 由零点定理，存在 $x_0 \in (0,1)$，使 $f(x_0)=0$，所以方程 $x^5 - 5x + 1 = 0$ 有小于 1 的正实根.

设另有 $x_1 \in (0,1)$，$x_1 \neq x_0$，使 $f(x_1)=0$. 因为 $f(x_0)=0$ 成立，那么，$f(x)$ 在 x_0 与 x_1 之间满足罗尔定理的条件，所以至少存在一个 ξ（ξ 在 x_0 与 x_1 之间，从而也在 0 与 1 之间），使得 $f'(\xi)=0$. 但 $f'(x) = 5(x^4-1) < 0$（$x \in (0,1)$），这就出现矛盾. 因此，方程 $x^5 - 5x + 1 = 0$ 有且仅有一个小于 1 的正实根.

3.1.3　拉格朗日中值定理

罗尔定理中 $f(a)=f(b)$ 这个条件是相当特殊的，它使罗尔定理的应用受到限制. 如果把 $f(a)=f(b)$ 这个条件取消，但仍保留其余两个条件，那么，就得到微分学中十分重要的拉格朗日中值定理.

拉格朗日中值定理　如果函数 $f(x)$ 满足

(1) 在闭区间 $[a,b]$ 上连续；

(2) 在开区间 (a,b) 内可导，

那么至少存在一点 $\xi \in (a,b)$，使得

$$f'(\xi) = \frac{f(b)-f(a)}{b-a} \quad \text{或} \quad f(b)-f(a) = f'(\xi)(b-a)$$

分析　拉格朗日中值定理的证明有多种方法，现在仅根据例 1 的证明方法逆向思维构造函数，再利用罗尔定理的结论来证明.

证　作辅助函数

$$F(x) = f(x)(b-a) - [f(b)-f(a)]x$$

将 $x=a$，$x=b$ 分别带入上式，计算得

$$F(a) = F(b) = bf(a) - af(b)$$

由条件 (1) 和 (2)，可得 $F(x)$ 在 $[a,b]$ 上连续，在 (a,b) 内可导，因此由罗尔定理可知，至少存在一点 $\xi \in (a,b)$，使得 $F'(\xi)=0$，即

$$f(b) - f(a) = f'(\xi)(b-a) \quad \text{或} \quad f'(\xi) = \frac{f(b)-f(a)}{b-a}$$

拉格朗日中值定理也称为拉氏定理,在拉格朗日中值定理中,如果函数 $f(a) = f(b)$,则得到罗尔定理. 因此拉格朗日中值定理是罗尔定理的一种推广形式.

拉格朗日中值定理的几何意义

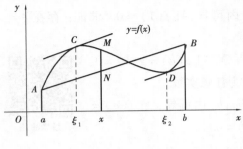

图 3.6

如果连续曲线 $y = f(x)$ 的弧 $\overgroup{AB}$ 上除了端点外处处有不垂直于 x 轴的切线,那么在弧 $\overgroup{AB}$ 上至少有一点 C,使得曲线在点 C 处的切线平行于弦 AB,如图 3.6 所示.

拉格朗日中值定理表明了函数 $f(x)$ 在一个区间上的增量与其在这区间内某点处的导数之间的关系. 设 $y = f(x)$ 在 (a,b) 内可导,对 $x_0, x_0 + \Delta x \in (a,b)$,则有

$$\Delta y = f(x_0 + \Delta x) - f(x_0) = f'(x_0 + \theta \Delta x)\Delta x \qquad (0 < \theta < 1)$$

上式也称拉格朗日有限增量公式,而拉格朗日中值定理又称有限增量定理或微分中值定理.

利用拉格朗日中值定理可得到下面推论.

推论 3.1 设 $f(x)$ 在 $[a,b]$ 上连续,在 (a,b) 内可导,且当 $x \in (a,b)$ 时,$f'(x) \equiv 0$,则 $f(x) \equiv C, x \in [a,b]$($C$ 为常数).

例 3 证明:$\arcsin x + \arccos x = \frac{\pi}{2}(-1 \leqslant x \leqslant 1)$.

证 设 $f(x) = \arcsin x + \arccos x, x \in [-1,1]$. 显然 $f(x)$ 在 $[-1,1]$ 上连续,在 $(-1,1)$ 内可导. 因为 $\forall x \in (-1,1)$,有

$$f'(x) = \frac{1}{\sqrt{1-x^2}} + \left(-\frac{1}{\sqrt{1-x^2}}\right) = 0$$

所以,由推论 3.1,$f(x) \equiv C, x \in [-1,1]$. 又因为 $f(0) = \arcsin 0 + \arccos 0 = \frac{\pi}{2}$,即 $C = \frac{\pi}{2}$,所以

$$\arcsin x + \arccos x = \frac{\pi}{2} \qquad x \in [-1,1]$$

由推论 3.1,可很容易得到推论 3.2.

推论 3.2 如果函数 $f(x)$ 与 $g(x)$ 在区间 (a,b) 内满足条件 $f'(x) \equiv g'(x)$,则这两个函数至多相差一个常数 C,即 $f(x) = g(x) + C$.

例 4 设 $b > a > 0, n > 1$,证明:$na^{n-1}(b-a) < b^n - a^n < nb^{n-1}(b-a)$.

证 设 $f(x) = x^n$,显然 $f(x)$ 在 $[a,b]$ 上连续,在 (a,b) 内可导,由拉格朗日中值定理可知,至少存在一个 $\xi \in (a,b)$,使得 $f(b) - f(a) = f'(\xi)(b-a)$,即

$$b^n - a^n = n\xi^{n-1}(b-a)$$

由 $0 < a < \xi < b$,得 $a^{n-1} < \xi^{n-1} < b^{n-1}$,所以

$$na^{n-1}(b-a) < b^n - a^n < nb^{n-1}(b-a)$$

例 5　设函数 $f(x)$ 在 (a,b) 内可导,且 $|f'(x)| \leq M$ $(\forall x \in (a,b))$,证明:$f(x)$ 在 (a,b) 内有界.

证　取定 $x_0 \in (a,b)$,$\forall x \in (a,b)$,则 $f(x)$ 在以 x,x_0 为端点的区间上满足拉格朗日中值定理条件,因此存在 ξ 介于 x,x_0 之间,使得

$$f(x) - f(x_0) = f'(\xi)(x - x_0)$$

因此

$$|f(x)| = |f(x_0) + f'(\xi)(x - x_0)| \leq |f(x_0)| + M(b-a)$$

显然 $|f(x_0)| + M(b-a)$ 为一正数,由 x 的任意性,$f(x)$ 在 (a,b) 内有界.

3.1.4　柯西中值定理

柯西中值定理　如果函数 $f(x)$ 及 $F(x)$ 满足

(1)在闭区间 $[a,b]$ 上连续;

(2)在开区间 (a,b) 内可导;

(3)对任一 $x \in (a,b)$,$F'(x) \neq 0$,

那么在 (a,b) 内至少有一点 ξ,使得

$$\frac{f(b) - f(a)}{F(b) - F(a)} = \frac{f'(\xi)}{F'(\xi)}$$

分析　要证明柯西中值定理,只需要证明 $f'(\xi) - \dfrac{f(a) - f(b)}{F(a) - F(b)} F'(\xi) = 0$,根据这个结论逆向思维构造函数,读者可以自己试试.

注　柯西中值定理并不是对 $f(x)$ 及 $F(x)$ 分别利用拉格朗日中值定理得到的,这是因为如果对 $f(x)$ 及 $F(x)$ 分别利用拉格朗日中值定理,则有

$$\left. \begin{array}{l} f(b) - f(a) = f'(\xi)(b-a), \xi \in (a,b) \\ F(b) - F(a) = f'(\xi)(b-a), \xi \in (a,b) \end{array} \right\}$$

上面两式中的 ξ 不一定相同!

不难发现,在柯西中值定理中如果取函数 $F(x) = x$,那么,$F'(x) = 1$,这就得到拉格朗日中值定理. 因此,柯西中值定理是拉格朗日中值定理的一种推广形式.

柯西中值定理的几何意义

设有一条连续曲线弧 $\overset{\frown}{AB}$,参数方程为

$$\begin{cases} X = F(x) \\ Y = f(x) \end{cases} \quad (a \leq x \leq b)$$

且弧 $\overset{\frown}{AB}$ 上除了端点外处处有不垂直于 x 轴的切线,那么在弧 $\overset{\frown}{AB}$ 上至少有一点 $(F(\xi), f(\xi))$,在该点处的切线平行于弦 AB(图 3.7).

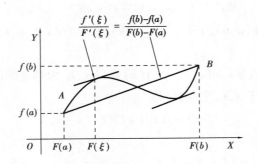

图 3.7

例6 设 $a > 0, b > 0$，函数 $f(x)$ 在 $[a,b]$ 上连续，在 (a,b) 内可导，证明：至少存在一点 $\xi \in (a,b)$，使得 $\xi f'(\xi) - f(\xi) = \dfrac{af(b) - bf(a)}{b - a}$.

证 将结论作变形，可得

$$\frac{\dfrac{1}{b}f(b) - \dfrac{1}{a}f(a)}{-\dfrac{1}{b} - \left(-\dfrac{1}{a}\right)} = \left.\frac{\left(\dfrac{f(x)}{x}\right)'}{\left(-\dfrac{1}{x}\right)'}\right|_{x = \xi} = \xi f'(\xi) - f(\xi)$$

于是，设 $g(x) = \dfrac{f(x)}{x}$, $G(x) = -\dfrac{1}{x}$，那么，$g(x)$, $G(x)$ 在 $[a,b]$ 上满足柯西中值定理的条件，故在 (a,b) 内至少存在一点 ξ, 使得

$$\frac{\dfrac{1}{b}f(b) - \dfrac{1}{a}f(a)}{-\dfrac{1}{b} - \left(-\dfrac{1}{a}\right)} = \left.\frac{\left(\dfrac{f(x)}{x}\right)'}{\left(-\dfrac{1}{x}\right)'}\right|_{x = \xi} = \left.\frac{\dfrac{1}{x}f'(x) - \dfrac{1}{x^2}f(x)}{\dfrac{1}{x^2}}\right|_{x = \xi} = \xi f'(\xi) - f(\xi)$$

即

$$\xi f'(\xi) - f(\xi) = \frac{af(b) - bf(a)}{b - a}$$

数学家简介

习题 3.1

1. 若 $\lim\limits_{x \to a} \dfrac{f(x) - f(a)}{(x - a)^2} = -1$, 则在 $x = a$ 处（　　）.

A. $f(x)$ 导数存在且 $f'(a) \neq 0$　　B. $f(x)$ 取极大值　　C. $f(x)$ 取极小值　　D. $f'(a)$ 不存在

2. 设函数 $f(x)$ 在 $[0, \pi]$ 上连续，在 $(0, \pi)$ 内可导，证明：$\exists \xi \in (0, \pi)$, 使得 $f(\xi)\cos \xi + f'(\xi)\sin \xi = 0$.

3. 设 $f(x)$ 在 $[0,1]$ 上连续，在 $(0,1)$ 内可导，且 $f(1) = 0$，又 $\lim\limits_{x \to 0} \dfrac{f(x)}{x} = 2$, 证明：存在 $\xi \in (0,1)$, 使得 $f'(\xi) = 0$.

4. 就下列函数及其区间,求罗尔定理或拉格朗日定理中的 ξ 的值:

（1）$f(x) = \mathrm{e}^{-x}\sin x, [0, \pi]$;

（2）$f(x) = \arcsin x, [-1, 1]$.

5. 不求出函数 $f(x) = x(x-1)(x-2)(x-3)$ 的导数,说明方程 $f'(x) = 0$ 有几个实根,并指出它们所在的区间.

6. 若 $f(x)$ 在 (a, b) 内具有二阶导数,且 $f(x_1) = f(x_2) = f(x_3)$,其中 $a < x_1 < x_2 < x_3 < b$. 证明:方程 $f''(x) = 0$ 在 (a, b) 内必有一实根.

7. 设函数 $f(x)$ 在 $[0, 1]$ 上连续,在 $(0, 1)$ 可导,且当 $x \in [0, 1]$ 时 $0 < f(x) < 1$,当 $x \in (0, 1)$ 时 $f'(x) \neq 1$. 证明:在 $(0, 1)$ 内有且仅有一个 ξ,使 $f(\xi) = \xi$.

8. 利用拉格朗日定理证明下列不等式:

（1）当 $0 < a < b$ 时,$\dfrac{b-a}{b} < \ln \dfrac{b}{a} < \dfrac{b-a}{a}$;

（2）当 $x > 0$ 时,$x > \ln(x+1) > \dfrac{x}{x+1}$.

拉格朗日中值定理视频

9. 证明下列不等式:

（1）$|\sin x - \sin y| \leqslant |x - y|$;

（2）当 $x, y \in \left(-\dfrac{\pi}{2}, \dfrac{\pi}{2}\right)$ 时,$|\tan x - \tan y| \geqslant |x - y|$.

10. 证明下列等式:

（1）$\arctan x + \operatorname{arccot} x = \dfrac{\pi}{2}, -\infty < x < +\infty$;

（2）$\arctan x = \arcsin \dfrac{x}{\sqrt{1+x^2}}, -\infty < x < +\infty$.

11. 设 $a, b > 0, f(x)$ 在 $[a, b]$ 上连续,在 (a, b) 内可导,证明:在 (a, b) 内,方程
$$2x[f(b) - f(a)] = (b^2 - a^2)f'(x)$$
至少存在一个根.

3.2　洛必达法则

洛必达简介

3.2.1　洛必达法则

运用柯西中值定理可证明一个在计算函数极限时常用到的重要法则——洛必达法则. 这个法则出自洛必达在 1696 年出版的第一本微分学方面的专著《曲线的无穷小分析》. 现在研究这个法则和它在极限计算方面的应用.

如果当 $x \to a$(或 $x \to \infty$)时,两个函数 $f(x)$ 与 $F(x)$ 都趋于零或都趋于无穷大,那么,函数的极限 $\lim\limits_{\substack{x \to a \\ (x \to \infty)}} \dfrac{f(x)}{F(x)}$ 称为 $\dfrac{0}{0}$ 或 $\dfrac{\infty}{\infty}$ 型未定式. 例如,$\lim\limits_{x \to 0} \dfrac{\tan x}{x}\left(\dfrac{0}{0}\right)$,$\lim\limits_{x \to \infty} \dfrac{x}{\mathrm{e}^{x^2}}\left(\dfrac{\infty}{\infty}\right)$.

洛必达法则 如果函数 $f(x)$ 及 $F(x)$ 满足以下 3 个条件:

①当 $x \to a$ 时,函数 $f(x)$ 及 $F(x)$ 都趋于零或趋于 ∞.

②在 a 点的某一去心邻域内,$f'(x)$ 及 $F'(x)$ 都存在且 $F'(x) \neq 0$.

③$\lim\limits_{x \to a} \dfrac{f'(x)}{F'(x)}$ 存在(或为无穷大).

那么

$$\lim_{x \to a} \frac{f(x)}{F(x)} = \lim_{x \to a} \frac{f'(x)}{F'(x)}$$

证 不妨设当 $x \to a$ 时,函数 $f(x)$ 及 $F(x)$ 都趋于零,定义辅助函数

$$f_1(x) = \begin{cases} f(x) & x \neq a \\ 0 & x = a \end{cases}, \quad F_1(x) = \begin{cases} F(x) & x \neq a \\ 0 & x = a \end{cases}$$

在 a 点的某一去心邻域 $\overset{\circ}{U}(a)$ 内任取一点 x,在以 a 与 x 为端点的区间上,$f_1(x)$,$F_1(x)$ 满足柯西中值定理的条件,于是

$$\frac{f(x)}{F(x)} = \frac{f_1(x)}{F_1(x)} = \frac{f_1(x) - f_1(a)}{F_1(x) - F_1(a)} = \frac{f_1'(\xi)}{F_1'(\xi)} = \frac{F'(\xi)}{F'(\xi)} \qquad (\xi \text{ 在 } x \text{ 与 } a \text{ 之间})$$

当 $x \to a$ 时,$\xi \to a$,由条件③,有

$$\lim_{x \to a} \frac{f(x)}{F(x)} = \lim_{x \to a} \frac{f'(\xi)}{F'(\xi)} = \lim_{\xi \to a} \frac{f'(\xi)}{F'(\xi)} = \lim_{x \to a} \frac{f'(x)}{F'(x)}$$

如果当 $x \to a$ 时,函数 $f(x)$ 及 $F(x)$ 都趋于 ∞,此时仍可证明 $\lim\limits_{x \to a} \dfrac{f(x)}{F(x)} = \lim\limits_{x \to a} \dfrac{f'(x)}{F'(x)}$.

注 ①洛必达法则是计算 $\dfrac{0}{0}$ 型及 $\dfrac{\infty}{\infty}$ 型极限未定式的一个工具. 当 $x \to a$ 时,$\lim\limits_{x \to a} \dfrac{f'(x)}{F'(x)}$ 仍然是 $\dfrac{0}{0}$ 型或 $\dfrac{\infty}{\infty}$ 型,$f'(x)$ 及 $F'(x)$ 都满足洛必达法则的条件,那么,可继续使用洛必达法则,即

$$\lim_{x \to a} \frac{f(x)}{F(x)} = \lim_{x \to a} \frac{f'(x)}{F'(x)} = \lim_{x \to a} \frac{f''(x)}{F''(x)} = \cdots \qquad \left(\frac{0}{0} \text{ 或 } \frac{\infty}{\infty}\right)$$

②当 $x \to a^-$,$x \to a^+$ 以及 $x \to \infty$,$x \to +\infty$,$x \to -\infty$ 中的任何一种且满足法则中的 3 个条件时,洛必达法则仍然成立.

3.2.2 $\dfrac{0}{0}$ 型及 $\dfrac{\infty}{\infty}$ 型未定式解法

洛必达法则是通过分子分母分别求导,再求极限的方法来求未定式的极限值. 下面是一些计算实例.

例 1 求 $\lim\limits_{x \to 0} \dfrac{\ln(1 + x) - x}{\cos x - 1}$.

解　这是一个 $\dfrac{0}{0}$ 型未定式,应用洛必达法则有

$$\lim_{x\to 0}\frac{\ln(1+x)-x}{\cos x-1}=\lim_{x\to 0}\frac{\dfrac{1}{1+x}-1}{-\sin x}=\lim_{x\to 0}\left(\frac{1}{1+x}\cdot\frac{x}{\sin x}\right)=1$$

注　洛必达法则是求未定式极限的一种有效方法,但若能与前面学过的其他求极限方法结合使用,有时计算会更简便.

例 2　求 $\lim\limits_{x\to\frac{\pi}{2}}\dfrac{\tan x}{\tan 3x}$.

解　这是一个 $\dfrac{\infty}{\infty}$ 型未定式,用洛必达法则后仍是未定式,可继续用洛必达法则,因此

$$\lim_{x\to\frac{\pi}{2}}\frac{\tan x}{\tan 3x}=\lim_{x\to\frac{\pi}{2}}\frac{\sec^2 x}{3\sec^2 3x}=\cdots\frac{\cos^2 3x}{}$$
$$=\lim_{x\to\frac{\pi}{2}}\cdots\frac{\cos 6x}{\cos 2x}=3$$

例 3　求 $\lim\limits_{x\to 0^+}\dfrac{\ln\sin ax}{\ln\sin bx}$ $(a>0,b>0)$.

解　这是一个 $\dfrac{\infty}{\infty}$ 型未定式,先用洛必达法则,再用无穷小的等价替换,有

$$\lim_{x\to 0^+}\frac{\ln\sin ax}{\ln\sin bx}=\lim_{x\to 0^+}\frac{a\cos ax\cdot\sin bx}{b\cos bx\cdot\sin ax}=\frac{a}{b}\lim_{x\to 0^+}\frac{\cos ax\cdot bx}{\cos bx\cdot ax}=\lim_{x\to 0^+}\frac{\cos bx}{\cos ax}=1$$

例 4　求 $\lim\limits_{x\to 0}\dfrac{\tan x-x}{x^2\tan x}$.

解　$\lim\limits_{x\to 0}\dfrac{\tan x-x}{x^2\tan x}=\lim\limits_{x\to 0}\dfrac{\tan x-x}{x^3}=\lim\limits_{x\to 0}\dfrac{\sec^2 x-1}{3x^2}=\dfrac{1}{3}\lim\limits_{x\to 0}\dfrac{\tan^2 x}{x^2}=\dfrac{1}{3}$

例 5　求 $\lim\limits_{x\to+\infty}\dfrac{\ln x}{x^n}$ $(n>0)$.

解　这是一个 $\dfrac{\infty}{\infty}$ 型未定式,应用洛必达法则有

$$\lim_{x\to+\infty}\frac{\ln x}{x^n}=\lim_{x\to+\infty}\frac{\dfrac{1}{x}}{nx^{n-1}}=\lim_{x\to+\infty}\frac{1}{nx^n}=0$$

例 6　$\lim\limits_{x\to+\infty}\dfrac{x^n}{e^{\lambda x}}(n>0,\lambda>0)$.

解　(1)当 n 是正整数时

$$\lim_{x\to+\infty}\frac{x^n}{e^{\lambda x}}=\lim_{x\to+\infty}\frac{nx^{n-1}}{\lambda e^{\lambda x}}=\lim_{x\to+\infty}\frac{n(n-1)x^{n-2}}{\lambda^2 e^{\lambda x}}=\cdots=\lim_{x\to+\infty}\frac{n!}{\lambda^n e^{\lambda x}}=0$$

(2)当 n 不是正整数时,必存在非负整数 k,使得 $k<n<k+1$,从而当 x 充分大时,有

$$\frac{x^k}{e^{\lambda x}}<\frac{x^n}{e^{\lambda x}}<\frac{x^{k+1}}{e^{\lambda x}}$$

由(1)中的结论,有 $\lim\limits_{x\to+\infty}\dfrac{x^k}{\mathrm{e}^{\lambda x}}=\lim\limits_{x\to+\infty}\dfrac{x^{k+1}}{\mathrm{e}^{\lambda x}}=0$(若 $k=0$,结论仍然成立). 从而由夹逼准则有

$$\lim_{x\to+\infty}\frac{x^n}{\mathrm{e}^{\lambda x}}=0$$

注 ①例5,例6表明:当 $x\to+\infty$ 时,$\ln x,x^n,\mathrm{e}^{\lambda x}(n>0,\lambda>0)$ 后者比前者趋于正无穷大的速度更快.

②使用洛必达法则计算函数的极限时,3 个条件不能缺少,否则会发生错误.

例7 求 $\lim\limits_{x\to1}\dfrac{x^3-3x+2}{x^3-x^2-x+1}$.

解 这是一个 $\dfrac{0}{0}$ 型未定式,用洛必达法则后仍是 $\dfrac{0}{0}$ 型,因此

$$\lim_{x\to1}\frac{x^3-3x+2}{x^3-x^2-x+1}=\lim_{x\to1}\frac{3x^2-3}{3x^2-2x-1}=\lim_{x\to1}\frac{6x}{6x-2}=\frac{3}{2}$$

注 由于 $\dfrac{6x}{6x-2}$ 不是 $\dfrac{0}{0}$ 未定式,因此,下面的计算是错误的,即

$$\lim_{x\to1}\frac{6x}{6x-2}=\lim_{x\to1}\frac{(6x)'}{(6x-2)'}=\lim_{x\to1}\frac{6}{6}=1\quad(\times)$$

例8 求 $\lim\limits_{x\to\infty}\dfrac{x+\cos x}{x}$.

解 这是一个 $\dfrac{\infty}{\infty}$ 型未定式,分子、分母分别求导后,可化为

$$\lim_{x\to\infty}\frac{1-\sin x}{1}=\lim_{x\to\infty}(1-\sin x)$$

此式极限不存在,故洛必达法则失效,因此本题不能用洛必达法则来计算. 事实上,

$$\lim_{x\to\infty}\frac{x+\cos x}{x}=\lim_{x\to\infty}\left(1+\frac{1}{x}\cos x\right)=1$$

3.2.3 $0\cdot\infty,\infty-\infty,0^0,1^\infty,\infty^0$ 型未定式解法

在求函数极限时,还会遇到 $0\cdot\infty,\infty-\infty,0^0,1^\infty,\infty^0$ 型等形式的未定式,这时可通过恒等变换,将其变换为 $\dfrac{0}{0}$ 型或 $\dfrac{\infty}{\infty}$ 型,若此时仍满足洛必达法则的条件,那么就可用洛必达法则求极限.

(1) $0\cdot\infty$ 型

将 $0\cdot\infty$ 化为 $\dfrac{1}{\infty}\cdot\infty$ 型,或 $0\cdot\infty$ 化为 $\dfrac{0}{0}$ 型.

例9 求 $\lim\limits_{x\to0}x^2\mathrm{e}^{\frac{1}{x^2}}$.

解 这是一个 $0\cdot\infty$ 型未定式,换元后可化为 $\dfrac{\infty}{\infty}$ 型. 令 $\dfrac{1}{x^2}=t$,当 $x\to0$ 时,$t\to+\infty$,所以

$$\lim_{x\to0}x^2\mathrm{e}^{\frac{1}{x^2}}=\lim_{t\to+\infty}\frac{\mathrm{e}^t}{t}=\lim_{t\to+\infty}\mathrm{e}^t=+\infty$$

（2）$\infty - \infty$ 型

将 $\infty - \infty$ 型化为 $\dfrac{1}{0} - \dfrac{1}{0}$ 型，最后化为 $\dfrac{0}{0}$ 型.

例 10　求 $\lim\limits_{x \to 0} \left(\dfrac{1}{\sin x} - \dfrac{1}{x} \right)$.

解　这是一个 $\infty - \infty$ 型未定式，通分后可化为 $\dfrac{0}{0}$ 型，因此

$$\lim_{x \to 0} \left(\frac{1}{\sin x} - \frac{1}{x} \right) = \lim_{x \to 0} \frac{x - \sin x}{x \cdot \sin x} = \lim_{x \to 0} \frac{x - \sin x}{x^2}$$

$$= \lim_{x \to 0} \frac{1 - \cos x}{2x} = \lim_{x \to 0} \frac{\sin x}{2} = 0$$

（3）$0^0, 1^\infty, \infty^0$ 型

通过取对数变换或幂指函数化为指数函数，可将 $0^0, 1^\infty, \infty^0$ 型的未定式分别化为 $0 \cdot \ln 0, \infty \cdot \ln 1, 0 \cdot \ln \infty$ 等型的未定式 $0 \cdot \infty$，然后用洛必达法则求解.

例 11　求 $\lim\limits_{x \to 0^+} x^x$.

解　这是一个 0^0 型未定式，将幂指函数变换为指数函数后，指数上面可化为 $\dfrac{\infty}{\infty}$ 型未定式，因此

$$\lim_{x \to 0^+} x^x = \mathrm{e}^{\lim\limits_{x \to 0+} x \ln x} = \mathrm{e}^{\lim\limits_{x \to 0+} \frac{\ln x}{\frac{1}{x}}} = \mathrm{e}^{\lim\limits_{x \to 0+} \frac{\frac{1}{x}}{-\frac{1}{x^2}}} = \mathrm{e}^0 = 1$$

例 12　求 $\lim\limits_{x \to 1} x^{\frac{1}{1-x}}$.

解　这是一个 1^∞ 型未定式，将幂指函数变换为指数函数后，指数上面可化为 $\dfrac{0}{0}$ 型未定式. 因此

$$\lim_{x \to 1} x^{\frac{1}{1-x}} = \mathrm{e}^{\lim\limits_{x \to 1} \frac{\ln x}{1-x}} = \mathrm{e}^{\lim\limits_{x \to 1} \frac{\frac{1}{x}}{-1}} = \mathrm{e}^{-1}$$

例 13　求 $\lim\limits_{x \to 0^+} (\cot x)^{\frac{1}{\ln x}}$.

解　对 $(\cot x)^{\frac{1}{\ln x}}$ 取对数得 $\ln (\cot x)^{\frac{1}{\ln x}} = \dfrac{\ln(\cot x)}{\ln x}$. 当 $x \to 0$ 时，此式是 $\dfrac{\infty}{\infty}$ 型未定式. 因此

$$\lim_{x \to 0^+} \frac{1}{\ln x} \cdot \ln(\cot x) = \lim_{x \to 0^+} \frac{-\dfrac{1}{\cot x} \cdot \dfrac{1}{\sin^2 x}}{\dfrac{1}{x}} = \lim_{x \to 0^+} \frac{-x}{\cos x \cdot \sin x} = -1$$

所以

$$\lim_{x \to 0^+} (\cot x)^{\frac{1}{\ln x}} = \mathrm{e}^{-1}$$

注　①运用洛必达法则进行极限运算的基本思路为

$$\infty - \infty \xrightarrow{a} \begin{matrix} \dfrac{0}{0} \\ \dfrac{\infty}{\infty} \end{matrix} \xleftarrow{b} 0 \cdot \infty \xleftarrow{c} \begin{cases} 0^0 \\ 1^\infty \\ \infty^0 \end{cases}$$

a. 通分获得分式(通常伴有等价无穷小的替换).

b. 取倒数获得分式(将乘积形式转化为分式形式).

c. 取对数获得乘积式(通过对数运算将指数提前).

②为简化运算在每次使用洛必达法则之前进行"四化",即:

一看到无穷小因子,等价化.

二看到无理因子,有理化.

三看到幂指函数因子 $u(x)^{v(x)}$,恒等式化 $u(x)^{v(x)} = e^{v(x)\ln u(x)}$.

四看到非零极限因子(极限不为 0 的因子),代入化.

③当 $x \to 0$ 时,极限式中含有 $\sin \dfrac{1}{x}, \cos \dfrac{1}{x}$,或当 $x \to \infty$ 时,极限式中含有 $\sin x, \cos x$,一般不可用洛必达法则.

习题 3.2

1. 首先指出下列各极限所属未定式类型,然后用洛必达法则求极限:

$(1)\ \lim\limits_{x \to a} \dfrac{x^m - a^m}{x^n - a^n}$;

$(2)\ \lim\limits_{x \to 0} \dfrac{e^x - e^{-x}}{\sin x}$;

$(3)\ \lim\limits_{x \to 0} \dfrac{x - \arctan x}{x^3}$;

$(4)\ \lim\limits_{x \to \frac{\pi}{2}} \dfrac{\ln \sin x}{(\pi - 2x)^2}$;

$(5)\ \lim\limits_{x \to +\infty} \dfrac{x^2 + \ln x}{x \ln x}$;

$(6)\ \lim\limits_{x \to \infty} x(e^{\frac{1}{x}} - 1)$;

$(7)\ \lim\limits_{x \to 0} \dfrac{e^x - e^{-x} - 2x}{x^3}$;

$(8)\ \lim\limits_{x \to +\infty} \dfrac{\ln(x^2 + 1)}{\ln x}$;

$(9)\ \lim\limits_{x \to 1}\left(\dfrac{x}{1 - x} - \dfrac{1}{\ln x} \right)$;

$(10)\ \lim\limits_{x \to 1}\left(\dfrac{2}{x^2 - 1} - \dfrac{1}{x - 1} \right)$;

$(11)\ \lim\limits_{x \to \frac{\pi}{4}} (\tan x)^{\tan 2x}$;

$(12)\ \lim\limits_{x \to 0^+} x^{\sin x}$;

$(13)\ \lim\limits_{x \to 0^+}\left(\dfrac{1}{x} \right)^{\tan x}$;

$(14)\ \lim\limits_{x \to 0} (\cos x + \sin x)^{\frac{1}{x}}$;

$(15)\ \lim\limits_{x \to 0}\left(\dfrac{\tan x}{x} \right)^{\frac{1}{x^2}}$.

2. 求 $\lim\limits_{x \to 0} \dfrac{(1 + x)^{\frac{1}{x}} - e}{x}$.

3. 试问下面的运算正确吗? 如有错误,请指出错误,并且给出正确解法.

$(1)\ \lim\limits_{x \to \infty} \dfrac{x}{x + \sin x} = \lim\limits_{x \to \infty} \dfrac{1}{1 + \cos x}$;

$(2)\ \lim\limits_{x \to \infty} \dfrac{e^x - e^{-x}}{e^x + e^{-x}} = \lim\limits_{x \to \infty} \dfrac{e^{2x} - 1}{e^{2x} + 1} = \lim\limits_{x \to \infty} \dfrac{2e^{2x}}{2e^{2x}} = 1$;

$(3)\ \lim\limits_{n \to \infty} \dfrac{\ln n}{n} = \lim\limits_{n \to \infty} \dfrac{(\ln n)'}{(n)'} = \lim\limits_{n \to \infty} \dfrac{1}{n} = 0$;

$(4)\ \lim\limits_{x \to 0} \dfrac{x^2 \sin \dfrac{1}{x}}{\sin x} = \lim\limits_{x \to 0} \dfrac{2x \sin \dfrac{1}{x} - \cos \dfrac{1}{x}}{\cos x}$.

4. 讨论函数

$$f(x) = \begin{cases} \left[\dfrac{(1+x)^{\frac{1}{x}}}{e}\right]^{\frac{1}{x}} & x > 0 \\ e^{-\frac{1}{2}} & x \leqslant 0 \end{cases}$$

在 $x = 0$ 处的连续性.

3.3　泰勒中值定理

数学家简介

在学习了导数和微分概念时已知,如果函数 f 在 x_0 点可导,则

$$f(x) = f(x_0) + f'(x_0)(x - x_0) + o(x - x_0)$$

即在点 x_0 附近,用一次多项式 $f(x_0) + f'(x_0)(x - x_0)$ 逼近函数 $f(x)$ 时,其误差为 $(x - x_0)$ 的高阶无穷小. 在通常的场合中,取一次的多项式逼近是不够的,往往需要用二次或高于二次的多项式去逼近. 事实上,多项式是各类函数中最简单的一种,用多项式近似表达函数是近似计算和理论分析的一个重要内容,而泰勒中值定理(公式)就是用多项式近似表达一个函数的一种有效方法.

3.3.1　泰勒中值定理

设函数 $f(x)$ 在含有 x_0 的开区间 (a, b) 内具有直到 $n+1$ 阶导数,构造一个 $(x - x_0)$ 的 n 次多项式函数 $P_n(x)$ 来近似逼近函数 $f(x)$. 设

$$P_n(x) = a_0 + a_1(x - x_0) + a_2(x - x_0)^2 + \cdots + a_n(x - x_0)^n \tag{3.1}$$

为了使 $(x - x_0)$ 的 n 次多项式函数 $P_n(x)$ 较好地近似函数 $f(x)$,在 x_0 点处令

$$P_n(x_0) = f(x_0), P_n'(x_0) = f'(x_0), \cdots, P_n^{(n)}(x_0) = f^{(n)}(x_0) \tag{3.2}$$

在式(3.1)中对 x 求直到 n 阶导数,有

$$P_n'(x) = 1 \cdot a_1 + 2a_2(x - x_0) + \cdots + na_n(x - x_0)^{n-1}$$

$$P_n''(x) = 2 \cdot 1 \cdot a_2 + \cdots + n(n-1)a_n(x - x_0)^{n-2}, \cdots, P_n^{(n)}(x) = a_n n! \tag{3.3}$$

令 $x = x_0$,由式(3.1)、式(3.2)和式(3.3)可得到

$$a_0 = f(x_0), 1 \cdot a_1 = f'(x_0), 2! \cdot a_2 = f''(x_0), \cdots, n! \cdot a_n = f^{(n)}(x_0) \tag{3.4}$$

于是有

$$a_k = \frac{1}{k!} f^{(k)}(x_0) \quad (k = 0, 1, 2, \cdots, n) \tag{3.5}$$

将式(3.5)代入式(3.1)中,可得到

$$P_n(x) = f(x_0) + f'(x_0)(x - x_0) + \frac{f''(x_0)}{2!}(x - x_0)^2 + \cdots + \frac{f^{(n)}(x_0)}{n!}(x - x_0)^n \tag{3.6}$$

多项式(3.6)被称为函数 $f(x)$ 的 **n 次泰勒多项式**. 下面的泰勒中值定理将给出多项式 $P_n(x)$ 与函数 $f(x)$ 之间的关系.

泰勒中值定理 如果函数 $f(x)$ 在含有 x_0 的某个开区间 (a,b) 内具有直到 $n+1$ 阶的导数，那么当 $x \in (a,b)$ 时，$f(x)$ 可表示为 $(x-x_0)$ 的一个 n 次多项式与一个余项 $R_n(x)$ 之和，即

$$f(x) = f(x_0) + f'(x_0)(x-x_0) + \cdots + \frac{f^{(n)}(x_0)}{n!}(x-x_0)^n + R_n(x) \tag{3.7}$$

其中，式（3.7）称为 n 阶泰勒公式，而

$$R_n(x) = \frac{f^{(n+1)}(\xi)}{(n+1)!}(x-x_0)^{n+1} \qquad (\xi \text{ 在 } x_0 \text{ 与 } x \text{ 之间}) \tag{3.8}$$

称为 n **阶泰勒公式的拉格朗日余项**. 在式（3.7）中，当 $x_0 = 0$ 时，ξ 在 0 与 x 之间，令 $\xi = \theta x (0 < \theta < 1)$，余项为 $R_n(x) = \frac{f^{(n+1)}(\theta x)}{(n+1)!}x^{n+1}$，那么有

$$f(x) = f(0) + f'(0)x + \cdots + \frac{f^{(n)}(0)}{n!}x^n + \frac{f^{(n+1)}(\theta x)}{(n+1)!}x^{n+1} \qquad (0 < \theta < 1) \tag{3.9}$$

式（3.9）称为**麦克劳林公式**.

证 记余项

$$R_n(x) = f(x) - P_n(x) \tag{3.10}$$

由于 $f(x)$，$P_n(x)$ 在 (a,b) 内具有直到 $(n+1)$ 阶的导数，那么 $R_n(x)$ 在 (a,b) 内也具有直到 $(n+1)$ 阶导数. 接下来，证明余项 $R_n(x)$ 的表达式，由式（3.2）有

$$R_n(x_0) = R_n'(x_0) = R_n''(x_0) = \cdots = R_n^{(n)}(x_0) = 0 \tag{3.11}$$

因为函数 $R_n(x)$ 及 $(x-x_0)^{n+1}$ 在以 x_0, x 为端点的区间上满足柯西中值定理的条件，所以

$$\frac{R_n(x)}{(x-x_0)^{n+1}} = \frac{R_n(x) - R_n(x_0)}{(x-x_0)^{n+1} - 0} = \frac{R_n'(\xi_1)}{(n+1)(\xi_1-x_0)^n} \qquad (\xi_1 \text{ 在 } x_0 \text{ 与 } x \text{ 之间})$$

而函数 $R_n'(x)$ 及 $(n+1)(x-x_0)^n$ 在以 x_0 及 ξ_1 为端点的区间上也满足柯西中值定理的条件，所以

$$\frac{R_n'(\xi_1)}{(n+1)(\xi_1-x_0)^n} = \frac{R_n'(\xi_1) - R_n'(x_0)}{(n+1)(\xi_1-x_0)^n - 0} = \frac{R_n''(\xi_2)}{n(n+1)(\xi_2-x_0)^{n-1}} \qquad (\xi_2 \text{ 在 } x_0 \text{ 与 } \xi_1 \text{ 之间})$$

如此下去，经过 $(n+1)$ 次后，得

$$\frac{R_n(x)}{(x-x_0)^{n+1}} = \frac{R_n^{(n+1)}(\xi)}{(n+1)!} \qquad (\xi \text{ 在 } x_0 \text{ 与 } \xi_n \text{ 之间，也在 } x_0 \text{ 与 } x \text{ 之间}) \tag{3.12}$$

因为 $P_n(x)$ 为 n 次多项式，所以 $P_n^{(n+1)}(x) = 0$，从而 $R_n^{(n+1)}(x) = f^{(n+1)}(x)$，由式（3.12）可得到

$$R_n(x) = \frac{f^{(n+1)}(\xi)}{(n+1)!}(x-x_0)^{n+1} \qquad (\xi \text{ 在 } x_0 \text{ 与 } x \text{ 之间})$$

注 当 $n=0$ 时，式（3.7）变成拉格朗日中值公式

$$f(x) = f(x_0) + f'(\xi)(x-x_0) \qquad (\xi \text{ 在 } x_0 \text{ 与 } x \text{ 之间})$$

由此可知，泰勒中值定理是拉格朗日中值定理的推广形式.

泰勒公式提高了用 $(x-x_0)$ 的 n 次多项式去近似 $f(x)$ 的精确程度. 事实上，若存在常数 M，使得 $|f^{(n+1)}(x)| \leq M (x \in (a,b))$，则

$$\mid R_n(x) \mid = \left| \frac{f^{(n+1)}(\xi)}{(n+1)!}(x-x_0)^{n+1} \right| \leqslant \frac{M}{(n+1)!} \mid x-x_0 \mid^{n+1}$$

故

$$\lim_{x \to x_0} \frac{R_n(x)}{(x-x_0)^n} = \lim_{x \to x_0} \frac{1}{(x-x_0)^n} \cdot \frac{M}{(n+1)!} \mid x-x_0 \mid^{n+1} = 0$$

即 $R_n(x) = o((x-x_0)^n)$. 因此, 用函数 $f(x)$ 按 $(x-x_0)$ 的幂展开的 n 次多项式 $P_n(x)$ 来逼近 $f(x)$, 其误差是比 $(x-x_0)^n$ 更高阶的无穷小. 习惯上, 称 $R_n(x) = o((x-x_0)^n)$ 为函数 $f(x)$ 的泰勒展开式的 **皮亚诺余项**. 所以也有

$$f(x) = \sum_{k=0}^{n} \frac{f^{(k)}(x_0)}{k!}(x-x_0)^k + o((x-x_0)^n) \tag{3.13}$$

或带 **皮亚诺余项的** n **阶麦克劳林公式**

$$f(x) = f(0) + f'(0)x + \cdots + \frac{f^{(n)}(0)}{n!}x^n + o(x^n) \tag{3.14}$$

3.3.2　函数的麦克劳林公式

下面给出一些常见初等函数的 **麦克劳林公式**.

例 1　求 $f(x) = e^x$ 的 n 阶麦克劳林公式.

解　显然 $f(x) = e^x$ 具有任意阶导数, 且 $f'(x) = f''(x) = \cdots = f^{(n)}(x) = e^x$, 所以

$$f(0) = f'(0) = f''(0) = \cdots = f^{(n)}(0) = 1$$

注意到 $f^{(n+1)}(\theta x) = e^{\theta x}$, 将其全部代入麦克劳林公式 (3.9) 可得

$$e^x = 1 + x + \frac{x^2}{2!} + \cdots + \frac{x^n}{n!} + \frac{e^{\theta x}}{(n+1)!}x^{n+1} \qquad (0 < \theta < 1) \tag{3.15}$$

注　由式 (3.15) 可知, 当 x 比较小时, $e^x \approx 1 + x + \frac{x^2}{2!} + \cdots + \frac{x^n}{n!}$, 并且估计误差 (设 $x > 0$)

$$\mid R_n(x) \mid = \left| \frac{e^{\theta x}}{(n+1)!}x^{n+1} \right| < \frac{e^x}{(n+1)!}x^{n+1} \qquad (0 < \theta < 1)$$

当取 $x = 1$ 时, $e \approx 1 + 1 + \frac{1}{2!} + \cdots + \frac{1}{n!}$, 其误差 $\mid R_n \mid < \frac{e}{(n+1)!} < \frac{3}{(n+1)!}$. 这表明, 当 n 取值越大, 误差越小.

例 2　求 $f(x) = \sin x$ 的带有拉格朗日型余项的 n 阶麦克劳林公式.

解　因为

$$f^{(k)}(x) = \sin\left(x + \frac{\pi}{2} \cdot k\right) \qquad (k = 0, 1, 2, \cdots, n)$$

所以

$$f^{(k)}(0) = \sin\frac{k\pi}{2} \qquad (k = 0, 1, 2, \cdots, n)$$

它们依次循环地取 4 个数 $0, 1, 0, -1$. 令 $n = 2m$, 于是由式 (3.9) 得

$$\sin x = x - \frac{x^3}{3!} + \frac{x^5}{5!} - \cdots + (-1)^{m-1}\frac{x^{2m-1}}{(2m-1)!} + R_{2m} \tag{3.16}$$

其中

$$R_{2m}(x) = \frac{\sin\left[\theta x + (2m+1)\dfrac{\pi}{2}\right]}{(2m+1)!}x^{2m+1} \qquad (0 < \theta < 1)$$

注 如果取 $m=1$，当 x 较小时，可得到近似公式 $\sin x \approx x$. 这时，误差为

$$|R_2| = \left|\frac{\sin\left(\theta x + \dfrac{3}{2}\pi\right)}{3!}x^3\right| \leqslant \frac{|x|^3}{6} \qquad (0 < \theta < 1)$$

如果 m 分别取 2 和 3，则可得 $\sin x$ 的 3 次和 5 次近似多项式

$$\sin x \approx x - \frac{1}{3!}x^3, \sin x \approx x - \frac{1}{3!}x^3 + \frac{1}{5!}x^5$$

其误差的绝对值依次不超过 $\dfrac{1}{5!}|x|^5$ 和 $\dfrac{1}{7!}|x|^7$.

将以上 3 个泰勒多项式及正弦函数的图形都画在图 3.8 中. 可知，当 m 越大时，近似多项式的图形与 $\sin x$ 的图形越接近.

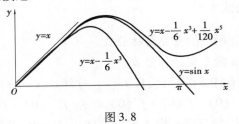

图 3.8

类似地，还可以得到

$$\cos x = 1 - \frac{1}{2!}x^2 + \frac{1}{4!}x^4 - \cdots + (-1)^m\frac{1}{(2m)!}x^{2m} + R_{2m+1}(x) \tag{3.17}$$

其中

$$R_{2m+1}(x) = \frac{\cos\left[\theta x + (m+1)\pi\right]}{(2m+2)!}x^{2m+2} \qquad (0 < \theta < 1)$$

$$\ln(1+x) = x - \frac{1}{2}x^2 + \frac{1}{3}x^3 - \cdots + (-1)^{n-1}\frac{1}{n}x^n + R_n(x) \tag{3.18}$$

其中

$$R_n(x) = \frac{(-1)^n}{(n+1)(1+\theta x)^{n+1}}x^{n+1} \qquad (0 < \theta < 1)$$

$$(1+x)^\alpha = 1 + \alpha x + \frac{\alpha(\alpha-1)}{2!}x^2 + \cdots + \frac{\alpha(\alpha-1)\cdots(\alpha-n+1)}{n!}x^n + R_n(x) \tag{3.19}$$

其中

$$R_n(x) = \frac{\alpha(\alpha-1)\cdots(\alpha-n+1)(\alpha-n)}{(n+1)!}(1+\theta x)^{\alpha-n-1}x^{n+1} \qquad (0 < \theta < 1)$$

特别地，当 $\alpha = -1$ 时，有

$$\frac{1}{1+x} = 1 - x + x^2 - \cdots + (-1)^n x^n + (-1)^{n+1}(1+\theta x)^{-n-2}x^{n+1}$$

根据以上讨论，可归纳得到以下常见初等函数带有皮亚诺余项型的麦克劳林公式：

$$e^x = 1 + x + \frac{x^2}{2!} + \cdots + \frac{x^n}{n!} + 0(x^n)$$

$$\sin x = x - \frac{x^3}{3!} + \frac{x^5}{5!} - \cdots + (-1)^n \frac{x^{2n+1}}{(2n+1)!} + o(x^{2n+1})$$

$$\cos x = 1 - \frac{x^2}{2!} + \frac{x^4}{4!} - \frac{x^6}{6!} + \cdots + (-1)^n \frac{x^{2n}}{(2n)!} + o(x^{2n})$$

$$\ln(1+x) = x - \frac{x^2}{2} + \frac{x^3}{3} - \cdots + (-1)^n \frac{x^{n+1}}{n+1} + o(x^{n+1})$$

$$\frac{1}{1-x} = 1 + x + x^2 + \cdots + x^n + o(x^n)$$

$$(1+x)^m = 1 + mx + \frac{m(m-1)}{2!}x^2 + \cdots + \frac{m(m-1)\cdots(m-n+1)}{n!}x^n + o(x^n)$$

$$\frac{1}{1+x} = 1 - x + x^2 - \cdots + (-1)^n x^n + o(x^n)$$

利用一些已知函数的麦克劳林公式，可使用间接法展开某些函数的麦克劳林公式.

例 3 求函数 $f(x) = 2^x$ 的带有皮亚诺型余项的 n 阶麦克劳林公式.

解 因 $e^x = 1 + x + \frac{x^2}{2!} + \cdots + \frac{x^n}{n!} + o(x^n)$，故

$$2^x = e^{x\ln 2} = 1 + x\ln 2 + \frac{(x\ln 2)^2}{2!} + \cdots + \frac{(x\ln 2)^n}{n!} + o(x^n)$$

3.3.3 泰勒公式的应用

在实际中，泰勒公式的应用较为广泛. 它主要体现在某些函数极限的计算，不等式的证明、近似计算和误差估计等方面.

例 4 利用泰勒公式，求极限 $\lim\limits_{x \to 0} \dfrac{e^{x^2} + 2\cos x - 3}{x^4}$.

解 因为

$$e^{x^2} = 1 + x^2 + \frac{1}{2!}x^4 + o(x^4), \quad \cos x = 1 - \frac{x^2}{2!} + \frac{x^4}{4!} + o(x^5)$$

所以

$$e^{x^2} + 2\cos x - 3 = \left(\frac{1}{2!} + 2 \cdot \frac{1}{4!}\right)x^4 + o(x^4)$$

因此

$$\lim_{x \to 0} \frac{e^{x^2} + 2\cos x - 3}{x^4} = \lim_{x \to 0} \frac{\frac{7}{12}x^4 + o(x^4)}{x^4} = \frac{7}{12}$$

例 5 设 $x > 0$，试证：$e^{2x}(1-x) < 1 + x$.

证 要证 $e^{2x}(1-x) < 1 + x$，只需证 $e^{2x}(1-x) - (1+x) < 0$. 设 $f(x) = e^{2x}(1-x) - 1 - x$，显然 $f(x)$ 在 $(0, +\infty)$ 满足泰勒中值定理的条件，且

$$f'(x) = e^{2x} - 2xe^{2x} - 1, \quad f''(x) = -4xe^{2x}$$

令 $x = 0$,可得 $f(0) = 0$, $f'(0) = 0$. 由一阶麦克劳林公式,当 $x > 0$ 时,存在 $\xi \in (0, x)$,使得

$$f(x) = f(0) + f'(0)x + \frac{f''(\xi)}{2!}x^2 = -2\xi e^{2\xi} \cdot x^2 < 0$$

即

$$e^{2x}(1 - x) < 1 + x$$

例6 求函数 $f(x) = x^2 e^x$ 在 $x = 1$ 处的高阶导数 $f^{(100)}(1)$.

解 设 $x - 1 = t$, 则 $f(x) = f(t + 1) = (t + 1)^2 e^{(t+1)} = e \cdot (t + 1)^2 \cdot e^t$. 因为 e^t 的 100 阶麦克劳林公式为

$$e^t = 1 + t + \cdots + \frac{t^{98}}{98!} + \frac{t^{99}}{99!} + \frac{t^{100}}{100!} + o(t^{100})$$

从而

$$f(t + 1) = e \cdot (t^2 + 2t + 1)\left[1 + t + \cdots + \frac{t^{98}}{98!} + \frac{t^{99}}{99!} + \frac{t^{100}}{100!} + o(t^{100})\right]$$

$$= e\left(t^2 \cdot \frac{t^{98}}{98!} + 2t \cdot \frac{t^{99}}{99!} + 1 \cdot \frac{t^{100}}{100!}\right) + g(t) + o(t^{100})$$

其中,$g(t)$ 表示 t 的次数小于 100 的多项式,故

$$f^{(100)}(1) = f^{(100)}(t + 1)\big|_{t=0} = 100! \, e\left(\frac{1}{98!} + \frac{2}{99!} + \frac{1}{100!}\right) = 10\ 101 \cdot e$$

例7 利用泰勒公式求 $\sqrt[3]{e}$ 的近似值,精确到 10^{-4} 并估计误差.

解 在函数 e^x 的 n 阶麦克劳林公式 $e^x = 1 + x + \frac{x^2}{2!} + \cdots + \frac{x^n}{n!} + \frac{e^{\theta x}}{(n+1)!}x^{n+1} \ (0 < \theta < 1)$ 中

令 $x = \frac{1}{3}$,根据精确度要求令

$$R_n\left(\frac{1}{3}\right) = \frac{e^{\frac{1}{3}\theta}}{(n+1)!}\left(\frac{1}{3}\right)^{n+1} \leqslant \frac{e^{\frac{1}{3}}}{(n+1)!}\left(\frac{1}{3}\right)^{n+1} < 10^{-4}$$

计算得 $n = 4$,此时,$\sqrt[3]{e} \approx 1 + \frac{1}{3} + \frac{1}{2!}\frac{1}{3^2} + \frac{1}{3!}\frac{1}{3^3} + \frac{1}{4!}\frac{1}{3^4} \approx 1.395\ 61$,误差为

$$R_4\left(\frac{1}{3}\right) = \frac{e^{\theta x}}{(4+1)!}\left(\frac{1}{3}\right)^{4+1} \leqslant \frac{e^{\frac{1}{3}}}{5!\ 3^5} \approx 0.27 \times 10^{-5}$$

习题 3.3

1. 按 $(x - 1)$ 的幂展开多项式 $f(x) = x^4 + 3x^2 + 4$.

2. 求函数 $f(x) = \frac{1}{x}$ 在点 $x_0 = -1$ 处的带有拉格朗日余项的 n 阶泰勒公式.

3. 求函数 $f(x) = \sin^2 x$ 的带有皮亚诺型余项的 $2n$ 阶麦克劳林公式.

4. 求函数 $f(x) = x \sin x$ 的带有皮亚诺型余项的 $2n$ 阶麦克劳林公式.

5. 求 e 的近似值,精确到 10^{-4}.

6. 试求下列各值(精确到 0.001):

（1）$\sin 18°$；　　　　　　（2）$\sqrt[3]{30}$.

7. 应用泰勒公式求下列极限：

$$（1）\lim_{x\to 0}\frac{\cos x - \mathrm{e}^{-\frac{x^2}{2}}}{x^4}；　　　　　（2）\lim_{x\to 0}\frac{\mathrm{e}^x \sin x - x(1+x)}{x^3}.$$

8. 若 $f(x) = x^{-5}(\sin 3x + A\sin 2x + B\sin x)$，当 $x\to 0$ 时具有有限极限，求出常数 A 和 B.

*9. 设 $f(x)$ 在 $(0, +\infty)$ 内具有二阶导数，$a\in(0, +\infty)$ 满足 $f(a)>0$，$f'(a)<0$，且对任一 $x\in(a, +\infty)$，$f''(x)\leqslant 0$. 证明：方程 $f(x)=0$ 在 $(a, +\infty)$ 内存在唯一实根.

3.4　函数的单调性与曲线的凹凸性

3.4.1　函数单调性的判别法

如果可导函数 $y=f(x)$ 在 $[a,b]$ 上单调增加（或单调减少），那么，它的图形是一条沿 x 轴正向上升（或下降）的曲线. 这时，曲线的各点处的切线斜率是非负的（或非正的），即 $f'(x)\geqslant 0$（或 $f'(x)\leqslant 0$）. 由此可知，函数的单调性与导数的符号有着密切的关系，如图 3.9 所示.

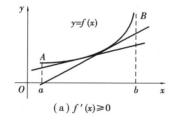 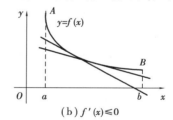

图 3.9

反过来，也能用导数的符号来判定函数的单调性，由下面的定理 3.1 给出.

定理 3.1（函数单调性的判别法）　设函数 $y=f(x)$ 在 $[a,b]$ 上连续，在 (a,b) 内可导.

①如果在 (a,b) 内 $f'(x)\geqslant 0$，那么，函数 $y=f(x)$ 在 $[a,b]$ 上单调增加.

②如果在 (a,b) 内 $f'(x)\leqslant 0$，那么，函数 $y=f(x)$ 在 $[a,b]$ 上单调减少.

证　只证①. 不妨设 $\forall x_1, x_2 \in [a,b]$ 且 $x_1 < x_2$，显然 $y=f(x)$ 在 $[x_1, x_2]$ 上满足拉格朗日中值定理的条件，应用拉格朗日中值定理可得

$$f(x_2) - f(x_1) = f'(\xi)(x_2 - x_1)　　　（x_1 < \xi < x_2）$$

因为 $x_2 > x_1$ 且 $f'(x)\geqslant 0$，于是 $f(x_2)\geqslant f(x_1)$，即函数 $y=f(x)$ 在 $[a,b]$ 上单调增加.

类似地可证明情形②.

注　如果定理 3.1 中的闭区间换成其他区间，那么结论也成立.

若函数在其定义域的某个区间内是单调的，则该区间称为函数的单调区间. 导数等于零的点和不可导点，都可能是单调区间的分界点.

例 1　讨论函数 $f(x) = x - \ln x^2$ 的单调性.

解　$f(x) = x - \ln x^2$ 的定义域为 $(-\infty, 0)\cup(0, +\infty)$，求此函数的导数得

$$f'(x) = \frac{x-2}{x}$$

令 $f'(x) = 0$ 得到,$x = 2$,于是将定义域分为三个区间 $(-\infty, 0)$,$(0, 2)$ 和 $(2, +\infty)$.

当 $x \in (-\infty, 0)$ 时,$f'(x) > 0$,因此函数 $f(x)$ 在 $(-\infty, 0)$ 内单调增加.

当 $x \in (0, 2)$ 时,$f'(x) < 0$,因此函数 $f(x)$ 在 $(0, 2]$ 上单调减少.

当 $x \in (2, +\infty)$ 时,$f'(x) > 0$,因此函数 $f(x)$ 在 $[2, +\infty)$ 上单调增加.

3.4.2　函数的极值

由费马引理可知可导函数 $f(x)$ 的极值点必是函数的驻点. 但函数 $f(x)$ 的驻点却不一定是极值点. 例如,函数 $f(x) = x^3$,因为 $f'(0) = 0$,故 $x = 0$ 是函数 $f(x) = x^3$ 的驻点,但显然 $x = 0$ 不是函数 $f(x) = x^3$ 的极值点.

另一方面,函数在其导数不存在的点处也可取得极值. 例如,函数 $f(x) = |x|$,在 $x = 0$ 处不可导,但函数在该点取得极小值.

怎样判定函数在驻点或不可导点是否取得极值? 下面给出函数极值的三个判别法.

定理 3.2(极值第一判别法)　设函数 $f(x)$ 在点 x_0 的某个邻域内连续,在 x_0 的某个去心邻域 $\mathring{U}(x, \delta)$ 内可导.

①如果当 $x \in (x_0 - \delta, x_0)$ 时,$f'(x) > 0$;当 $x_0 \in (x_0, x_0 + \delta)$ 时,$f'(x) < 0$,那么,函数 $f(x)$ 在 x_0 处取得极大值.

②如果当 $x \in (x_0 - \delta, x_0)$ 时,$f'(x) < 0$;当 $x_0 \in (x_0, x_0 + \delta)$ 时,$f'(x) > 0$,那么,函数 $f(x)$ 在 x_0 处取得极小值.

③如果在 $\mathring{U}(x, \delta)$ 内 $f'(x)$ 恒大于 0 或恒小于 0,那么,函数 $f(x)$ 在 x_0 处没有极值.

换句话说,当 x 在 x_0 的邻近渐增地经过 x_0 时,如果 $f'(x)$ 的符号由正变负,那么,$f(x)$ 在 x_0 处取得极大值;如果 $f'(x)$ 的符号由负变正,那么,$f(x)$ 在 x_0 处取得极小值;如果 $f'(x)$ 的符号并不改变,那么,$f(x)$ 在 x_0 处没有极值.

由以上讨论可归纳出以下的确定极值点和极值的步骤:

①确定出函数的定义域,求出导数 $f'(x)$.

②求出 $f(x)$ 的全部驻点和不可导点.

③列表判断,考察 $f'(x)$ 在每个驻点和不可导点左右邻近的符号,以便确定该点是否是极值点,如果是极值点,还要按定理 3.2 确定对应的函数值是极大值还是极小值.

④确定出函数的所有极值点和极值.

例 2　求函数 $f(x) = (x+1)^{\frac{2}{3}}(x-5)^2$ 的极值.

解　(1)显然函数 $f(x)$ 在 $(-\infty, +\infty)$ 内连续,当 $x \neq -1$ 时,

$$f'(x) = \frac{2}{3}(x+1)^{-\frac{1}{3}}(x-5)^2 + 2(x+1)^{\frac{2}{3}}(x-5) = \frac{8}{3}(x+1)^{-\frac{1}{3}}(x-5)\left(x - \frac{1}{2}\right)$$

(2)令 $f'(x) = 0$,得驻点 $x = \frac{1}{2}$,$x = 5$. 当 $x = -1$ 时,$f'(x)$ 不存在.

(3)列表判断,见表 3.1.

表 3.1

x	$(-\infty,-1)$	-1	$\left(-1,\dfrac{1}{2}\right)$	$\dfrac{1}{2}$	$\left(\dfrac{1}{2},5\right)$	5	$(5,+\infty)$
f'	$-$	不存在	$+$	0	$-$	0	$+$
f	$\searrow$	0	$\nearrow$	$\dfrac{81}{8}\sqrt[3]{18}$	$\searrow$	0	$\nearrow$

(4)由上面表格中一阶导数的正负号变化,易得极小值 $f(-1)=0$,极小值 $f(5)=0$,极大值 $f\left(\dfrac{1}{2}\right)=\dfrac{81}{8}\sqrt[3]{18}$.

当函数 $f(x)$ 在驻点处的二阶导数存在,且不为零时,也可用下述定理来判断函数的极值.

定理 3.3(极值第二判别法)　设函数 $f(x)$ 在 x_0 的某个邻域内有定义,在点 x_0 处具有二阶导数,且 $f'(x_0)=0$,$f''(x_0)\neq0$,则

①当 $f''(x_0)<0$ 时,函数 $f(x)$ 在 x_0 处取得极大值.

②当 $f''(x_0)>0$ 时,函数 $f(x)$ 在 x_0 处取得极小值.

证　在情形①,因 $f''(x_0)<0$,故按二阶导数的定义有

$$f''(x_0)=\lim_{x\to x_0}\frac{f'(x)-f'(x_0)}{x-x_0}<0$$

根据函数极限的局部保号性,存在 x_0 的去心邻域 $\mathring{U}(x_0,\delta)$,当 $x\in\mathring{U}(x_0,\delta)$ 时,有

$$\frac{f'(x)-f'(x_0)}{x-x_0}<0$$

因为 $f'(x_0)=0$,所以上式为 $\dfrac{f'(x)}{x-x_0}<0$. 从而当 $x\in\mathring{U}(x_0,\delta)$ 时,$f'(x)$ 与 $x-x_0$ 符号相反. 当 $x-x_0<0$ 时,$f'(x)>0$;当 $x-x_0>0$ 时,$f'(x)<0$. 根据定理 3.2,$f(x)$ 在点 x_0 处取得极大值.

类似地可证明情形②.

例 3　求函数 $f(x)=\sin x+\cos x$ 在区间 $[0,2\pi]$ 上的极值.

解　对函数 $f(x)=\sin x+\cos x$ 分别求一阶和二阶导数,得

$$f'(x)=\cos x-\sin x,\quad f''(x)=-\sin x-\cos x$$

令 $f'(x)=0$, 在 $(0,2\pi)$ 内求得驻点 $x=\dfrac{\pi}{4}$ 及 $x=\dfrac{5\pi}{4}$. 又因为

$$f''\left(\frac{\pi}{4}\right)<0,\quad f''\left(\frac{5\pi}{4}\right)>0$$

故函数在点 $x=\dfrac{\pi}{4}$ 处取得极大值 $f\left(\dfrac{\pi}{4}\right)=\sqrt{2}$;在点 $x=\dfrac{5\pi}{4}$ 处取得极小值 $f\left(\dfrac{5\pi}{4}\right)=-\sqrt{2}$.

由定理 3.3,如果函数 $f(x)$ 在驻点 x_0 处的二阶导数 $f''(x_0)\neq0$,那么点 x_0 一定是极值点,

并且可按二阶导数 $f''(x_0)$ 的符号判定 $f(x_0)$ 是极大值还是极小值；但如果 $f''(x_0)=0$，定理3.3则不能应用. 这时，可选用下面的极值第三判别法，其证明留给读者练习.

*定理 3.4（极值第三判别法） 若函数 $f(x)$ 在 x_0 点有直到 n 阶导数，且 $f'(x_0)=f''(x_0)=\cdots=f^{(n-1)}(x_0)=0$，$f^{(n)}(x_0)\neq0$，则

①当 n 为偶数时，x_0 为极值点，且 $f^{(n)}(x_0)>0$ 时，x_0 是极小值点；而当 $f^{(n)}(x_0)<0$ 时，x_0 是极大值点.

②当 n 为奇数时，x_0 不是极值点.

例 4 求函数 $f(x)=(x^2-1)^3+1$ 的极值.

解 对函数 $f(x)$ 求导得 $f'(x)=6x(x^2-1)^2$. 令 $f'(x)=0$，求得驻点 $x_1=-1$，$x_2=0$，$x_3=1$. 求函数 $f(x)$ 的二阶导数

$$f''(x)=6(x^2-1)(5x^2-1)$$

因 $f''(0)=6>0$，故由定理 3.3 可知，$f(x)$ 在 $x_2=0$ 处取得极小值 $f(0)=0$.

又因 $f''(-1)=f''(1)=0$，但 $f'''(-1)=-48\neq0$，$f'''(1)=48\neq0$，由定理 3.4 可知，$f(-1)$，$f(1)$ 不是极值.

这里需要说明一点，例 4 中 $f(x)$ 在点 $x=\pm1$ 极值的判别也可由极值第一判别法判定. 因为在 $x=-1$ 的左右邻域内 $f'(x)<0$，所以 $f(x)$ 在 $x=-1$ 处没有极值；同理，$f(x)$ 在 $x=1$ 处也没有极值.

极值的 3 个判别法中需要 $f(x)$ 在点 x_0 或 x_0 某个邻域的可导这一条件，当 $f(x)$ 没有这个条件时，一般用定义来判定 $f(x)$ 在点 x_0 是否取到极值.

例 5 设 $f(x)=(x-x_0)^n\varphi(x)$（n 为自然数），其中，$\varphi(x)$ 在点 x_0 处连续，当 $\varphi(x_0)>0$ 时，$f(x)$ 在点 x_0 处是否取得极值？为什么？

分析 题中只知道 $\varphi(x)$ 在 x_0 连续，因而 $f(x)$ 在 x_0 也是连续的，但不知 $f(x)$ 在 x_0 是否可导，故不能用导数等于零来求驻点，只能用函数的极值定义来进行判断.

解 因 $\varphi(x)$ 在点 x_0 处连续，且 $\varphi(x_0)>0$，由函数极限的局部保号性，存在 $\delta>0$，当 $x\in(x_0-\delta,x_0+\delta)$ 时，$\varphi(x)>0$. 此时，函数 $f(x)$ 在该邻域内的符号完全由因子 $(x-x_0)^n$ 决定，而 $(x-x_0)^n$ 的符号又与 n 的奇偶性有关.

（1）若 n 为偶数，当 $x\in(x_0-\delta,x_0+\delta)$ 且 $x\neq x_0$ 时 $f(x)>0$，而 $f(x_0)=0$，所以 $f(x_0)=0$ 为极小值.

（2）若 n 为奇数，当 $x\in(x_0-\delta,x_0)$ 时 $f(x)<0$；当 $x\in(x_0,x_0+\delta)$ 时 $f(x)>0$，所以 $f(x_0)=0$ 不是极值.

3.4.3 曲线的凹凸性

定义 3.2 设函数 $f(x)$ 在区间 I 上连续，如果对 I 上任意两点 x_1，x_2，恒有

$$f\left(\frac{x_1+x_2}{2}\right)<\frac{f(x_1)+f(x_2)}{2} \tag{3.20}$$

则称函数 $f(x)$ 在 I 上的图形是凹的；如果恒有

$$f\left(\frac{x_1 + x_2}{2}\right) > \frac{f(x_1) + f(x_2)}{2} \tag{3.21}$$

则称函数 $f(x)$ 在 I 上的图形是凸的.

曲线凹凸性的几何意义:在连续曲线上任取两点作弦 AB,如果曲线是凹的,那么弧 $\overparen{AB}$ 总在弦 AB 的下方;而如果曲线是凸的,那么弧 $\overparen{AB}$ 总在弦 AB 的上方(见图3.10).

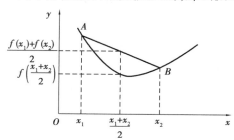 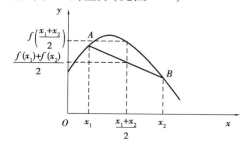

图 3.10

定理 3.5(凹凸性的判定) 设 $f(x)$ 在 $[a,b]$ 上连续,在 (a,b) 内具有二阶导数,则

①如果在 (a,b) 内 $f''(x) > 0$,则 $f(x)$ 在 $[a,b]$ 上的图形是凹的.

②如果在 (a,b) 内 $f''(x) < 0$,则 $f(x)$ 在 $[a,b]$ 上的图形是凸的.

证 在情形①,设 $x_1, x_2 \in [a,b]$,且 $x_1 < x_2$,记 $x_0 = \frac{x_1 + x_2}{2}$,显然 $f(x)$ 在 $[a,b]$ 上满足拉格朗日中值定理的条件,所以分别在 $[x_1, x_0]$,$[x_0, x_2]$ 上用拉格朗日中值定理,得

$$f(x_1) - f(x_0) = f'(\xi_1)(x_1 - x_0) = f'(\xi_1)\frac{x_1 - x_2}{2} \qquad (x_1 < \xi_1 < x_0)$$

$$f(x_2) - f(x_0) = f'(\xi_2)(x_2 - x_0) = f'(\xi_2)\frac{x_2 - x_1}{2} \qquad (x_0 < \xi_2 < x_2)$$

上面两式相加整理得

$$f(x_1) + f(x_2) - 2f(x_0) = [f'(\xi_2) - f'(\xi_1)]\frac{x_2 - x_1}{2}$$

显然 $f'(x)$ 在 $[\xi_1, \xi_2]$ 上满足拉格朗日中值定理的条件,因此

$$[f'(\xi_2) - f'(\xi_1)]\frac{x_2 - x_1}{2} = f''(\xi)(\xi_2 - \xi_1)\frac{x_2 - x_1}{2} > 0 \qquad (\xi_1 < \xi < \xi_2)$$

即 $\frac{f(x_1) + f(x_2)}{2} > f\left(\frac{x_1 + x_2}{2}\right)$. 因此,$f(x)$ 在 $[a,b]$ 上的图形是凹的.

类似地可证明情形②.

连续曲线上凹凸性的分界点,称为曲线的**拐点**. 如果函数 $y = f(x)$ 有二阶导数 $f''(x)$,而且 $f''(x_0) = 0$,当在点 x_0 的左右邻域内,函数的二阶导数 $f''(x)$ 的符号发生改变时,那么,点 $(x_0, f(x_0))$ 就是曲线的拐点.

注 ①二阶导数等于零的点不一定是拐点. 例如,$y = x^4$,$y''|_{x=0} = 12x^2|_{x=0} = 0$,但在 $(0,0)$ 点的左右两边凹凸性未发生变化. 因此,$(0,0)$ 点不是 $y = x^4$ 的拐点.

②二阶导数不存在的点也可能是拐点. 例如, $y = x^{\frac{5}{3}}$, $y''\big|_{x=0} = \dfrac{10}{9\sqrt[3]{x}}\bigg|_{x=0} = \infty$, 而 $y'' < 0\,(x < 0)$,

$y'' > 0\,(x > 0)$, 即在 $(0,0)$ 点的左右两边凹凸性发生变化. 因此, $(0,0)$ 是 $y = x^{\frac{5}{3}}$ 的拐点.

3.4.4 函数单调性与曲线凹凸性的应用

利用前面的诸多结论, 可求出给定函数的单调区间和极值（点）, 曲线的凹凸区间和拐点, 步骤如下:

①确定函数 $y = f(x)$ 的定义域, 求出函数的一阶导数 $f'(x)$, 二阶导数 $f''(x)$.

②求使一阶、二阶导数为零的点和使一阶、二阶导数不存在的点.

③列表判断, 确定出函数的单调区间、极值点以及曲线的凹凸区间和拐点.

为了简单起见, 引入符号 $\searchdownarrow$（凹减）, $\searchdownarrow$（凸减）, $\nearrow$（凹增）、$\nearrow$（凸增）分别表示函数的单调性和曲线的凹凸性.

例6 求函数 $y = |xe^{-x}|$ 的单调区间、凹凸区间、极值点和拐点.

解 $y = |xe^{-x}|$ 的定义域为 $(-\infty, +\infty)$, 且

$$y = |xe^{-x}| = \begin{cases} -xe^{-x} & (x < 0) \\ xe^{-x} & (x \geqslant 0) \end{cases}$$

又

$$y' = \begin{cases} e^{-x}(x-1) & (x < 0) \\ e^{-x}(1-x) & (x > 0) \end{cases}$$

而

$$y'_-(0) = \lim_{x \to 0^-} \frac{f(x) - f(0)}{x - 0} = \lim_{x \to 0^-} \frac{-xe^{-x}}{x} = -1$$

$$y'_+(0) = \lim_{x \to 0^+} \frac{f(x) - f(0)}{x - 0} = \lim_{x \to 0^+} \frac{xe^{-x}}{x} = 1$$

所以函数 $y = |xe^{-x}|$ 在 $x = 0$ 处不可导. 又因为

$$y'' = \begin{cases} e^{-x}(2-x) & (x < 0) \\ e^{-x}(x-2) & (x > 0) \end{cases}$$

令 $y' = 0$, 得 $x = 1$, 令 $y'' = 0$, 得 $x = 2$, 列表判断（见表3.2）.

表3.2

x	$(-\infty, 0)$	0	$(0,1)$	1	$(1,2)$	2	$(2, +\infty)$
y'	$-$	不存在	$+$	0	$-$		$-$
y''	$+$	不存在	$-$	$-$	$-$	0	$+$
$y = f(x)$ 图形	$\searchdownarrow$	极小值 0	$\nearrow$	极大值 e^{-1}	$\searchdownarrow$	$2e^{-2}$	$\searchdownarrow$

故函数 $y = |xe^{-x}|$ 的单调增区间为 $[0,1]$, 单调减区间为 $(-\infty, 0]$ 和 $[1, +\infty)$. 曲线 $y =$

$|xe^{-x}|$ 的凸区间为 $[0,2]$,凹区间为 $(-\infty,0]$,$[2,+\infty)$. 极小值点为 $x=0$,极大值点 $x=1$,拐点为 $(0,0)$ 和 $(2,2e^{-2})$.

利用函数的单调性和曲线的凹凸性还可以证明不等式.

例 7　证明:当 $x\in\left(0,\dfrac{\pi}{2}\right)$ 时,$\sin x > x - \dfrac{x^3}{6}$.

证　令 $F(x)=\sin x - x + \dfrac{x^3}{6}$,显然 $F(x)$ 在 $\left[0,\dfrac{\pi}{2}\right]$ 上连续,在 $\left(0,\dfrac{\pi}{2}\right)$ 内具有二阶导数,则

$$F'(x)=\cos x - 1 + \frac{x^2}{2}\ (\text{此时 } F'(x) \text{ 的符号不易判定})$$

$$F''(x)=-\sin x + x > 0\quad (\text{因 } x\in\left(0,\frac{\pi}{2}\right) \text{ 时},\sin x < x < \tan x)$$

当 $F''(x)>0$ 时,$F'(x)$ 在 $\left[0,\dfrac{\pi}{2}\right]$ 上严格单调递增,于是 $F'(x)>F'(0)=0$,从而 $F(x)$ 在 $\left[0,\dfrac{\pi}{2}\right]$ 上严格单调递增. 于是,当 $x\in\left(0,\dfrac{\pi}{2}\right)$ 时,$F(x)>F(0)=0$,即

$$\sin x > x - \frac{x^3}{6}$$

在这个例子中,用了函数的单调性来证明不等式,这是一种常见的证明不等式的方法. 若不能直接判断函数一阶导数的符号时,可继续对函数求导进一步判定. 利用曲线的凹凸性也可证明某些不等式.

例 8　证明:当 $x\neq y$ 时,$\dfrac{e^x+e^y}{2} > e^{\frac{x+y}{2}}$.

证　设 $f(t)=e^t$,显然 $f(t)$ 在 $(-\infty,+\infty)$ 上具有二阶导数,且 $f''(t)>0$,所以 $f(t)=e^t$ 的曲线是凹的,由定义 3.2,$\forall x,y\in(-\infty,+\infty)$ 且 $x\neq y$,有

$$\frac{e^x+e^y}{2} > e^{\frac{x+y}{2}}$$

习题 3.4

1. 确定下列函数的单调区间:

(1) $y=x^3-3x^2$;

(2) $y=\dfrac{2x}{1+x^2}$;

(3) $y=x+\sin x$;

(4) $y=x^2e^{-x}$;

(5) $y=2x^2-\ln x$;

(6) $y=x-\arctan x$.

2. 证明下列不等式:

(1) 当 $x>0$ 时,$\ln(1+x)<x$;

(2) 当 $x\neq 0$ 时,$e^x>1+x$;

(3) 当 $x>1$ 时,$2\sqrt{x}>3-\dfrac{1}{x}$;

(4) 当 $x>0$ 时,$(x+1)\ln(x+1)>\arctan x$;

(5) 当 $0<x<\pi$ 时,$\dfrac{\sin x}{x}>\cos x$.

(6) 当 $x\in\left(0,\dfrac{\pi}{2}\right)$ 时,$\dfrac{\tan x}{x}>\dfrac{x}{\sin x}$.

3. 设 $f(x)$ 在 $[0,c]$ 上连续,在 $(0,c)$ 内可导且 $f'(x)$ 单调下降,$f(0)=0$,证明:对于 $0\leqslant a\leqslant$

$b \leqslant a + b \leqslant c$，恒有 $f(a+b) \leqslant f(a) + f(b)$.

4. $f(x) = a\sin x + \dfrac{1}{3}\sin 3x$ 在 $x = \dfrac{\pi}{3}$ 处取极值，计算 a 并求 $f(x)$ 在 $x = \dfrac{\pi}{3}$ 的极值.

5. 已知函数 $f(x) = \begin{cases} x^{2x} & x > 0 \\ x + 1 & x \leqslant 0 \end{cases}$，问 x 为何值时，$f(x)$ 取得极值.

6. 判断 $3x^4 - 4x^3 - 6x^2 + 12x - 20 = 0$ 有几个实根.

7. 试确定函数 $y = ax^3 + bx^2 + cx + d(a > 0)$ 的系数满足什么关系时，此函数没有极值.

8. 设 $f(x)$ 在 $[a,b]$ 上连续，在 (a,b) 内具有二阶导数，且 $f'(x) > 0, f''(x) > 0$，则曲线 $y = f(x)$ 在 $[a,b]$ 上的图形（　　　　）.

　A. 上升且为凸的　　　B. 上升且为凹的　　　C. 下降且为凸的　　　D. 下降且为凹的

9. 求曲线 $y = (x-1)x^{\frac{5}{3}}$ 的凹凸区间及拐点.

10. 点 $(1,2)$ 是 $y = ax^3 + bx^2$ 的拐点，计算 a, b 的值并求曲线的凹凸区间.

11. 试确定 a, b, c 的值，使 $y = x^3 + ax^2 + bx + c$ 在点 $(1, -1)$ 处有拐点，且在 $x = 0$ 处有极大值为 1，并求此函数的极小值.

12. 求 $y = \dfrac{x^2}{x+1}$ 的单调区间、极值以及曲线的凹凸区间、拐点.

13. 证明：$\dfrac{x^n + y^n}{2} > \left(\dfrac{x+y}{2}\right)^n \ (x > 0, y > 0, x \neq y, n > 1)$.

3.5　微分学在实际中的应用

3.5.1　函数的最值及其应用

　　设函数 $f(x)$ 在闭区间 $[a,b]$ 上连续，那么，函数在闭区间 $[a,b]$ 上取得最值. 函数的最值有可能在区间的端点取得，也可能在开区间 (a,b) 内取得. 若 $f(x)$ 在 (a,b) 内点 x_0 取得最大值（或最小值）$f(x_0)$，则 $f(x_0)$ 一定是函数 $f(x_0)$ 的极大值（或极小值）. 因此，$f(x)$ 在闭区间 $[a,b]$ 上的最大值（或最小值）一定是函数的所有极大值（或极小值）和函数在区间端点的函数值中最大者（或最小者）. 求 $f(x)$ 在闭区间 $[a,b]$ 上的最大值（最小值）的过程如下：

　　①求出 $f(x)$ 在 (a,b) 内的驻点和不可导点 $x_1, x_2, \cdots, x_n$，它们是可能的极值点.

　　②计算并比较函数值 $f(a), f(b), f(x_1), \cdots, f(x_n)$.

　　③从而最大值 $M = \max\{f(a), f(b), f(x_1), \cdots, f(x_n)\}$，

　　最小值 $m = \min\{f(a), f(b), f(x_1), \cdots, f(x_n)\}$.

　　例1　求函数 $y = \dfrac{x^2}{1+x}$ 在区间 $\left[-\dfrac{1}{2}, 1\right]$ 上的最大值和最小值.

　　解　显然函数 $y = \dfrac{x^2}{1+x}$ 在 $\left[-\dfrac{1}{2}, 1\right]$ 上连续，在 $\left(-\dfrac{1}{2}, 1\right)$ 内可导. 对函数求导得

$$y' = \frac{x(2+x)}{(1+x)^2}$$

令 $y' = 0$，求得在区间 $\left[-\frac{1}{2}, 1\right]$ 上的驻点 $x = 0$。计算得 $f(0) = 0, f\left(-\frac{1}{2}\right) = \frac{1}{2}, f(1) = \frac{1}{2}$。因此

$$y_{\text{最大值}} = f\left(-\frac{1}{2}\right) = f(1) = \frac{1}{2}, \quad y_{\text{最小值}} = f(0) = 0$$

在生产技术及科学实验中，常常会遇到这样一类问题。在一定条件下，怎样使"产品最多""用料最省""成本最低""效率最高"，这类问题在数学上有时就归结为求某一函数（通常称为目标函数）的最大值或最小值问题。

例 2　做一个容积为 $V(V > 0)$ 的圆柱形锅炉，其两个底面的材料的价格为 a 元/单位面积，侧面的材料价格为 b 元/单位面积，问锅炉的底面直径与高的比为多少时，造价最低？

解　设圆柱形锅炉的底面半径为 r，高为 h，那么锅炉的体积为

$$\pi r^2 h = V$$

此时 $h = \frac{V}{\pi r^2}$。因此锅炉的造价

$$S(r) = 2\pi r^2 a + 2\pi r h b = 2\pi r^2 a + \frac{2Vb}{r}$$

因为 $S'(r) = 4\pi a r - \frac{2Vb}{r^2}$。令 $S'(r) = 0$，得驻点 $r = \sqrt[3]{\frac{Vb}{2\pi a}}$。又因为 $S''(r) = 4\pi a + \frac{4Vb}{r^3} > 0$。由实际问题，此唯一的极小点 $r = \sqrt[3]{\frac{Vb}{2\pi a}}$ 为最小值点。故当

$$\frac{2r}{h} = \frac{2r}{\frac{V}{\pi r^2}} = \frac{2\pi r^3}{V} = \frac{2\pi}{V} \frac{Vb}{2\pi a} = \frac{b}{a}$$

即底面直径与高的比为 $\frac{b}{a}$ 时，圆柱形锅炉造价最低。

在实际问题中，根据问题的性质断定了函数 $f(x)$ 确有最大值或最小值，而且一定在定义区间的内部取得。如果 $f(x)$ 在一个区间内可导且只有一个驻点 x_0，那么，$f(x_0)$ 就是 $f(x)$ 在该区间上的最大值（或最小值）。

例 3　在半径为 R 的球内，求体积最大的内接圆柱体的高。

解　设内接圆柱体的高为 h，那么，圆柱体的底半径 $r = \sqrt{R^2 - \left(\frac{h}{2}\right)^2}$，其体积为

$$V = \pi h r^2 = \pi h \left(R^2 - \frac{h^2}{4}\right) \qquad (0 < h < 2R)$$

现在的问题就归结为：h 在 $(0, 2R)$ 内取何值时目标函数 V 的值最大。因为

$$\frac{\mathrm{d}V}{\mathrm{d}h} = \pi\left(R^2 - \frac{3}{4}h^2\right)$$

令 $\frac{\mathrm{d}V}{\mathrm{d}h} = 0$，得唯一驻点 $h = \frac{2\sqrt{3}}{3}R$。故由实际问题可知，当圆柱体的高 $h = \frac{2\sqrt{3}}{3}R$ 时，圆柱体体积最大。

在经济学中,生产一定数量的产品所需的全部经济资源投入(如劳动力、原料、设备等)的价格和费用总额称为该产品的总成本. 设 C 为总成本,P 为商品价格,Q 为商品数量,R 为总收益,故总收益函数为

$$R = R(Q) = P(Q)Q$$

总利润是指总收益减去总成本. 设总利润为 L,则

$$L = L(Q) = R(Q) - C(Q)$$

称 $C' = C'(Q)$ 为**边际成本函数**,其经济意义是:当产量为 Q 个单位时,再增加(或减少)一个单位的产量,总成本增加(或减少)了 $C'(Q)$ 个单位,从而边际成本 $C'(Q)$ 的大小表明了增产潜力的大小. 称 $R' = R'(Q)$ 为**边际收益函数**,其经济意义是:若已销售 Q 个单位产品时,再多销售一个单位产品,总收入增加了 $R'(Q)$ 个单位的数额. 称 $L'(Q) = R'(Q) - C'(Q)$ 为**边际利润函数**,其经济意义是:若产量是 Q 个单位时,再多生产一个单位的产品,总利润增加了 $L'(Q)$ 个单位的数额. $L(Q)$ 取得最大值的必要条件为 $L'(Q) = 0$,此时 $R'(Q) = C'(Q)$. 因此取得最大利润的必要条件是边际收益等于边际成本. 下面介绍一个导数在经济学中的应用例子.

例4 已知某厂生产 x 件产品的成本(元)为 $C(x) = 25\,000 + 200x + \dfrac{1}{40}x^2$,问:

(1)要使平均成本最小,应生产多少件产品?

(2)若产品以每件 500 元售出,要使利润最大,应生产多少件产品?

解 (1)由题意可得平均成本函数

$$\overline{C}(x) = \frac{C(x)}{x} = \frac{25\,000}{x} + 200 + \frac{x}{40}$$

$$\overline{C}'(x) = -25\,000x^{-2} + \frac{1}{40}$$

令 $\overline{C}'(x) = 0$,得 $x = 1\,000$. 由实际问题可知,当生产 $x = 1\,000$ 件产品时,平均成本最小.

(2)利润函数为

$$L(x) = 500x - C(x) = 300x - \frac{x^2}{40} - 25\,000$$

$$L'(x) = 300 - \frac{x}{20}$$

令 $L'(x) = 0$,得 $x = 6\,000$. 由实际问题可知,当生产 $x = 6\,000$ 件产品时,利润最大.

3.5.2 弧微分

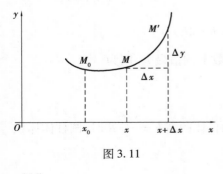

图 3.11

设函数 $f(x)$ 在区间 (a,b) 内具有连续的导数. 在曲线 $y = f(x)$ 上取定点 $M_0(x_0, y_0)$ 作为度量弧长的基点(见图 3.11),并规定依 x 增大的方向作为曲线的正向. 对曲线上任一点 $M(x, y)$,规定有向弧段 $\overparen{M_0M}$ 的值 s(简称弧)如下:s 的绝对值等于这弧段的长度,当有向弧段 $\overparen{M_0M}$ 的方向与曲线的正向一致时 $s > 0$;否则,$s < 0$. 显然,弧 $s = \overparen{M_0M}$ 是 x 的函数 $s = s(x)$,而且 $s(x)$ 是 x 的单调增加函

数. 下面讨论如何求 $s(x)$ 的导数和微分.

设 $x, x + \Delta x$ 为 (a, b) 内两个邻近的点, 它们在曲线 $y = f(x)$ 上的对应点分别为 M, M', 并设对应于 x 的增量 Δx, 弧 s 的增量为 Δs, 那么

$$\Delta s = \widehat{M_0 M'} - \widehat{M_0 M} = \widehat{MM'}$$

于是

$$\left(\frac{\Delta s}{\Delta x} \right)^2 = \left(\frac{\widehat{MM'}}{\Delta x} \right)^2 = \left(\frac{\widehat{MM'}}{|MM'|} \right)^2 \cdot \frac{|MM'|^2}{(\Delta x)^2} = \left(\frac{\widehat{MM'}}{|MM'|} \right)^2 \left[1 + \left(\frac{\Delta y}{\Delta x} \right)^2 \right]$$

其中 $|MM'|$ 表示弦 MM' 的长度. 那么

$$\frac{\Delta s}{\Delta x} = \pm \sqrt{\left(\frac{\widehat{MM'}}{|MM'|} \right)^2 \cdot \left[1 + \left(\frac{\Delta y}{\Delta x} \right)^2 \right]}$$

令 $\Delta x \to 0$, 当 $\Delta x \to 0$ 时, $M' \to M$. 这时, 弧的长度与弦的长度之比的极限等于 1, 即

$$\lim_{M' \to M} \frac{|\widehat{MM'}|}{|MM'|} = 1$$

又 $\lim\limits_{\Delta x \to 0} \dfrac{\Delta y}{\Delta x} = y'$, 因此得

$$\frac{\mathrm{d}s}{\mathrm{d}x} = \pm \sqrt{1 + y'^2}$$

因 $s = s(x)$ 是单调增加函数, 从而根号前应取正号, 故有

$$\mathrm{d}s = \sqrt{1 + y'^2}\, \mathrm{d}x \tag{3.22}$$

这就是**弧微分公式**.

因为 $\mathrm{d}y = y' \mathrm{d}x$, 所以弧微分公式可写成

$$\mathrm{d}s = \sqrt{(\mathrm{d}x)^2 + (\mathrm{d}y)^2} \tag{3.23}$$

若曲线的参数方程为

$$\begin{cases} x = \varphi(t) \\ y = \psi(t) \end{cases}$$

那么, **参数方程的弧微分公式**为

$$\mathrm{d}s = \sqrt{\varphi'^2 + \psi'^2}\, \mathrm{d}t \tag{3.24}$$

弧微分的几何意义:

设 $M(x, f(x)), M'(x + \Delta x, f(x + \Delta x))$ 是曲线 $y = f(x)$ 上两点, MT 是曲线 $y = f(x)$ 过 M 点的切线. 由图 3.12 可知, $\mathrm{d}s = |MT|$, 即弧的微分就是弧 s 的增量为 Δs 所对应的切线长; 弧微分 $\mathrm{d}s$ 也可看成直角边长为 $|\mathrm{d}x|$, $|\mathrm{d}y|$ 的直角三角形的斜边长度.

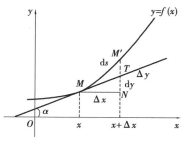

图 3.12

3.5.3　曲率及其计算公式

在工程技术中, 有时需要研究曲线的弯曲程度. 例如, 船体结构中的钢梁、机床的转轴等,

它们在荷载作用下要产生弯曲变形,在设计时对它们的弯曲必须有一定的限制,这就要定量地研究它们的弯曲程度.

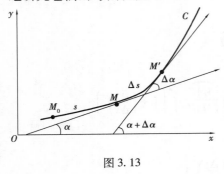

图 3.13

设 Γ 表示平面上的一条光滑曲线,在曲线 Γ 上选定一点 M_0 作为度量弧 s 的基点. 设曲线上点 M 对应于弧 s,在点 M 处切线的倾角为 α,曲线上另外一点 M' 对应于弧 $s+\Delta s$,在点 M' 处切线的倾角为 $\alpha+\Delta\alpha$(见图 3.13).

那么,弧段 $\overset{\frown}{MM'}$ 的长度为 $|\Delta s|$,当动点从 M 移动到 M' 时,切线转过的角度为 $|\Delta\alpha|$.

根据实际经验,曲线的弯曲程度与 s 的弧段增量 $|\Delta s|$ 成反比,而又与切线转过的角度 $|\Delta\alpha|$ 成正比. 因此,就用比值 $\left|\dfrac{\Delta\alpha}{\Delta s}\right|$,即单位弧段上切线转过的角度的大小来表达弧段 $\overset{\frown}{MM'}$ 的平均弯曲程度,把这比值称为弧段 $\overset{\frown}{MM'}$ 的平均曲率,并记作 $\overline{K}$,即

$$\overline{K} = \left|\frac{\Delta\alpha}{\Delta s}\right|$$

当 $\Delta s\to0$ 时(即 $M'\to M$ 时),上述平均曲率的极限称为曲线 Γ 在点 M 处的**曲率**,记作 K,即

$$K = \lim_{\Delta s\to0}\left|\frac{\Delta\alpha}{\Delta s}\right|$$

在 $\lim\limits_{\Delta s\to0}\dfrac{\Delta\alpha}{\Delta s}=\dfrac{\mathrm{d}\alpha}{\mathrm{d}s}$ 存在的条件下,K 也可表示为

$$K = \left|\frac{\mathrm{d}\alpha}{\mathrm{d}s}\right| \tag{3.25}$$

设光滑曲线的直角坐标方程是 $y=f(x)$,且 $f(x)$ 具有二阶导数. 因为 $\tan\alpha=y'$,两边微分可得 $\sec^2\alpha\mathrm{d}\alpha=y''\mathrm{d}x$,于是有

$$\mathrm{d}\alpha = \frac{y''}{\sec^2\alpha}\mathrm{d}x = \frac{y''}{1+\tan^2\alpha}\mathrm{d}x = \frac{y''}{1+y'^2}\mathrm{d}x$$

又 $\mathrm{d}s=\sqrt{1+y'^2}\,\mathrm{d}x$,从而可得**曲率的计算公式**

$$K = \left|\frac{\mathrm{d}\alpha}{\mathrm{d}s}\right| = \frac{|y''|}{(1+y'^2)^{\frac{3}{2}}} \tag{3.26}$$

若曲线由参数方程

$$\begin{cases} x=\varphi(t) \\ y=\psi(t) \end{cases}$$

给出,那么,利用参数方程所确定的函数的求导法得

$$\frac{\mathrm{d}y}{\mathrm{d}x}=\frac{\psi'(t)}{\varphi'(t)}, \qquad \frac{\mathrm{d}^2y}{\mathrm{d}x^2}=\frac{\psi''(t)\varphi'(t)-\psi'(t)\varphi''(t)}{[\varphi'(t)]^3}$$

因此,**参数方程下曲率计算公式**为

$$K = \frac{|\varphi'(t)\psi''(t) - \varphi''(t)\psi'(t)|}{[\varphi'^2(t) + \psi'^2(t)]^{\frac{3}{2}}} \tag{3.27}$$

例 5　计算直线 $y = kx + b$ 上任一点的曲率.

解　由 $y = kx + b$ 可知, $y' = k$, 而且 $y'' = 0$. 因此代入式 (3.26) 得, $K = 0$.

由此得到直线上任意一点处的曲率都为零. 这一结论与我们直觉认识到的"直线不弯曲"相一致.

例 6　计算半径为 R 的圆上任一点的曲率.

解　因为圆上任意一点 (x, y) 都满足方程 $x^2 + y^2 = R^2$. 那么, 利用隐函数求导法可得

$$y' = -\frac{x}{y}, \quad y'' = -\frac{y - xy'}{y^2} = -\frac{x^2 + y^2}{y^3}$$

因此, 由曲率计算公式可得

$$K = \frac{|y''|}{(1 + y'^2)^{\frac{3}{2}}} = \frac{1}{R}$$

这里得到圆上任意一点处的曲率都等于半径 R 的倒数. 于是, 圆上各点的弯曲程度一样, 且半径越小, 曲率越大, 圆的弯曲程度越厉害. 这一结论与我们的经验认识也是一致的.

例 7　抛物线 $y = ax^2 + bx + c$ 上哪一点处的曲率最大?

解　对 $y = ax^2 + bx + c$ 求一阶、二阶导数, 可得

$$y' = 2ax + b, \quad y'' = 2a$$

代入式 (3.26), 可得

$$K = \frac{|2a|}{[1 + (2ax + b)^2]^{\frac{3}{2}}}$$

因为 K 的分子是常数 $|2a|$, 所以只要分母最小, K 就最大. 容易看出, 当 $2ax + b = 0$, 即 $x = -\frac{b}{2a}$ 时, K 的分母最小, 因而 K 有最大值 $|2a|$. 而 $x = -\frac{b}{2a}$ 所对应的点为抛物线的顶点. 因此, 抛物线在顶点处的曲率最大, 最大曲率为 $K = |2a|$.

在有些实际问题中, $|y'|$ 同 1 比较起来是很小的 (有的工程书上把这种关系记成 $|y'| \ll 1$), 可忽略不计. 这时, 由 $1 + y'^2 \approx 1$, 而得到曲率的近似计算公式

$$K = \frac{|y''|}{(1 + y'^2)^{\frac{3}{2}}} \approx |y''| \tag{3.28}$$

这就是说, 当 $|y'| \ll 1$ 时, 曲率 K 近似于 $|y''|$. 经过这样简化后, 对一些复杂问题的计算和讨论就方便多了.

习题 3.5

1. 在抛物线 $y = x^2$ 上找出到直线 $3x - 4y = 2$ 的距离最短的点.

2. 工厂 C 与铁路线 AB 的垂直距离 AC 为 20 km, A 点到火车站 B 的距离为 100 km. 欲修一条从工厂到铁路的公路 CD, 已知铁路与公路每公里运费之比为 $3:5$, 为了使货物从火车站 B 运到工厂 C 的运费最省, 问 D 点应选在何处?

3. 若直角三角形的一直角边与斜边之和为常数 a, 求有最大面积的直角三角形.

4. 某厂每批生产某种商品 x 单位的费用(元)为 $C(x) = 5x + 200$, 得到的收益(元)为 $R(x) = 10x - 0.01x^2$. 问每批应生产多少单位时才能使利润最大?

5. 求 $y = x^3$ 在 $(0,0)$ 点的曲率.

6. 求曲线 $\begin{cases} x = 3t^2 \\ y = 3t - t^3 \end{cases}$ 在对应于 $t = 1$ 的点处的曲率.

7. 求曲线 $x = a\cos^3 t, y = a\sin^3 t$ 在 $t = t_0$ 处的曲率.

8. 求抛物线 $y = x^2$ 上任一点的曲率, 并指出在哪点曲率最大.

9. 曲线弧 $y = \cos x$ 在 $(0, 2\pi)$ 内哪点的曲率最小, 并求该点处的曲率.

3.6 曲线的渐近线与函数图形的描绘

3.6.1 曲线的渐近线

定义 3.3 若曲线 Γ 上的点 P 沿着曲线无限地远离原点时, 点 P 与某一直线 L 的距离趋于 0, 则称直线 L 为曲线 Γ 的渐近线.

渐近线反映了曲线无限延伸时的走向与趋势. 一般来说, 曲线的渐近线有以下 3 种:

(1) 水平渐近线

若 $\lim\limits_{x\to\infty} f(x) = A$ (或自变量 $x \to +\infty$ 或 $x \to -\infty$), 那么, 曲线 $y = f(x)$ 有水平渐近线 $y = A$.

(2) 铅直渐近线

若 $\lim\limits_{x\to x_0} f(x) = \infty$ (或自变量 $x \to x_0^+$ 或 $x \to x_0^-$), 那么, 曲线 $y = f(x)$ 有铅直渐近线 $x = x_0$.

(3) 斜渐近线

若存在直线 $y = kx + b$, 使得 $\lim\limits_{x\to\infty}[f(x) - (kx + b)] = 0$ (或自变量 $x \to +\infty$ 或 $x \to -\infty$), 那么, 曲线 $y = f(x)$ 有斜渐近线 $y = kx + b$.

斜渐近线 $y = kx + b$ 的求法如下.

由 $\lim\limits_{x\to\infty}[f(x) - (kx + b)] = 0$, 可知

$$\lim_{x\to\infty} \frac{f(x) - (kx + b)}{x} = 0$$

即

$$\lim_{x\to\infty}\left[\frac{f(x)}{x} - k - \frac{b}{x}\right] = 0$$

所以曲线 $y = f(x)$ 的斜渐近线 $y = kx + b$ 中的 k, b 由下列公式给出:

$$k = \lim_{x\to\infty} \frac{f(x)}{x}, \quad b = \lim_{x\to\infty}[f(x) - kx]$$

例 1 求曲线 $y = \dfrac{x^3}{x^2 + 2x - 3}$ 的渐近线.

解　因为

$$\lim_{x\to -3}\frac{x^3}{x^2+2x-3}=\infty,\lim_{x\to 1}\frac{x^3}{x^2+2x-3}=\infty$$

所以,曲线有铅直渐近线 $x=1$ 和 $x=-3$. 又因为

$$k=\lim_{x\to\infty}\frac{f(x)}{x}=\lim_{x\to\infty}\frac{x^3}{x^3+2x^2-3x}=1$$

$$b=\lim_{x\to\infty}[f(x)-x]=\lim_{x\to\infty}\frac{-2x^2+3x}{x^2+2x-3}=-2$$

所以 $y=x-2$ 为曲线的斜渐近线.

3.6.2　函数图形的描绘

利用函数的单调性与极值(点)、曲线的凹凸性与拐点、曲线的渐近线等特征,我们可描绘函数的图形. 描绘函数图形的一般步骤如下:

①确定函数的定义域,并求其一阶和二阶导数.

②求出一阶、二阶导数为零的点,求出一阶、二阶导数不存在的点.

③用步骤②中得到的点把函数的定义域划分成几个部分区间,列表分析,确定函数的单调性和极值(点),曲线凹凸性和拐点.

④确定曲线的渐近线.

⑤描出曲线上极值对应的点、拐点、某些特殊点,再综合前面的结果画出函数的图形.

例2　作函数 $y=\dfrac{(x-3)^2}{x-1}$ 的图形.

解　(1)函数的定义域为 $(-\infty,1)\cup(1,+\infty)$. 对函数求一阶、二阶导数,得

$$y'=\frac{(x-3)(x+1)}{(x-1)^2},\quad y''=\frac{8}{(x-1)^3}$$

(2)令 $y'=0$,得函数的驻点 $x=-1,x=3$;又令 $y''=0$,但此方程无解.

(3)列表分析(见表3.3).

表3.3

x	$(-\infty,-1)$	-1	$(-1,1)$	1	$(1,3)$	3	$(3,+\infty)$
y'	$+$	0	$-$		$-$	0	$+$
y''	$-$		$-$		$+$		$+$
y	↗	极大值 -8	↘	不存在	↘	极小值 0	↗

由表3.3可知,函数在区间 $(-\infty,-1]$,$[3,+\infty)$ 上单调递增, 在区间 $[-1,1)$ 和 $(1,3]$ 上单调递减. 函数的极大值为 $f(-1)=-8$,极小值为 $f(3)=0$. 曲线弧在区间 $(-\infty,1)$ 内是凸的, 在 $(1,+\infty)$ 内是凹的.

(4)求函数图形的渐近线

因为 $\lim\limits_{x \to 1^{-}} y = -\infty$，$\lim\limits_{x \to 1^{+}} y = +\infty$，所以曲线有垂直渐近线 $x = 1$. 而

$$k = \lim_{x \to \infty} \frac{y}{x} = \lim_{x \to \infty} \frac{(x-3)^2}{x(x-1)} = 1$$

$$\lim_{x \to \infty}[y - kx] = \lim_{x \to \infty}\left[\frac{(x-3)^2}{(x-1)} - x\right] = -5$$

所以曲线还有斜渐近线 $y = x - 5$.

(5)绘画函数图像，如图 3.14 所示.

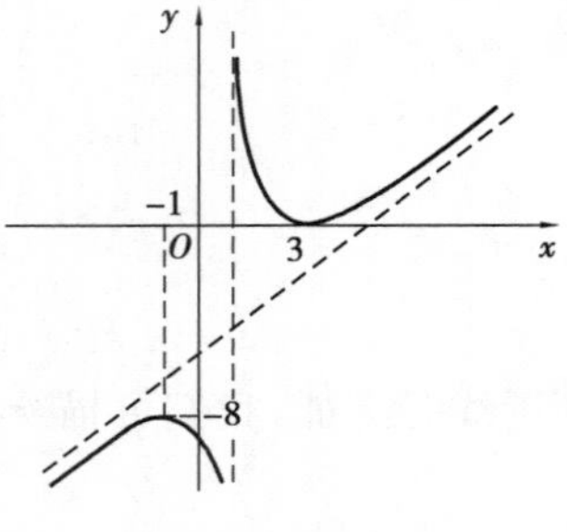

例 3 描绘函数 $y = \dfrac{1}{\sqrt{2\pi}} e^{-\frac{x^2}{2}}$ 的图形.

图 3.14

解 (1)所给函数 $f(x) = \dfrac{1}{\sqrt{2\pi}} e^{-\frac{x^2}{2}}$ 的定义域为 $(-\infty, +\infty)$.

由于 $f(x)$ 是偶函数，它的图形关于 y 轴对称，因此，可只讨论 $[0, +\infty)$ 上该函数的图形. 求 $f(x)$ 的一阶、二阶导数，得

$$f'(x) = \frac{1}{\sqrt{2\pi}} e^{-\frac{x^2}{2}} \cdot (-x) = -\frac{1}{\sqrt{2\pi}} x e^{-\frac{x^2}{2}}$$

$$f''(x) = -\frac{1}{\sqrt{2\pi}}\left[e^{-\frac{x^2}{2}} + x e^{-\frac{x^2}{2}} \cdot (-x)\right] = \frac{1}{\sqrt{2\pi}} e^{-\frac{x^2}{2}}(x^2 - 1)$$

(2)在 $[0, +\infty)$ 上，方程 $f'(x) = 0$ 的根为 $x = 0$；方程 $f''(x) = 0$ 的根为 $x = 1$.

(3)列表分析(见表 3.4).

表 3.4

x	0	$(0,1)$	1	$(1, +\infty)$
$f'(x)$	0	$-$	$-$	$-$
$f''(x)$	$-$	$-$	0	$+$
$f(x)$	$\dfrac{1}{\sqrt{2\pi}}$	↷	$\dfrac{1}{\sqrt{2\pi e}}$	↳

由表 3.4 可知，函数 $f(x)$ 在 $[1, +\infty)$ 上单调递减，结合 $f'(0) = 0$ 以及图形关于 y 轴对称可知，函数的极大值为 $f(0) = \dfrac{1}{\sqrt{2\pi}}$，函数无极小值. 曲线 $f(x)$ 在 $[0,1]$ 上是凸的，在 $[1, +\infty)$ 上是凹的，拐点为 $\left(1, \dfrac{1}{\sqrt{2\pi e}}\right)$.

(4)因 $\lim\limits_{x \to +\infty} f(x) = 0$，故图形有一条水平渐近线 $y = 0$.

(5)计算特殊点 $M_1\left(0, \dfrac{1}{\sqrt{2\pi}}\right)$，$M_2\left(2, \dfrac{1}{\sqrt{2\pi e^2}}\right)$. 结合(3)和(4)的结论，画出函数 $y = \dfrac{1}{\sqrt{2\pi}} e^{-\frac{x^2}{2}}$ 在 $[0, +\infty)$ 上的图形. 最后利用偶函数的对称性，便可得到函数在 $(-\infty, 0]$ 上的图形(见图 3.15).

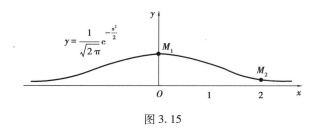

图 3.15

习题 3.6

1. 求下列曲线的渐近线：

(1) $y = \dfrac{x^2}{x+1}$;　　　(2) $y = \dfrac{x^3}{x^2 - 3x + 2}$;　　　(3) $y = \dfrac{1}{x-1} + 2$;

(4) $y = \dfrac{\ln(x-1)}{x-2}$;　　(5) $y = x e^{\frac{1}{x^2}}$;　　　(6) $y = e^{\frac{1}{x}}$.

2. 作下列函数的图形：

(1) $y = \dfrac{x^2}{x+1}$;　　　　　　　(2) $y = x^2 + \dfrac{1}{x}$;

(3) $y = \ln(1 + x^2)$;　　　　　　(4) $y = e^{\frac{1}{x}}$.

*3.7　方程的近似解

在科学技术问题中，经常会遇到求解方程的问题. 要得到这类方程的实根的精确值往往比较困难，因此，就需要寻求方程的近似解. 求方程的近似解，可分为以下两步：

①确定根的大致范围. 先确定一个含有方程某一实根 ξ 的区间 $[a,b]$，使其将 ξ 与方程的其他可能的根隔离开，区间 $[a,b]$ 称为所求实根的隔离区间. 这可通过先较精确地画出 $y = f(x)$ 的图形，然后从图上定出它与 x 轴交点的大概位置来确定出根的隔离区间.

②逐步改善根的近似值. 以根的隔离区间的端点作为根的初始近似值，逐步改善根的近似值的精确度，直至求得满足精确度要求的近似解. 完成这一步工作有多种方法，如常见的二分法和切线法. 按照这些方法，编出计算程序，就可在计算机上求出方程足够精确的近似解.

3.7.1　二分法

设 $f(x)$ 在区间 $[a,b]$ 上连续，$f(a) \cdot f(b) < 0$，且方程 $f(x) = 0$ 在 (a,b) 内仅有一个实根 ξ. 于是，$[a,b]$ 即是这个根的一个隔离区间.

取 $[a,b]$ 的中点 $\xi_1 = \dfrac{a+b}{2}$，计算 $f(\xi_1)$.

如果 $f(\xi_1) = 0$，那么，$\xi = \xi_1$.

如果 $f(\xi_1)$ 与 $f(a)$ 同号，那么，取 $a_1 = \xi_1, b_1 = b$. 由 $f(a_1) \cdot f(b_1) < 0$ 可知，$a_1 < \xi < b_1$，且 $b_1 - a_1 = \dfrac{1}{2}(b-a)$.

如果 $f(\xi_1)$ 与 $f(b)$ 同号，那么，取 $a_1=a$，$b_1=\xi_1$，也有 $a_1<\xi<b_1$ 及 $b_1-a_1=\dfrac{1}{2}(b-a)$；总之，当 $\xi\neq\xi_1$ 时，可求得 $a_1<\xi<b_1$，且 $b_1-a_1=\dfrac{1}{2}(b-a)$.

以 $[a_1,b_1]$ 作为新的隔离区间，重复上述做法，当 $\xi\neq\xi_2=\dfrac{1}{2}(a_1+b_1)$ 时，可求得 $a_2<\xi<b_2$，且 $b_2-a_2=\dfrac{1}{2^2}(b-a)$.

如此重复 n 次，可求得 $a_n<\xi<b_n$，且 $b_n-a_n=\dfrac{1}{2^n}(b-a)$. 由此可知，如果以 a_n 或 b_n 作为 ξ 的近似值，那么，其误差小于 $\dfrac{1}{2^n}(b-a)$.

例 1 求方程 $x^3+1.1x^2+0.9x-1.4=0$ 实根的近似解，使误差不超过 10^{-3}.

解 令 $f(x)=x^3+1.1x^2+0.9x-1.4$，显然 $f(x)\in C(-\infty,+\infty)$，即 $f(x)$ 是连续函数. 因 $f'(x)=3x^2+2.2x+0.9$，根据判别式 $B^2-4AC=2.2^2-4\times3\times0.9=-5.96<0$ 可知，$f'(x)>0$. 故 $f(x)$ 在 $(-\infty,+\infty)$ 内单调增加，$f(x)=0$ 至多有一个实根.

因 $f(0)=-1.4<0$，$f(1)=1.6>0$，故由零点定理可知，$f(x)=0$ 在 $[0,1]$ 内有唯一的实根. 取 $a=0,b=1$，$[0,1]$ 就是一个隔离区间. 计算得：

$\xi_1=0.5$，$f(\xi_1)=-0.55<0$，故 $a_1=0.5$，$b_1=1$.

$\xi_2=0.75$，$f(\xi_2)=0.32>0$，故 $a_2=0.5$，$b_2=0.75$.

$\xi_3=0.625$，$f(\xi_3)=-0.16<0$，故 $a_3=0.625$，$b_3=0.75$.

$\xi_4=0.687$，$f(\xi_4)=0.062>0$，故 $a_4=0.625$，$b_4=0.687$.

$\xi_5=0.656$，$f(\xi_5)=-0.054<0$，故 $a_5=0.656$，$b_5=0.687$.

$\xi_6=0.672$，$f(\xi_6)=0.005>0$，故 $a_6=0.656$，$b_6=0.672$.

$\xi_7=0.664$，$f(\xi_7)=-0.025<0$，故 $a_7=0.664$，$b_7=0.672$.

$\xi_8=0.668$，$f(\xi_8)=-0.010<0$，故 $a_8=0.668$，$b_8=0.672$.

$\xi_9=0.670$，$f(\xi_9)=-0.002<0$，故 $a_9=0.670$，$b_9=0.672$.

$\xi_{10}=0.671$，$f(\xi_{10})=0.001>0$，故 $a_{10}=0.670$，$b_{10}=0.671$.

从而
$$0.670<\xi<0.671$$
即 0.671 可作为满足条件的近似根，误差不超过 10^{-3}.

3.7.2 牛顿切线法

牛顿切线法

设 $f(x)$ 在 $[a,b]$ 上具有二阶导数，$f(a)\cdot f(b)<0$ 且 $f'(x)$ 及 $f''(x)$ 在 $[a,b]$ 上保持定号. 在上述条件下，方程 $f(x)=0$ 在 (a,b) 内有唯一的实根 ξ，$[a,b]$ 为根的一个隔离区间. 此时，$y=f(x)$ 在 $[a,b]$ 上的图形 $\overset{\frown}{AB}$ 只有如图 3.16 所示的 4 种不同情形.

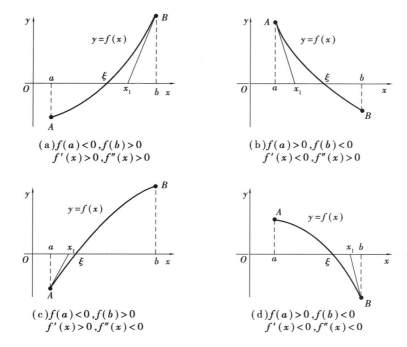

图 3.16

考虑用曲线弧一端的切线来代替曲线弧,从而求出方程实根的近似值,这种方法称为**牛顿切线法**. 由图 3.16 可知,如果在纵坐标与 $f''(x)$ 同号的那个端点(此端点记作 $(x_0,f(x_0))$)处作切线,这切线与 x 轴的交点的横坐标 x_1 就比 x_0 更接近方程的根 ξ. 用迭代的方法就可找出根的近似值.

作点 $(x_0,f(x_0))$ 处的切线,其方程为

$$y - f(x_0) = f'(x_0)(x - x_0)$$

令 $y = 0$ 得此切线与 x 轴的交点 $(x_1,0)$,其中,$x_1 = x_0 - \dfrac{f(x_0)}{f'(x_0)}$. 再在点 $(x_1,f(x_1))$ 处作切线,可得近似根 x_2. 如此继续下去,可得近似根的牛顿迭代公式

$$x_n = x_{n-1} - \frac{f(x_{n-1})}{f'(x_{n-1})}$$

例 2　用牛顿切线法求方程 $x^3 + 1.1x^2 + 0.9x - 1.4 = 0$ 的实根的近似值,使误差不超过 10^{-3}.

解　令 $f(x) = x^3 + 1.1x^2 + 0.9x - 1.4$,因 $f(0) < 0$,$f(1) > 0$,故 $[0,1]$ 是一个隔离区间. 在 $[0,1]$ 上,有

$$f'(x) = 3x^2 + 2.2x + 0.9 > 0, \quad f''(x) = 6x + 2.2 > 0$$

因为 $f''(x)$ 与 $f'(x)$ 同号,所以令 $x_0 = 1$. 用切线法计算得

$$x_1 = 1 - \frac{f(1)}{f'(1)} \approx 0.738$$

$$x_2 = 0.738 - \frac{f(0.738)}{f'(0.738)} \approx 0.674$$

$$x_3 = 0.674 - \frac{f(0.674)}{f'(0.674)} \approx 0.671$$

$$x_4 = 0.671 - \frac{f(0.671)}{f'(0.671)} \approx 0.671$$

计算停止. 所得根的近似值为 0.671，其误差小于 10^{-3}.

习题 3.7

1. 试证明方程 $x^3 - 3x^2 + 6x - 1 = 0$ 在区间 $(0,1)$ 内只有唯一的实根，并用二分法求这个根的近似值，使误差不超过 0.01.

2. 试证明方程 $x^5 + 5x + 1 = 0$ 在区间 $(-1,0)$ 内有唯一的实根，并用切线法求这个根的近似值，使误差不超过 0.01.

总习题 3

1. 单项选择题.

(1) 设在 $[0,1]$ 上 $f(x)$ 二阶可导且 $f''(x) > 0$，则（   ）.

A. $f'(0) < f'(1) < f(1) - f(0)$ B. $f'(0) < f(1) - f(0) < f'(1)$

C. $f'(1) < f'(0) < f(1) - f(0)$ D. $f(1) - f(0) < f'(1) < f'(0)$

(2) 函数 $y = 1 + \frac{12x}{(x+4)^2}$ 的图形（   ）.

A. 只有水平渐近线   B. 有一条水平渐近线和一条铅直渐近线

C. 只有铅直渐近线   D. 无渐近线

(3) 设函数 $f(x)$ 在闭区间 $[a,b]$ 上有定义，在开区间 (a,b) 内可导，则（   ）.

A. 当 $f(a)f(b) < 0$ 时，存在 $\xi \in (a,b)$，使得 $f(\xi) = 0$

B. 对任何 $\xi \in (a,b)$，有 $\lim\limits_{x \to \xi} [f(x) - f(\xi)] = 0$

C. 对 $f(a) = f(b)$ 时，存在 $\xi \in (a,b)$，使得 $f'(\xi) = 0$

D. 存在 $\xi \in (a,b)$，使得 $f(b) - f(a) = f'(\xi)(b-a)$

(4) 设 $f'(x)$ 在 $[a,b]$ 上连续，且 $f'(a) > 0$，$f'(b) < 0$，则下列结论中错误的是（   ）.

A. 至少存在一点 $x_0 \in (a,b)$，使得 $f(x_0) > f(a)$

B. 至少存在一点 $x_0 \in (a,b)$，使得 $f(x_0) > f(b)$

C. 至少存在一点 $x_0 \in (a,b)$，使得 $f'(x_0) = 0$

D. 至少存在一点 $x_0 \in (a,b)$，使得 $f(x_0) = 0$

(5) 设 $f(x) = x^2(x-1)(x-2)$，求 $f'(x)$ 的零点个数（   ）.

A. 0   B. 1   C. 2   D. 3

(6) 函数 $f(x)$ 具有二阶导数，$g(x) = f(0)(1-x) + f(1)x$，则在区间 $[0,1]$ 上（   ）.

A. 当 $f'(x) \geq 0$ 时，$f(x) \geq g(x)$ B. 当 $f'(x) \geq 0$ 时，$f(x) \leq g(x)$

C. 当 $f''(x) \geq 0$ 时，$f(x) \geq g(x)$ D. 当 $f''(x) \geq 0$ 时，$f(x) \leq g(x)$

2. 设函数 $f(x)$ 在 $[0,3]$ 上连续，在 $(0,3)$ 内可导，且 $f(0) + f(1) + f(2) = 3$，$f(3) = 1$. 试证：必存在 $\xi \in (0,3)$，使得 $f'(\xi) = 0$.

3. 设函数 $f(x)$ 在区间 $[0,1]$ 上连续，在 $(0,1)$ 内可导，且 $f(0) = f(1) = 0$，$f\left(\frac{1}{2}\right) = 1$. 证明：

（1）存在 $\eta \in \left(\dfrac{1}{2}, 1 \right)$，使得 $f(\eta) = \eta$；

（2）对任意实数 λ，必存在 $\xi \in (0, \eta)$，使得 $f'(\xi) - \lambda[f(\xi) - \xi] = 1$.

4. 已知 $c_0 + \dfrac{c_1}{2} + \cdots + \dfrac{c_n}{n+1} = 0$，证明：方程 $c_0 + c_1 x + c_2 x^2 + \cdots + c_n x^n = 0$ 在 $(0, 1)$ 上至少有一个实根.

5. 设 $f(x)$ 在 $[a, b]$ 上可导，在 (a, b) 内具有二阶导数，$|f''(x)| \leqslant K\ (a < x < b)$，且 $f(x)$ 在 (a, b) 内的点 x_0 处取得最大值. 证明：$|f'(a)| + |f'(b)| \leqslant K(b - a)$.

6. 设 $F(x) = (x-1)^2 f(x)$，其中，$f(x)$ 在区间 $[1, 2]$ 上连续，在 $(1, 2)$ 内具有二阶导数，且 $f(2) = 0$. 证明：存在 $\xi(1 < \xi < 2)$，使得 $F''(\xi) = 0$.

7. 设函数 $f(x)$ 在 $[0, 1]$ 上连续，在 $(0, 1)$ 内可导. 试证：至少存在一点 $\xi \in (0, 1)$，使 $f'(\xi) = 2\xi[f(1) - f(0)]$.

8. 设 $e < a < b < e^2$，证明：$\ln^2 b - \ln^2 a > \dfrac{4}{e^2}(b - a)$.

9. 证明：当 $x > 1$ 时，$\ln x > \dfrac{2(x-1)}{x+1}$.

10. 设 $f(x)$ 在 $[0, 1]$ 上连续，在 $(0, 1)$ 内具有三阶导数，且 $\lim\limits_{x \to 0} \dfrac{f(x)}{x^2} = 0$，$f(1) = 0$. 证明：在 $(0, 1)$ 内存在一点 ξ，使得 $f'''(\xi) = 0$.

11. 计算下列各题的极限：

（1）$\lim\limits_{x \to 0} \left(\dfrac{1}{\sin^2 x} - \dfrac{1}{x^2} \right)$；

（2）$\lim\limits_{x \to \infty} x^2 \left(3^{\frac{1}{x}} + 3^{-\frac{1}{x}} - 2 \right)$；

（3）$\lim\limits_{x \to 0} \dfrac{\sqrt{1 + x\sin x} - \cos 2x}{x \tan x}$；

（4）$\lim\limits_{x \to \infty} x^2 \left(1 - x\sin \dfrac{1}{x} \right)$；

（5）$\lim\limits_{x \to +\infty} x^{\frac{3}{\ln(1+2x)}}$；

（6）$\lim\limits_{x \to 0} (1 + x^2 e^x)^{\frac{1}{1-\cos x}}$.

12. 在半径为 R 的球内作一个内接圆锥体，问此圆锥体的高、底半径为何值时，其体积 V 最大？

13. 设某厂每月生产产品的固定成本为 5 000 元. 生产 x 单位产品的可变成本（元）为 $0.05x^2 + 20x$. 如果每单位产品的售价为 30 元. 要使利润最大，应生产多少件产品？

14. 对某工厂的上午班工人的工作效率的研究表明，一个中等水平的工人早上 8:00 开始工作，在 t h 之后，生产出 $Q(t) = -t^3 + 3t^2 + 9t$ 个产品. 问在早上几点钟这个工人工作效率最高？

部分习题答案

第**4**章
不定积分

在微分学当中,我们讨论了求已知函数的导数与微分的问题.但是在许多实际问题中,常常需要我们解决相反的问题,即已知某个函数的导数,要求求出这个函数,这种由函数的已知导数(或微分)去求原来的函数的运算,称为不定积分,这是积分学的基本问题之一.

4.1 不定积分的概念与性质

4.1.1 原函数与不定积分的概念

例1 设曲线通过点$(1,2)$,且其上任一点的切线斜率等于该点横坐标的2倍,求此曲线方程.

解 设所求曲线方程为$y=f(x)$,由题设可知,$f'(x)=2x$.

我们知道$(x^2)'=2x$,也有$(x^2+C)'=2x$,这里的C可以是任何常数,从而得到满足条件$f'(x)=2x$的一系列曲线方程$y=f(x)=x^2+C$.又已知该曲线通过点$(1,2)$,即是$x=1$时,$1^2+C=2$,那么,$C=1$.于是,所求曲线方程为

$$y=x^2+1$$

由这类问题,可抽象出原函数的概念.

定义4.1 如果在区间I上,可导函数$F(x)$的导函数为$f(x)$,即对任意$x\in I$,都有$F'(x)=f(x)$或$\mathrm{d}F(x)=f(x)\mathrm{d}x$,那么函数$F(x)$为$f(x)$在区间$I$上的原函数.

关于原函数,需解决两个基本问题:其一,在什么条件下函数的原函数一定存在;其二,若一个函数的原函数存在,应如何表示它.

定理4.1(原函数存在定理) 如果函数$f(x)$在区间I上连续,则在区间I上存在可导函数$F(x)$,使对任一$x\in I$,都有$F'(x)=f(x)$.

定理 4.1 说明了连续函数一定有原函数. 此定理的证明将在下一章中给出.

例 1 中, x^2 是 $2x$ 在区间 $(-\infty, +\infty)$ 上的一个原函数, 对任意常数 $C, x^2 + C$ 也是 $2x$ 在区间 $(-\infty, +\infty)$ 上的原函数. 因此, $2x$ 的原函数存在但不唯一. 这个结果引发对一般函数的原函数表达式的思考:

第一, 如果函数 $f(x)$ 在区间 I 上有一个原函数 $F(x)$, 那么 $f(x)$ 在区间 I 上就有无限多个原函数.

这是因为, 若 $F'(x) = f(x)$, 则对任意常数 C, 有 $(F(x) + C)' = f(x)$, 即对任何常数 C, 函数 $F(x) + C$ 也是 $f(x)$ 的原函数.

第二, 如果在区间 I 上, $F(x)$ 是 $f(x)$ 的一个原函数, 假设 $\Phi(x)$ 是 $f(x)$ 的另一个原函数, 即对任一 $x \in I$, 有 $\Phi'(x) = f(x)$, 则

$$[\Phi(x) - F(x)]' = \Phi'(x) - F'(x) = f(x) - f(x) = 0$$

因此, $\Phi(x) - F(x) = C_0 (C_0$ 为某个常数). 这表明 $\Phi(x)$ 与 $F(x)$ 只差一个常数.

根据上面的分析可得到下面的结论.

定理 4.2　若函数 $F(x)$ 为 $f(x)$ 在区间 I 上的一个原函数, 则 $F(x) + C$ 是 $f(x)$ 在区间 I 上的所有原函数, 其中, C 为任一常数.

为了便于对原函数进行表示, 我们引进不定积分的定义.

定义 4.2　在区间 I 上, 函数 $f(x)$ 的带有任意常数项的原函数称为 $f(x)$ 在区间 I 上的不定积分, 记作 $\int f(x) \mathrm{d}x$. 其中, 记号 $\int$ 称为积分号, $f(x) \mathrm{d}x$ 称为积分表达式, x 称为积分变量.

由定义 4.2 及定理 4.2 可知, 若 $F(x)$ 是 $f(x)$ 在区间 I 上的一个原函数, 那么, $F(x) + C$ 就是 $f(x)$ 的不定积分, 即

$$\int f(x) \mathrm{d}x = F(x) + C \tag{4.1}$$

由不定积分的定义, 若设 $F(x)$ 是 $f(x)$ 在区间 I 上的一个原函数, 则可得出关系式

$$\frac{\mathrm{d}}{\mathrm{d}x}\left[\int f(x) \mathrm{d}x\right] = \frac{\mathrm{d}}{\mathrm{d}x}[F(x) + C] = f(x) \quad \text{或 } \mathrm{d}\left[\int f(x) \mathrm{d}x\right] = f(x) \mathrm{d}x \tag{4.2}$$

$$\int F'(x) \mathrm{d}x = \int f(x) \mathrm{d}x = F(x) + C \quad \text{或} \int \mathrm{d}F(x) = F(x) + C \tag{4.3}$$

由此可知, 微分运算与不定积分的运算(简称积分运算)是互逆的.

例 2　求不定积分 $\int \sin x \mathrm{d}x$.

解　因为 $(-\cos x)' = \sin x$, 所以

$$\int \sin x \mathrm{d}x = -\cos x + C$$

在这里, 请记住**加上任意常数** C. 因为根据定义 4.2, 求不定积分 $\int \sin x \mathrm{d}x$ 就是要求出函数 $\sin x$ 的全部原函数, 如果没加上任意常数 C, 那么, 只是求得了 $\sin x$ 的一个原函数 $-\cos x$, 并未求得其不定积分.

4.1.2 基本积分表

由于积分运算是微分运算的逆运算,因此,可从导数公式得到对应的积分公式,得到以下基本积分表:

① $\int k \mathrm{d}x = kx + C(k$ 是常数$)$;

② $\int x^{\mu} \mathrm{d}x = \dfrac{x^{\mu+1}}{\mu+1} + C\ (\mu \neq -1)$;

③ $\int \dfrac{\mathrm{d}x}{x} = \ln|x| + C$;

④ $\int \cos x \mathrm{d}x = \sin x + C$;

⑤ $\int \sin x \mathrm{d}x = -\cos x + C$;

⑥ $\int \sec^2 x \mathrm{d}x = \tan x + C$;

⑦ $\int \csc^2 x \mathrm{d}x = -\cot x + C$;

⑧ $\int \sec x \tan x \mathrm{d}x = \sec x + C$;

⑨ $\int \csc x \cot x \mathrm{d}x = -\csc x + C$;

⑩ $\int \dfrac{\mathrm{d}x}{1+x^2} = \arctan x + C$;

⑪ $\int \dfrac{\mathrm{d}x}{\sqrt{1-x^2}} = \arcsin x + C$;

⑫ $\int \mathrm{e}^x \mathrm{d}x = \mathrm{e}^x + C$;

⑬ $\int a^x \mathrm{d}x = \dfrac{a^x}{\ln a} + C(a > 0,$且 $a \neq 1)$;

⑭ $\int \mathrm{sh}\, x \mathrm{d}x = \mathrm{ch}\, x + C$;

⑮ $\int \mathrm{ch}\, x \mathrm{d}x = \mathrm{sh}\, x + C$.

例3 求 $\int \dfrac{\mathrm{d}x}{x\sqrt[3]{x}}$.

解 $\int \dfrac{\mathrm{d}x}{x\sqrt[3]{x}} = \int x^{-\frac{4}{3}} \mathrm{d}x = \dfrac{x^{-\frac{4}{3}+1}}{-\frac{4}{3}+1} + C = -3x^{-\frac{1}{3}} + C$

4.1.3 不定积分的性质

性质1 设函数 $f(x)$ 及 $g(x)$ 的原函数都存在,那么

$$\int [f(x) + g(x)] \mathrm{d}x = \int f(x)\mathrm{d}x + \int g(x)\mathrm{d}x \qquad (4.4)$$

证 将上式右端求导,由求导法则得

$$\left[\int f(x)\mathrm{d}x + \int g(x)\mathrm{d}x \right]' = \left[\int f(x)\mathrm{d}x \right]' + \left[\int g(x)\mathrm{d}x \right]' = f(x) + g(x)$$

这表明 $\int f(x)\mathrm{d}x + \int g(x)\mathrm{d}x$ 是 $f(x) + g(x)$ 的原函数,因有两个积分符号,形式上含两个任意常数,由于任意常数之和仍为任意常数,故实际上只含有一个任意常数. 因此,$\int f(x)\mathrm{d}x + \int g(x)\mathrm{d}x$ 是 $f(x) + g(x)$ 的不定积分.

性质2 设函数 $f(x)$ 的原函数存在,k 为非零常数,则

$$\int kf(x)\mathrm{d}x = k\int f(x)\mathrm{d}x \qquad (4.5)$$

利用基本积分表和不定积分的性质,可以计算一些简单函数的不定积分.

例 4　求 $\int \sin\frac{x}{2}\cos\frac{x}{2}\mathrm{d}x$.

解　$\int \sin\frac{x}{2}\cos\frac{x}{2}\mathrm{d}x = \int \frac{1}{2}\sin x\mathrm{d}x = -\frac{1}{2}\cos x + C$

例 5　求 $\int 2^x(\mathrm{e}^x - 5)\mathrm{d}x$.

解　$\int 2^x(\mathrm{e}^x - 5)\mathrm{d}x = \int [(2\mathrm{e})^x - 5 \cdot 2^x]\mathrm{d}x = \int(2\mathrm{e})^x\mathrm{d}x - \int 5 \cdot 2^x\mathrm{d}x$

$$= \frac{(2\mathrm{e})^x}{\ln(2\mathrm{e})} - 5\frac{2^x}{\ln 2} + C$$

这里,虽然第二个等号后写成了独立的两个不定积分,但是,最后一个等号只需写出一个任意常数. 因为两个任意常数的和仍然是一个任意常数.

例 6　求 $\int \tan^2 x\mathrm{d}x$.

解　$\int \tan^2 x\mathrm{d}x = \int(\sec^2 x - 1)\mathrm{d}x = \int \sec^2 x\mathrm{d}x - \int 1\mathrm{d}x = \tan x - x + C$

例 7　求 $\int \frac{1 + x + x^2}{x(1 + x^2)}\mathrm{d}x$.

解　$\int \frac{1 + x + x^2}{x(1 + x^2)}\mathrm{d}x = \int \frac{x + (1 + x^2)}{x(1 + x^2)}\mathrm{d}x = \int \frac{\mathrm{d}x}{1 + x^2} + \int \frac{\mathrm{d}x}{x} = \arctan x + \ln|x| + C$

例 8　求 $\int \frac{x^4}{1 + x^2}\mathrm{d}x$.

解　$\int \frac{x^4}{1 + x^2}\mathrm{d}x = \int \frac{x^4 - 1 + 1}{1 + x^2}\mathrm{d}x = \int \frac{(1 + x^2)(x^2 - 1) + 1}{1 + x^2}\mathrm{d}x$

$$= \int \left(x^2 - 1 + \frac{1}{1 + x^2}\right)\mathrm{d}x = \frac{x^3}{3} - x + \arctan x + C$$

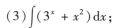

习题 4.1

不定积分的
概念与性质视频

1. 求下列不定积分:

$(1) \int \dfrac{\mathrm{d}x}{x^3 \sqrt{x}}$;

$(2) \int \left(\sqrt[3]{x} - \dfrac{1}{\sqrt{x}}\right)\mathrm{d}x$;

$(3) \int (3^x + x^2)\mathrm{d}x$;

$(4) \int \sqrt{x}(x - 2)\mathrm{d}x$;

$(5) \int \dfrac{3x^4 + 3x^2 + 1}{x^2 + 1}\mathrm{d}x$;

$(6) \int \dfrac{x^2}{1 + x^2}\mathrm{d}x$;

$(7) \int \left(\dfrac{x^2}{2} - \dfrac{1}{x} + \dfrac{3}{x^3} - \dfrac{4}{x^4}\right)\mathrm{d}x$;

$(8) \int \left(\dfrac{3}{1 + x^2} - \dfrac{2}{\sqrt{1 - x^2}}\right)\mathrm{d}x$;

$(9) \int \sqrt{x\sqrt{x\sqrt{x}}}\,\mathrm{d}x$;

$(10) \int \dfrac{1}{x^2(1 + x^2)}\mathrm{d}x$;

$(11) \int \dfrac{e^{2x} - 1}{e^x - 1} dx$；

$(12) \int 4^x e^x dx$；

$(13) \int \cot^2 x dx$；

$(14) \int \dfrac{2 \cdot 3^x - 5 \cdot 2^x}{3^x} dx$；

$(15) \int \cos^2 \dfrac{x}{2} dx$；

$(16) \int \dfrac{1}{1 + \cos 2x} dx$；

$(17) \int \dfrac{\cos 2x}{\cos x - \sin x} dx$；

$(18) \int \dfrac{\cos 2x}{\cos^2 x \cdot \sin^2 x} dx$；

$(19) \int \left(\sqrt{\dfrac{1-x}{1+x}} + \sqrt{\dfrac{1+x}{1-x}} \right) dx$；

$(20) \int \dfrac{1 + \cos^2 x}{1 + \cos 2x} dx.$

2. 设 $\int x f(x) dx = \arcsin x + C$，求 $f(x)$．

3. 设 $f(x)$ 的导函数为 $\cos x$，求 $f(x)$ 的全体原函数．

4. 证明：函数 $\dfrac{1}{2} e^{2x}$，$e^x \operatorname{sh} x$ 和 $e^x \operatorname{ch} x$ 都是 $\dfrac{e^x}{\operatorname{ch} x - \operatorname{sh} x}$ 的原函数．

5. 一曲线通过点 $(e^2, 3)$，且在任意点处的切线的斜率都等于该点的横坐标的倒数，求此曲线的方程．

6. 一物体由静止开始作直线运动，经 t s 后的速度是 $3 t^2 (\mathrm{m/s})$，问：

(1)在 3 s 后物体离开出发点的距离是多少？

(2)物体走完 1 000 m 需要多少时间？

4.2 换元积分法

利用不定积分的基本公式表与性质能够计算的不定积分是很有限的. 因此,需进一步研究不定积分的计算方法. 本节将利用复合函数的微分法推导得出复合函数的积分法,即换元积分法,简称换元法. 该方法包括第一类换元法和第二类换元法. 下面分别进行介绍.

4.2.1 第一类换元法

用基本积分公式求不定积分 $\int e^x dx$ 是容易的, 但不能直接求出 $\int e^{2x} dx$. 若借助于 $e^{2x} d(2x) = 2e^{2x} dx$, 即有 $\int e^{2x} dx = \dfrac{1}{2} \int 2e^{2x} dx = \dfrac{1}{2} \int e^{2x} d(2x)$, 再令 $u = 2x$, 从而有

$$\int e^{2x} dx = \frac{1}{2} \int e^u du = \frac{1}{2} e^u + C = \frac{1}{2} e^{2x} + C$$

一般地,设 $f(u)$ 具有原函数 $F(u)$, 即

$$F'(u) = f(u), \int f(u) du = F(u) + C$$

如果 u 是中间变量: $u = \varphi(x)$, 且设 $\varphi(x)$ 可微, 那么, 根据复合函数微分法, 有

$$\mathrm{d}F[\varphi(x)] = f[\varphi(x)]\varphi'(x)\mathrm{d}x$$

从而根据不定积分的定义,有

$$\int f(\varphi(x))\varphi'(x)\mathrm{d}x = F[\varphi(x)] + C = \left[\int f(u)\mathrm{d}u\right]_{u=\varphi(x)}$$

总结上述结论得到定理 4.3.

定理 4.3(第一类换元法)　若 $\int f(u)\mathrm{d}u = F(u) + C$,且函数 $u = \varphi(x)$ 可导,那么

$$\int f(\varphi(x))\varphi'(x)\mathrm{d}x = \left[\int f(u)\mathrm{d}u\right]_{u=\varphi(x)} = F[\varphi(x)] + C \tag{4.6}$$

在计算 $\int g(x)\mathrm{d}x$ 时,若被积函数 $g(x)$ 能分解为 $g(x) = f(\varphi(x))\varphi'(x)$,且令 $u = \varphi(x)$,那么,运用这个定理就有

$$\int g(x)\mathrm{d}x = \int f(\varphi(x))\varphi'(x)\mathrm{d}x = \left[\int f(u)\mathrm{d}u\right]_{u=\varphi(x)} = F[\varphi(x)] + C$$

其思想是利用第一类换元法,将待求的不定积分转化成某一个已知其原函数的不定积分.

第一类换元法也称为凑微分法,下面通过例题介绍几种常用的凑微分技巧.

例 1　求 $\int\cos 2x\mathrm{d}x$.

解　被积函数 $\cos 2x$ 可以凑成 $\frac{1}{2}\cos 2x \cdot (2x)'$,因此 $\cos 2x\mathrm{d}x = \frac{1}{2}\cos 2x\mathrm{d}(2x)$,令 $u = 2x$,因此有

$$\int\cos 2x\mathrm{d}x = \frac{1}{2}\int\cos 2x\mathrm{d}(2x) = \frac{1}{2}\int\cos u\mathrm{d}u = \frac{1}{2}\sin u + C = \frac{1}{2}\sin 2x + C$$

例 2　求 $\int\sec^2(5x - 3)\mathrm{d}x$.

解　被积函数 $\sec^2(5x-3)$ 可以凑成 $\frac{1}{5}\sec^2(5x-3) \cdot (5x-3)'$,因此有 $\sec^2(5x-3)\mathrm{d}x = \frac{1}{5}\sec^2(5x-3)\mathrm{d}(5x-3)$,令 $u = 5x-3$,则

$$\int\sec^2(5x-3)\mathrm{d}x = \frac{1}{5}\int\sec^2(5x-3)\mathrm{d}(5x-3) = \frac{1}{5}\int\sec^2 u\mathrm{d}u$$

$$= \frac{1}{5}\tan u + C = \frac{1}{5}\tan(5x-3) + C$$

注　在熟练掌握了凑微分法后,就可以不必写出中间变量 u.

例 3　求 $\int\dfrac{1}{a^2 + x^2}\mathrm{d}x(a \neq 0)$.

解　$\displaystyle\int\frac{1}{a^2 + x^2}\mathrm{d}x = \int\frac{1}{a^2} \cdot \frac{1}{1 + \left(\dfrac{x}{a}\right)^2}\mathrm{d}x$

$$= \frac{1}{a}\int\frac{1}{1 + \left(\dfrac{x}{a}\right)^2}\mathrm{d}\frac{x}{a}$$

$$= \frac{1}{a}\arctan\frac{x}{a} + C$$

例 4　求 $\int \dfrac{\mathrm{d}x}{\sqrt{a^2 - x^2}}(a > 0)$.

解　$\int \dfrac{\mathrm{d}x}{\sqrt{a^2 - x^2}} = \int \dfrac{1}{a}\dfrac{\mathrm{d}x}{\sqrt{1 - \left(\dfrac{x}{a}\right)^2}} = \int \dfrac{\mathrm{d}\dfrac{x}{a}}{\sqrt{1 - \left(\dfrac{x}{a}\right)^2}} = \arcsin\dfrac{x}{a} + C$

例 5　求 $\int \dfrac{\mathrm{d}x}{x^2 - a^2}(a \neq 0)$.

解　由于 $\dfrac{1}{x^2 - a^2} = \dfrac{1}{2a}\left(\dfrac{1}{x - a} - \dfrac{1}{x + a}\right)$

所以 $\int \dfrac{\mathrm{d}x}{x^2 - a^2} = \dfrac{1}{2a}\int\left(\dfrac{1}{x - a} - \dfrac{1}{x + a}\right)\mathrm{d}x$

$$= \frac{1}{2a}\left(\int \frac{1}{x - a}\mathrm{d}x - \int \frac{1}{x + a}\mathrm{d}x\right)$$

$$= \frac{1}{2a}\left[\int \frac{1}{x - a}\mathrm{d}(x - a) - \int \frac{1}{x + a}\mathrm{d}(x + a)\right]$$

$$= \frac{1}{2a}(\ln|x - a| - \ln|x + a|) + C$$

$$= \frac{1}{2a}\ln\left|\frac{x - a}{x + a}\right| + C$$

通过以上几个例子发现，在求不定积分过程中会经常遇到求解 $\int f(ax + b)\mathrm{d}x$ ，此时通常令 $u = ax + b$, 则有

$$\int f(ax + b)\mathrm{d}x = \frac{1}{a}\int f(ax + b)\mathrm{d}(ax + b) = \frac{1}{a}\int f(u)\mathrm{d}u$$

因此可以通过求 $f(u)$ 的不定积分来计算 $f(ax + b)$ 的不定积分问题，上述几个例子在求解过程中都用到了此方法.

例 6　求 $\int x \sin x^2\mathrm{d}x$.

解　将 x^2 看成 u 以凑成 $\mathrm{d}u$, 令 $u = x^2$, 则 $\mathrm{d}u = 2x\mathrm{d}x$. 于是有

$$\int x \sin x^2\mathrm{d}x = \frac{1}{2}\int \sin x^2\mathrm{d}x^2 = \frac{1}{2}\int \sin u\mathrm{d}u = -\frac{1}{2}\cos u + C = -\frac{1}{2}\cos x^2 + C$$

例 7　求 $\int \dfrac{\mathrm{d}x}{\sqrt{x(1 - x)}}$.

解　$\int \dfrac{\mathrm{d}x}{\sqrt{x(1 - x)}} = \int \dfrac{2\mathrm{d}\sqrt{x}}{\sqrt{1 - (\sqrt{x})^2}} = 2\arcsin\sqrt{x} + C$

例 8　求 $\int \dfrac{\mathrm{d}x}{x(1 + x^2)}$.

解 将原来的不定积分变形为

$$\int \frac{\mathrm{d}x}{x(1+x^2)} = \int \frac{x\mathrm{d}x}{x^2(1+x^2)} = \frac{1}{2}\int \frac{\mathrm{d}x^2}{x^2(1+x^2)}$$

现在令 $u = x^2$，那么

$$\int \frac{\mathrm{d}x^2}{x^2(1+x^2)} = \frac{1}{2}\int \frac{\mathrm{d}u}{u(1+u)} = \frac{1}{2}\int \frac{1+u-u}{u(1+u)}\mathrm{d}u = \frac{1}{2}\int \left(\frac{1}{u} - \frac{1}{1+u}\right)\mathrm{d}u$$

$$= \frac{1}{2}\ln\left|\frac{u}{1+u}\right| + C = \frac{1}{2}\ln\left|\frac{x^2}{1+x^2}\right| + C$$

一般地，对于 $\int x^{k-1}f(x^k)\mathrm{d}x$，通常令 $u = x^k$，有

$$\int x^{k-1}f(x^k)\mathrm{d}x = \frac{1}{k}\int f(x^k)\mathrm{d}x^k = \frac{1}{k}\int f(u)\mathrm{d}u$$

特别地

$$\int xf(x^2)\mathrm{d}x = \frac{1}{2}\int f(x^2)\mathrm{d}x^2, \int \frac{f(\sqrt{x})}{\sqrt{x}}\mathrm{d}x = \int 2f(\sqrt{x})\mathrm{d}\sqrt{x}$$

注意到，$(\sin x)' = \cos x$，因此，在求 $\int f(\sin x)\cos x\mathrm{d}x$ 时，可以考虑令 $u = \sin x$，即

$$\int f(\sin x)\cos x\mathrm{d}x = \int f(\sin x)\mathrm{d}\sin x = \int f(u)\mathrm{d}u$$

如此，就可以通过求 $f(u)$ 的不定积分来解 $\int f(\sin x)\cos x\mathrm{d}x$。

类似地有

$$\int f(\cos x)\sin x\mathrm{d}x = -\int f(\cos x)\mathrm{d}\cos x = -\int f(u)\mathrm{d}u;$$

$$\int f(\tan x)\sec^2 x\mathrm{d}x = \int f(\tan x)\mathrm{d}\tan x = \int f(u)\mathrm{d}u.$$

例 9 求 $\int \tan x\mathrm{d}x$.

解 $\int \tan x\mathrm{d}x = \int \frac{\sin x}{\cos x}\mathrm{d}x = -\int \frac{1}{\cos x}\mathrm{d}\cos x = -\ln|\cos x| + C$

类似地，可算得

$$\int \cot \mathrm{d}x = \ln|\sin x| + C$$

例 10 求 $\int \sin^3 x \cos x\mathrm{d}x$.

解 令 $u = \sin x$，则

$$\int \sin^3 x \cos x\mathrm{d}x = \int \sin^3 x\mathrm{d}(\sin x) = \int u^3\mathrm{d}u = \frac{u^4}{4} + C = \frac{\sin^4 x}{4} + C$$

例 11 求 $\int \sin^3 x\mathrm{d}x$.

解 利用三角恒等式及凑微分法，可得

$$\int \sin^3 x dx = \int \sin^2 x \cdot \sin x dx = -\int \sin^2 x d(\cos x) = \int (\cos^2 x - 1) d(\cos x)$$

现令 $u = \cos x$,则

$$\int (\cos^2 x - 1) d(\cos x) = \int (u^2 - 1) du = \frac{u^3}{3} - u + C = \frac{\cos^3 x}{3} - \cos x + C$$

其他凑微分法举例如下:

例 12　求 $\int \sec x dx$.

解　将原式化为

$$\int \sec x dx = \int \frac{\sec x(\sec x + \tan x) dx}{\sec x + \tan x} = \int \frac{d(\sec x + \tan x)}{\sec x + \tan x}$$

令 $u = \sec x + \tan x$,则

$$\int \sec x dx = \int \frac{du}{u} = \ln|u| + C = \ln|\sec x + \tan x| + C$$

类似地可得

$$\int \csc x dx = \ln|\csc x - \cot x| + C$$

例 13　求 $\int \tan^5 x \sec^3 x dx$.

解
$$\int \tan^5 x \sec^3 x dx = \int \tan^4 x \sec^2 x \tan x \sec x dx$$

$$= \int (\sec^2 x - 1)^2 \sec^2 x d(\sec x)$$

$$= \int (\sec^6 x - 2\sec^4 x + \sec^2 x) d(\sec x)$$

$$= \frac{\sec^7 x}{7} - \frac{2}{5}\sec^5 x + \frac{\sec^3 x}{3} + C$$

例 14　求 $\int \cos 2x \cos 3x dx$

解　利用三角形的积化和差公式

$$\cos A \cos B = \frac{1}{2}[\cos(A - B) + \cos(A + B)]$$

可以得到

$$\cos 2x \cos 3x = \frac{1}{2}(\cos x + \cos 5x)$$

因此

$$\int \cos 2x \cos 3x dx = \frac{1}{2}\int (\cos x + \cos 5x) dx$$

$$= \frac{1}{2}\left(\int \cos x \, dx + \frac{1}{5}\int \cos 5x d(5x)\right)$$

$$= \frac{1}{2}\sin x + \frac{1}{10}\sin 5x + C$$

例 15　求 $\displaystyle\int \frac{\mathrm{d}x}{2-\mathrm{e}^{-x}}.$

解　被积函数中若出现 e^x 或 e^{-x} 时,可考虑分子、分母同乘以 e^x 或 e^{-x},则

$$\int \frac{\mathrm{d}x}{2-\mathrm{e}^{-x}} = \int \frac{\mathrm{e}^x \mathrm{d}x}{2\mathrm{e}^x - 1} = \int \frac{\mathrm{d}\mathrm{e}^x}{2\mathrm{e}^x - 1} = \frac{1}{2}\ln|2\mathrm{e}^x - 1| + C$$

例 16　求 $\displaystyle\int \frac{\mathrm{d}x}{x(2+\ln x)}.$

解　$\displaystyle\int \frac{\mathrm{d}x}{x(2+\ln x)} = \int \frac{\mathrm{d}(\ln x)}{2+\ln x} = \int \frac{\mathrm{d}(2+\ln x)}{2+\ln x} = \ln|2+\ln x| + C$

例 17　求 $\displaystyle\int \frac{\arctan\sqrt{x}}{\sqrt{x}(1+x)}\mathrm{d}x.$

解　因 $\mathrm{d}\sqrt{x} = \dfrac{\mathrm{d}x}{2\sqrt{x}}$,故

$$\int \frac{\arctan\sqrt{x}}{\sqrt{x}(1+x)}\mathrm{d}x = 2\int \frac{\arctan\sqrt{x}}{1+(\sqrt{x})^2}\mathrm{d}(\sqrt{x})$$

$$= 2\int \arctan\sqrt{x}\,\mathrm{d}(\arctan\sqrt{x})$$

$$= (\arctan\sqrt{x})^2 + C$$

不定积分的凑微分法技巧性较强. 虽然在实际应用中熟练掌握常见的凑微分形式很重要,但更重要的是应理解凑微分的思想,多做练习,掌握典型方法.

4.2.2　第二类换元法

上面介绍的第一类换元法是通过变量代换 $\varphi(x) = u$,将积分 $\displaystyle\int f[\varphi(x)]\varphi'(x)\mathrm{d}x$ 化为积分 $\displaystyle\int f(u)\mathrm{d}u.$

下面介绍的第二类换元法,其思想是:适当选择变量代换 $x = \varphi(t)$,将待求的不定积分 $\displaystyle\int f(x)\mathrm{d}x$ 化为不定积分 $\displaystyle\int f[\varphi(t)]\varphi'(t)\mathrm{d}t$,即

$$\int f(x)\mathrm{d}x = \int f[\varphi(t)]\varphi'(t)\mathrm{d}t$$

若 $f[\varphi(t)]\varphi'(t)$ 的原函数存在,则可以通过求 $\displaystyle\int f[\varphi(t)]\varphi'(t)\mathrm{d}t$ 来求 $\displaystyle\int f(x)\mathrm{d}x.$

上式在应用时还需注意, $\displaystyle\int f[\varphi(t)]\varphi'(t)\mathrm{d}t$ 求出后必须用 $x = \varphi(t)$ 的反函数 $t = \varphi^{-1}(x)$ 代回去,因此为了保证反函数存在且可导,需要假定 $x = \varphi(t)$ 在所考虑的区间内是单调、可导的,并且 $\varphi^{-1}(x) \neq 0$.

综上所述,给出下列定理.

定理 4.4　设 $x = \varphi(t)$ 是严格单调的可导函数,并且 $\varphi'(t) \neq 0$,又设 $f[\varphi(t)]\varphi'(t)$ 具有原函数,则有换元公式

$$\int f(x)\,\mathrm{d}x = \left[\int f[\varphi(t)]\varphi'(t)\,\mathrm{d}t\right]_{t=\varphi^{-1}(x)} \tag{4.7}$$

其中, $\varphi^{-1}(x)$ 是 $x=\varphi(t)$ 的反函数.

证 设 $f[\varphi(t)]\varphi'(t)$ 的原函数为 $\phi(t)$, 记 $\phi[\varphi^{-1}(x)]=F(x)$, 利用复合函数及反函数的求导法则, 有

$$F'(x)=\frac{\mathrm{d}\phi}{\mathrm{d}t}\frac{\mathrm{d}t}{\mathrm{d}x}=f[\varphi(t)]\varphi'(t)\frac{1}{\varphi'(t)}=f[\varphi(t)]=f(x)$$

即 $F(x)$ 是 $f(x)$ 的原函数. 所以有

$$\int f(x)\,\mathrm{d}x = F(x)+C = \phi[\varphi^{-1}(x)]+C = \left[\int f[\varphi(t)]\varphi'(t)\,\mathrm{d}t\right]_{t=\varphi^{-1}(x)}$$

注 常用的代换有三角代换、无理代换、倒代换及万能代换等.

(1) 三角代换

正弦代换 正弦代换主要是针对形如 $\sqrt{a^2-x^2}\,(a>0)$ 的根式施行的. 其目的是去掉根号. 其方法是: 令 $x=a\sin t\left(-\frac{\pi}{2}\leqslant t\leqslant\frac{\pi}{2}\right)$, 则有 $\sqrt{a^2-x^2}=a\cos t$, $\mathrm{d}x=a\cos t\,\mathrm{d}t$, $t=\arcsin\frac{x}{a}$.

例 18 求 $\displaystyle\int\frac{\mathrm{d}x}{\sqrt{a^2-x^2}}(a>0)$.

解 求这个积分的困难在于有根式 $\sqrt{a^2-x^2}$, 但可利用三角公式 $\sin^2 t+\cos^2 t=1$ 来化去根式. 设 $x=a\sin t\left(-\frac{\pi}{2}<t<\frac{\pi}{2}\right)$, 则

$$\sqrt{a^2-x^2}=\sqrt{a^2-a^2\sin^2 t}=a\cos t,\ \mathrm{d}x=a\cos t\,\mathrm{d}t$$

于是, 根式化成了三角式, 所求积分化为

$$\int\frac{\mathrm{d}x}{\sqrt{a^2-x^2}}=\int\frac{a\cos t\,\mathrm{d}t}{a\cos t}=\int 1\,\mathrm{d}t=t+C=\arcsin\frac{x}{a}+C$$

注 在例 4 中已经用凑微分法求解了本题, 读者可比较下两种解法.

例 19 求 $\displaystyle\int\frac{\mathrm{d}x}{\sqrt{x(1-x)}}$.

解 分母配方可得

$$x(1-x)=\frac{1}{4}-\left(x^2-x+\frac{1}{4}\right)=\frac{1}{4}-\left(x-\frac{1}{2}\right)^2$$

因此

$$\int\frac{\mathrm{d}x}{\sqrt{x(1-x)}}=\int\frac{\mathrm{d}\left(x-\frac{1}{2}\right)}{\sqrt{\frac{1}{4}-\left(x-\frac{1}{2}\right)^2}}=\arcsin(2x-1)+C(\text{由例 18 得})$$

例 20 求 $\displaystyle\int\sqrt{a^2-x^2}\,\mathrm{d}x$.

解 与上例类似, 可利用三角公式 $\sin^2 t+\cos^2 t=1$ 来化去根式. 设 $x=a\sin t\left(-\frac{\pi}{2}<t<\frac{\pi}{2}\right)$, 那么

$$\int \sqrt{a^2 - x^2} \, \mathrm{d}x = a^2 \int \cos^2 t \mathrm{d}t = a^2 \int \frac{\cos 2t + 1}{2} \mathrm{d}t$$

$$= a^2 \left(\frac{t}{2} + \frac{\sin 2t}{4} \right) + C = \frac{a^2}{2} t + \frac{a^2}{2} \sin t \cos t + C$$

因为 $x = a \sin t \left(-\frac{\pi}{2} < t < \frac{\pi}{2} \right)$，所以

$$t = \arcsin \frac{x}{a}, \cos t = \sqrt{1 - \sin^2 t} = \frac{\sqrt{a^2 - x^2}}{a}$$

于是

$$\int \sqrt{a^2 - x^2} \, \mathrm{d}x = \frac{a^2}{2} \arcsin \frac{x}{a} + \frac{1}{2} x \sqrt{a^2 - x^2} + C$$

正切代换　正切代换是针对形如 $\sqrt{a^2 + x^2} (a > 0)$ 的根式施行的. 其目的是去掉根号. 方法是：令 $x = a \tan t \left(-\frac{\pi}{2} < t < \frac{\pi}{2} \right)$，并利用三角公式 $\sec^2 t - \tan^2 t = 1$, $\mathrm{d}x = a \sec^2 t \mathrm{d}t$. 此时，有 $\sqrt{a^2 + x^2} = a \sec t$, $t = \arctan \frac{x}{a}$，在变量还原时，常用所谓辅助三角形法.

例21　求 $\int \dfrac{\mathrm{d}x}{\sqrt{a^2 + x^2}} (a > 0)$.

解　利用三角公式 $1 + \tan^2 t = \sec^2 t$ 来化去根式.

设 $x = a \tan t \left(-\frac{\pi}{2} < t < \frac{\pi}{2} \right)$，那么

$$\sqrt{a^2 + x^2} = \sqrt{a^2 + a^2 \tan^2 t} = a \sqrt{1 + \tan^2 t} = a \sec t, \mathrm{d}x = a \sec^2 t \mathrm{d}t$$

于是

$$\int \frac{\mathrm{d}x}{\sqrt{a^2 + x^2}} = \int \frac{a \sec^2 t \mathrm{d}t}{a \sec t} = \int \sec t \mathrm{d}t = \ln |\sec t + \tan t| + C \text{（由例 12 得）}$$

为了把 $\sec t$ 和 $\tan t$ 换成 x 的函数，可根据 $\tan t = \dfrac{x}{a}$ 作辅助三角形（见图 4.1），便有 $\sec t = \dfrac{\sqrt{a^2 + x^2}}{a}$，因此

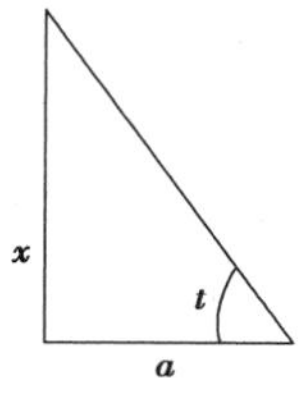

$$\int \frac{\mathrm{d}x}{\sqrt{a^2 + x^2}} = \ln \left| \frac{x}{a} + \frac{\sqrt{a^2 + x^2}}{a} \right| + C = \ln |x + \sqrt{a^2 + x^2}| + C_1$$

图 4.1

其中，$C_1 = C - \ln a$.

正割代换　正割代换是针对形如 $\sqrt{x^2 - a^2} (a > 0)$ 的根式施行的. 其目的是去掉根号. 方法是：令 $x = a \sec t$，并利用三角公式 $\sec^2 t - \tan^2 t = 1$，在变量还原时，常用辅助三角形法.

例22　求 $\int \dfrac{\mathrm{d}x}{\sqrt{x^2 - a^2}} (a > 0)$.

解　利用三角公式 $\sec^2 t - 1 = \tan^2 t$ 来化去根式. 注意到被积函数的定义域是 $x > a$ 和 $x < -a$ 两个区间，故在两个区间内分别求积分.

当 $x > a$ 时, 设 $x = a \sec t \left(0 < t < \dfrac{\pi}{2} \right)$, 则

$$\sqrt{x^2 - a^2} = \sqrt{a^2 \sec^2 t - a^2} = a \tan t, \mathrm{d}x = a \sec t \tan t \mathrm{d}t$$

于是

$$\int \frac{\mathrm{d}x}{\sqrt{x^2 - a^2}} = \int \frac{a \sec t \tan t \mathrm{d}t}{a \tan t} = \int \sec t \mathrm{d}t = \ln |\sec t + \tan t| + C$$

为了把 $\sec t$ 和 $\tan t$ 换成 x 的函数, 可根据 $\sec t = \dfrac{x}{a}$ 作辅助三角形, 得到 $\tan t = \dfrac{\sqrt{x^2 - a^2}}{a}$.

因此有

$$\int \frac{\mathrm{d}x}{\sqrt{x^2 - a^2}} = \ln \left| \frac{x}{a} + \frac{\sqrt{x^2 - a^2}}{a} \right| + C = \ln |x + \sqrt{x^2 - a^2}| + C_1$$

其中, $C_1 = C - \ln a$.

当 $x < -a$ 时, 令 $x = -u$, 则 $u > a$. 由上面结果, 有

$$\int \frac{\mathrm{d}x}{\sqrt{x^2 - a^2}} = -\int \frac{\mathrm{d}u}{\sqrt{u^2 - a^2}} = -\ln |u + \sqrt{u^2 - a^2}| + C$$

$$= -\ln |-x + \sqrt{x^2 - a^2}| + C = \ln \left| \frac{-x - \sqrt{x^2 - a^2}}{a^2} \right| + C$$

$$= \ln |x + \sqrt{x^2 - a^2}| + C_1$$

其中, $C_1 = C - 2 \ln a$.

把 $x > a$ 和 $x < -a$ 的结果合起来, 可写作

$$\int \frac{\mathrm{d}x}{\sqrt{x^2 - a^2}} = \ln |x + \sqrt{x^2 - a^2}| + C$$

从上面的几个例子可知, 如果被积函数含有 $\sqrt{a^2 - x^2}$, 可作代换 $x = a \sin t$ 化去根式; 如果被积函数含有 $\sqrt{a^2 + x^2}$, 可作代换 $x = a \tan t$ 化去根式; 如果被积函数含有 $\sqrt{x^2 - a^2}$, 可作代换 $x = a \sec t$ 化去根式. 但具体解题时, 要分析被积函数的具体情况, 选取尽可能简捷的代换, 不要拘泥于上述的代换.

前面有些例题的结果在以后的积分运算中会经常遇到, 因此将它们补充到基本积分表中 (其中常数 $a > 0$):

⑯ $\int \tan x \mathrm{d}x = -\ln |\cos x| + C$;

⑰ $\int \cot x \mathrm{d}x = \ln |\sin x| + C$;

⑱ $\int \sec x \mathrm{d}x = \ln |\sec x + \tan x| + C$;

⑲ $\int \csc x \mathrm{d}x = \ln |\csc x - \cot x| + C$;

⑳ $\int \dfrac{\mathrm{d}x}{a^2 + x^2} = \dfrac{1}{a} \arctan \dfrac{x}{a} + C$;

㉑ $\displaystyle\int \frac{\mathrm{d}x}{x^2 - a^2} = \frac{1}{2a}\ln\left|\frac{x-a}{x+a}\right| + C$;

㉒ $\displaystyle\int \frac{\mathrm{d}x}{\sqrt{a^2 - x^2}} = \arcsin\frac{x}{a} + C$;

㉓ $\displaystyle\int \frac{\mathrm{d}x}{\sqrt{a^2 + x^2}} = \ln(x + \sqrt{x^2 + a^2}) + C$;

㉔ $\displaystyle\int \frac{\mathrm{d}x}{\sqrt{x^2 - a^2}} = \ln\left| x + \sqrt{x^2 - a^2}\right| + C$.

习题 4. 2

1. 填空使下列等式成立:

(1) $\mathrm{d}x = $ ____ $\mathrm{d}(8x + 15)$;

(2) $x\mathrm{d}x = $ ____ $\mathrm{d}(1 + x^2)$;

(3) $x^3\mathrm{d}x = $ ____ $\mathrm{d}(3x^5 - 2)$;

(4) $\mathrm{e}^{3x}\mathrm{d}x = $ ____ $\mathrm{d}(\mathrm{e}^{3x})$;

(5) $\dfrac{\mathrm{d}x}{x} = $ ____ $\mathrm{d}(5\ln|x|)$;

(6) $\dfrac{\mathrm{d}x}{x} = $ ____ $\mathrm{d}(3 - 5\ln|x|)$;

(7) $\dfrac{1}{\sqrt{t}}\mathrm{d}t = $ ____ $\mathrm{d}(\sqrt{t})$;

(8) $\dfrac{\mathrm{d}x}{\cos^2 2x} = $ ____ $\mathrm{d}(\tan 2x)$;

(9) $\dfrac{\mathrm{d}x}{1 + 9x^2} = $ ____ $\mathrm{d}(\arctan 3x)$.

2. 求下列不定积分:

(1) $\displaystyle\int \mathrm{e}^{5t}\mathrm{d}t$;

(2) $\displaystyle\int (7 - 5x)^3\mathrm{d}x$;

(3) $\displaystyle\int \frac{1}{5 - 2x}\mathrm{d}x$;

(4) $\displaystyle\int \frac{1}{\sqrt[3]{5 - 2x}}\mathrm{d}x$;

(5) $\displaystyle\int (\sin 3x - \mathrm{e}^{\frac{x}{5}})\mathrm{d}x$;

(6) $\displaystyle\int \frac{\cos\sqrt{t}}{\sqrt{t}}\mathrm{d}t$;

(7) $\displaystyle\int \tan^9 x \sec^2 x\mathrm{d}x$;

(8) $\displaystyle\int \frac{\mathrm{d}x}{x\ln x\ln\ln x}$;

(9) $\displaystyle\int \tan\sqrt{1 + x^2}\,\frac{x\mathrm{d}x}{\sqrt{1 + x^2}}$;

(10) $\displaystyle\int \frac{\mathrm{d}x}{\sin x\cos x}$;

(11) $\displaystyle\int \frac{\mathrm{d}x}{\mathrm{e}^x + \mathrm{e}^{-x}}$;

(12) $\displaystyle\int x\cos(x^2)\mathrm{d}x$;

(13) $\displaystyle\int \frac{x\mathrm{d}x}{\sqrt{5 - 3x^2}}$;

(14) $\displaystyle\int \cos^2(\omega t)\sin(\omega t)\mathrm{d}t$;

(15) $\displaystyle\int \frac{x^3}{1 - x^4}\mathrm{d}x$;

(16) $\displaystyle\int \frac{\sin x}{\cos^3 x}\mathrm{d}x$;

(17) $\displaystyle\int \frac{x^4}{\sqrt{2 - x^{10}}}\mathrm{d}x$;

(18) $\displaystyle\int \frac{1 - x}{\sqrt{9 - 4x^2}}\mathrm{d}x$;

$(19) \int \dfrac{\mathrm{d}x}{2x^2 - 1}$;

$(20) \int \dfrac{x\mathrm{d}x}{(7 - 5x)^2}$;

$(21) \int \cos^3 x \mathrm{d}x$;

$(22) \int \cos^2(\omega t + \varphi)\mathrm{d}t$;

$(23) \int \sin 2x \cos 3x \mathrm{d}x$;

$(24) \int \sin 5x \sin 7x \mathrm{d}x$;

$(25) \int \tan^3 x \sec x \mathrm{d}x$;

$(26) \int \dfrac{10^{\arccos x}}{\sqrt{1 - x^2}} \mathrm{d}x$;

$(27) \int \dfrac{\mathrm{d}x}{(\arcsin x)^2 \sqrt{1 - x^2}}$;

$(28) \int \dfrac{\arctan \sqrt{x}}{\sqrt{x}(1 + x)} \mathrm{d}x$;

$(29) \int \dfrac{\ln \tan x}{\cos x \sin x} \mathrm{d}x$;

$(30) \int \dfrac{1 + \ln x}{(x \ln x)^2} \mathrm{d}x$;

$(31) \int \dfrac{\mathrm{d}x}{1 - \mathrm{e}^x}$;

$(32) \int \dfrac{x^2 \mathrm{d}x}{(x - 1)^{100}}$;

$(33) \int \dfrac{x\mathrm{d}x}{x^8 - 1}$.

3. 求下列不定积分:

$(1) \int \dfrac{\mathrm{d}x}{1 + \sqrt{1 - x^2}}$;

$(2) \int \dfrac{\sqrt{x^2 - 9}}{x} \mathrm{d}x$;

$(3) \int \dfrac{\mathrm{d}x}{\sqrt{(x^2 + 1)^3}}$;

$(4) \int \dfrac{\mathrm{d}x}{\sqrt{(x^2 + a^2)^3}}$;

$(5) \int \dfrac{x^2 + 1}{x \sqrt{x^4 + 1}} \mathrm{d}x$;

$(6) \int \sqrt{5 - 4x - x^2}\, \mathrm{d}x$.

4. 设函数 $f(x)$ 满足 $f'(x) = \dfrac{1}{\sqrt{1 + x}}$，且 $f(0) = 2$，试求 $f(x)$.

5. 设 $I_n = \int \tan^n x \mathrm{d}x$，求证：$I_n = \dfrac{1}{n - 1} \tan^{n-1} x - I_{n-2}$，并求 $\int \tan^5 x \mathrm{d}x$.

4.3 分部积分法

前一节根据复合函数求导法则,介绍了求不定积分的换元法. 本节我们将利用两个函数乘积的求导法则来推得另一个求不定积分的方法:分部积分法.

设函数 $u = u(x)$ 及 $v = v(x)$ 具有连续导数,则

$$(uv)' = u'v + uv'$$

移项,得

$$uv' = (uv)' - u'v$$

对此等式两边求不定积分,得

$$\int uv' \mathrm{d}x = uv - \int u'v\mathrm{d}x \tag{4.8}$$

式(4.8)称为**分部积分公式**. 它也常写成下面的形式

$$\int u\mathrm{d}v = uv - \int v\mathrm{d}u \tag{4.9}$$

当求不定积分时,如果求 $\int uv'\mathrm{d}x$ 有困难,而求 $\int u'v\mathrm{d}x$ 较容易时,可以利用分部积分公式把较难的不定积分问题转化为易求的不定积分问题. 下面通过几个例子来体会用分部积分公式求不定积分的方法.

①把被积函数视为两个函数之积,按"**反对幂指三**"的顺序,取前者为 u,后者为 v'. 其中,"反对幂指三"分别指的是反三角函数、对数函数、幂函数、指数函数、三角函数.

例 1　求 $\int x\cos x\mathrm{d}x$.

解　设 $u = x, \mathrm{d}v = \cos x\mathrm{d}x$,那么,$\mathrm{d}u = \mathrm{d}x, v = \sin x$,则有

$$\int x\cos x\mathrm{d}x = \int x\mathrm{d}(\sin x) = x\sin x - \int \sin x\mathrm{d}x$$

而 $\int v\mathrm{d}u = \int \sin x\mathrm{d}x$ 容易积出,所以

$$\int x\cos x\mathrm{d}x = x\sin x + \cos x + C$$

例 2　求 $\int x\mathrm{e}^x\mathrm{d}x$.

解　设 $u = x, \mathrm{d}v = \mathrm{e}^x\mathrm{d}x = \mathrm{d}\mathrm{e}^x$,则有

$$\int x\mathrm{e}^x\mathrm{d}x = \int x\mathrm{d}\mathrm{e}^x = x\mathrm{e}^x - \int \mathrm{e}^x\mathrm{d}x = x\mathrm{e}^x - \mathrm{e}^x + C$$

例 3　求 $\int x^2\mathrm{e}^x\mathrm{d}x$.

解　设 $u = x^2, \mathrm{d}v = \mathrm{e}^x\mathrm{d}x = \mathrm{d}\mathrm{e}^x$,则有

$$\int x^2\mathrm{e}^x\mathrm{d}x = \int x^2\mathrm{d}\mathrm{e}^x = x^2\mathrm{e}^x - \int \mathrm{e}^x\mathrm{d}x^2 = x^2\mathrm{e}^x - 2\int x\mathrm{e}^x\mathrm{d}x$$

对 $\int x\mathrm{e}^x\mathrm{d}x$ 再次使用分部积分法,可得

$$\begin{aligned}
\int x^2\mathrm{e}^x\mathrm{d}x &= x^2\mathrm{e}^x - 2\int x\mathrm{e}^x\mathrm{d}x \\
&= x^2\mathrm{e}^x - 2(x\mathrm{e}^x - \mathrm{e}^x) + C \\
&= \mathrm{e}^x(x^2 - 2x + 2) + C
\end{aligned}$$

例 4　求 $\int x\ln x\mathrm{d}x$.

解　设 $u = \ln x, \mathrm{d}v = x\mathrm{d}x = \dfrac{1}{2}\mathrm{d}x^2$,则有

$$\int x\ln x\mathrm{d}x = \frac{1}{2}\int \ln x\mathrm{d}x^2 = \frac{1}{2}x^2\ln x - \frac{1}{2}\int x^2\mathrm{d}(\ln x)$$

$$= \frac{1}{2}x^2\ln x - \frac{1}{2}\int x\mathrm{d}x$$

$$= \frac{1}{2}x^2\ln x - \frac{1}{4}x^2 + C$$

例 5　求 $\int x\arctan x\mathrm{d}x$.

解　设 $u = \arctan x, \mathrm{d}v = x\mathrm{d}x = \frac{1}{2}\mathrm{d}x^2$,则有

$$\int x\arctan x\mathrm{d}x = \frac{1}{2}\int\arctan x\mathrm{d}x^2 = \frac{x^2}{2}\arctan x - \frac{1}{2}\int x^2\mathrm{d}(\arctan x)$$

$$= \frac{x^2}{2}\arctan x - \frac{1}{2}\int\frac{x^2}{1+x^2}\mathrm{d}x = \frac{x^2}{2}\arctan x - \frac{1}{2}\int\frac{1+x^2-1}{1+x^2}\mathrm{d}x$$

$$= \frac{x^2}{2}\arctan x - \frac{1}{2}\int\left(1-\frac{1}{1+x^2}\right)\mathrm{d}x = \frac{1}{2}(x^2+1)\arctan x - \frac{1}{2}x + C$$

例 6　求 $\int\arcsin x\mathrm{d}x$.

解　设 $u = \arcsin x, \mathrm{d}v = \mathrm{d}x$,则有

$$\int\arcsin x\mathrm{d}x = \int u\mathrm{d}v = uv - \int v\mathrm{d}u$$

$$= x\arcsin x - \int x\,\mathrm{d}\arcsin x$$

$$= x\arcsin x - \int\frac{x}{\sqrt{1-x^2}}\mathrm{d}x$$

$$= x\arcsin x + \frac{1}{2}\int\frac{\mathrm{d}(1-x^2)}{\sqrt{1-x^2}}$$

$$= x\arcsin x + \sqrt{1-x^2} + C$$

在熟练运用分部积分公式后,就可以不必写出具体的 u 和 v,只要把被积表达式凑成分部积分需要的形式,便可直接使用分部积分公式.

②构造关于所求不定积分的方程来求解不定积分.

例 7　求 $\int\mathrm{e}^x\sin x\mathrm{d}x$.

解　$\int\mathrm{e}^x\sin x\mathrm{d}x = \int\sin x\mathrm{d}(\mathrm{e}^x) = \mathrm{e}^x\sin x - \int\mathrm{e}^x\mathrm{d}(\sin x) = \mathrm{e}^x\sin x - \int\mathrm{e}^x\cos x\mathrm{d}x$

等式右端的积分与等式左端的积分是同一类型的. 对右端的积分再用一次分部积分法,得

$$\int\mathrm{e}^x\sin x\mathrm{d}x = \mathrm{e}^x\sin x - \int\cos x\mathrm{d}(\mathrm{e}^x)$$

$$= \mathrm{e}^x\sin x - \mathrm{e}^x\cos x - \int\mathrm{e}^x\sin x\mathrm{d}x$$

上式右端的第三项就是所求的积分 $\int\mathrm{e}^x\sin x\mathrm{d}x$,把它移到等号左端去,再两端同除以 2,则

得

$$\int e^x \sin x dx = \frac{1}{2} e^x (\sin x - \cos x) + C$$

注　因上式右端已不包含积分项,故必须加上任意常数 C.

例 8　求 $\int \sec^3 x dx$.

解
$$\int \sec^3 x dx = \int \sec x d(\tan x) = \sec x \tan x - \int \sec x \tan^2 x dx$$

$$= \sec x \tan x - \int \sec x (\sec^2 x - 1) dx$$

$$= \sec x \tan x - \int \sec^3 x dx + \int \sec x dx$$

$$= \sec x \tan x + \ln |\sec x + \tan x| - \int \sec^3 x dx$$

右端第三项就是所求积分 $\int \sec^3 x dx$,把它移到等号左端去,再两端同除以 2,则得

$$\int \sec^3 x dx = \frac{1}{2} (\sec x \tan x + \ln |\sec x + \tan x|) + C$$

例 9　求 $I_n = \int \dfrac{dx}{(x^2 + a^2)^n}$,其中 n 为正整数.

解　当 $n = 1$ 时

$$I_1 = \int \frac{dx}{x^2 + a^2} = \frac{1}{a} \int \frac{d\left(\dfrac{x}{a}\right)}{1 + \left(\dfrac{x}{a}\right)^2} = \frac{1}{a} \arctan \frac{x}{a} + C$$

当 $n > 1$ 时,用分部积分法,则

$$I_{n-1} = \frac{x}{(x^2 + a^2)^{n-1}} + 2(n-1) \int \frac{x^2}{(x^2 + a^2)^n} dx$$

$$= \frac{x}{(x^2 + a^2)^{n-1}} + 2(n-1) \int \left[\frac{1}{(x^2 + a^2)^{n-1}} - \frac{a^2}{(x^2 + a^2)^n} \right] dx$$

即

$$I_{n-1} = \frac{x}{(x^2 + a^2)^{n-1}} + 2(n-1)(I_{n-1} - a^2 I_n)$$

于是

$$I_n = \frac{1}{2a^2(n-1)} \left[\frac{x}{(x^2 + a^2)^{n-1}} + (2n-3) I_{n-1} \right]$$

以此作递推公式,并由 $I_1 = \dfrac{1}{a} \arctan \dfrac{x}{a} + C$,即可得到 I_n.

有些不定积分,在积分的过程中往往要兼用换元法与分部积分法,例如下面这个例子.

例 10　求 $\int e^{\sqrt{x}} dx$.

解　因被积函数出现了 $\sqrt{x}$,为了消去根式,令 $t = \sqrt{x}$,即 $x = t^2$,则有

$$\int e^{\sqrt{x}}dx = \int e^t dt^2 = 2\int t e^t dt$$

对 $\int t e^t dt$ 使用分部积分法得

$$\int e^{\sqrt{x}}dx = 2(t-1)e^t + C = 2(\sqrt{x}-1)e^{\sqrt{x}} + C$$

习题 4.3

1. 求下列不定积分：

(1) $\int \arcsin x dx$；

(2) $\int \ln(1+x^2)dx$；

(3) $\int \arctan x dx$；

(4) $\int \dfrac{\ln(1+x)}{\sqrt{x}}dx$；

(5) $\int x \ln\dfrac{1+x}{1-x}dx$；

(6) $\int x \cos\dfrac{x}{2}dx$；

(7) $\int x \tan^2 x dx$；

(8) $\int \ln^2 x dx$；

(9) $\int x \ln(x-1)dx$；

(10) $\int \dfrac{\ln^2 x}{x^2}dx$；

(11) $\int \dfrac{\ln(1+e^x)}{e^x}dx$；

(12) $\int \dfrac{dx}{\sin 2x \cos x}$；

(13) $\int x^n \ln x dx (n \neq -1)$；

(14) $\int x^2 e^{-x}dx$；

(15) $\int x^3 (\ln x)^2 dx$；

(16) $\int \dfrac{\ln \ln x}{x}dx$；

(17) $\int (\arcsin x)^2 dx$；

(18) $\int e^x \sin^2 x dx$；

(19) $\int (x^2-1)\sin 2x dx$；

(20) $\int e^{\sqrt[3]{x}}dx$.

2. 求下列不定积分：

(1) $\int x e^{5x}dx$；

(2) $\int (x+1)e^x dx$；

(3) $\int x^2 \cos x dx$；

(4) $\int (x^2+1)e^{-x}dx$；

(5) $\int x \ln(x+1)dx$；

(6) $\int e^{-x}\cos x dx$.

3. 已知 $\dfrac{\sin x}{x}$ 是 $f(x)$ 的原函数，求 $\int x f'(x)dx$.

4. 已知 $f(x) = \dfrac{e^x}{x}$，求 $\int x f''(x)dx$.

5. 设函数 $f(x)$ 为单调、可导，$f^{-1}(x)$ 为其反函数，且 $\int f(x)dx = F(x) + C$，求 $\int f^{-1}(x)dx$.

4.4 有理函数的积分

4.4.1 有理函数的积分

有理函数是指由两个多项式的商所表示的函数. 它具有以下函数形式:

$$R(x) = \frac{P(x)}{Q(x)} = \frac{a_0 x^n + a_1 x^{n-1} + \cdots + a_{n-1}x + a_n}{b_0 x^m + b_1 x^{m-1} + \cdots + b_{m-1}x + b_m} \tag{4.10}$$

其中, m 和 n 都是非负整数; $a_0, a_1, \cdots, a_n$ 及 $b_0, b_1, \cdots, b_n$ 都是实数, 并且 $a_0 \neq 0, b_0 \neq 0$. 并总假定 $P(x)$ 与 $Q(x)$ 之间没有公因式. 当 $n \geq m$ 时, $R(x)$ 为假分式; 当 $m > n$ 时, $R(x)$ 为真分式.

利用多项式除法, 总可将一个假分式化成一个多项式和一个真分式的和的形式. 真分式又可分解成若干部分分式之和. 其中, 部分分式的形式为

$$\frac{A}{(x-a)^k}, \frac{Mx+N}{(x^2+px+q)^k} \qquad (k \in \mathbf{N}^+, p^2 - 4q < 0)$$

因为多项式 $Q(x)$ 在实数范围内能分解成一次因式和二次质因式的乘积, 即

$$Q(x) = b_0(x-a)^{\alpha} \cdots (x-b)^{\beta}(x^2+px+q)^{\lambda} \cdots (x^2+rx+s)^{\mu}$$

其中, $p^2 - 4q < 0, \cdots, r^2 - 4s < 0$. 因此, 真分式 $R(x)$ 可分解成下面的标准部分分式之和, 即

$$R(x) = \frac{A_1}{(x-a)^{\alpha}} + \frac{A_2}{(x-a)^{\alpha-1}} + \cdots + \frac{A_{\alpha}}{x-a} + \cdots +$$

$$\frac{B_1}{(x-b)^{\beta}} + \frac{B_2}{(x-b)^{\beta-1}} + \cdots + \frac{B_{\beta}}{x-b} +$$

$$\frac{M_1 x + N_1}{(x^2+px+q)^{\lambda}} + \frac{M_2 x + N_2}{(x^2+px+q)^{\lambda-1}} + \cdots + \frac{M_{\lambda} x + N_{\lambda}}{x^2+px+q} + \cdots +$$

$$\frac{R_1 x + S_1}{(x^2+rx+s)^{\mu}} + \frac{R_2 x + S_2}{(x^2+rx+s)^{\mu-1}} + \cdots + \frac{R_{\mu} x + S_{\mu}}{x^2+rx+s} \tag{4.11}$$

其中, $A_i, \cdots, B_i, M_i, N_i, \cdots, R_i$ 及 S_i 等都是常数.

例1 将假分式 $\dfrac{x^5 + x^4 - 8}{x^3 - x}$ 化成一个多项式和一个真分式的和的形式.

解 使用多项式除法来解决这一问题, 其过程为

$$
\begin{array}{r}
x^2 + x + 1 \\
x^3 - x \overline{\smash{)}\, x^5 + x^4 - 8} \\
\underline{x^5 - x^3 } \\
x^4 + x^3 - 8 \\
\underline{x^4 - x^2 } \\
x^3 + x^2 - 8 \\
\underline{x^3 - x } \\
x^2 + x - 8
\end{array}
$$

所以

$$\frac{x^5 + x^4 - 8}{x^3 - x} = (x^2 + x + 1) + \frac{x^2 + x - 8}{x^3 - x}$$

例2 将下列真分式分解成部分分式,并求其作为被积函数的不定积分:

$(1) \dfrac{1}{x(x-1)^2};$ $\qquad\qquad\qquad$ $(2) \dfrac{x+3}{x^2 - 5x + 6}.$

解 (1)现将原式化成标准部分分式之和

$$\frac{1}{x(x-1)^2} = \frac{x - (x-1)}{x(x-1)^2} = \frac{1}{(x-1)^2} - \frac{1}{x(x-1)}$$

$$= \frac{1}{(x-1)^2} - \frac{x - (x-1)}{x(x-1)} = \frac{1}{(x-1)^2} - \frac{1}{x-1} + \frac{1}{x}$$

于是,原不定积分

$$\int \frac{1}{x(x-1)^2} \mathrm{d}x = \int \left[\frac{1}{(x-1)^2} - \frac{1}{x-1} + \frac{1}{x} \right] \mathrm{d}x$$

$$= -\frac{1}{x-1} + \ln \left| \frac{x}{x-1} \right| + C$$

(2)被积函数的分母分解成$(x-3)(x-2)$,故可设

$$\frac{x+3}{x^2 - 5x + 6} = \frac{A}{x-2} + \frac{B}{x-3}$$

其中,A,B为待定系数. 则有

$$\frac{x+3}{x^2 - 5x + 6} = \frac{A}{x-2} + \frac{B}{x-3} = \frac{(A+B)x - (3A+2B)}{(x-2)(x-3)}$$

即 $\begin{cases} A + B = 1 \\ -(3A + 2B) = 3 \end{cases}$,解得 $A = -5, B = 6$. 于是

$$\int \frac{x+3}{x^2 - 5x + 6} \mathrm{d}x = \int \left(\frac{-5}{x-2} + \frac{6}{x-3} \right) \mathrm{d}x$$

$$= 6 \ln |x-3| - 5 \ln |x-2| + C$$

下面给出4种典型的标准部分分式的积分.

① $\int \dfrac{A}{x-a} \mathrm{d}x = A \ln |x-a| + C;$

② $\int \dfrac{A}{(x-a)^n} \mathrm{d}x = \dfrac{A}{1-n} (x-a)^{1-n} + C (n \neq 1);$

③ $\int \dfrac{Mx + N}{x^2 + px + q} \mathrm{d}x (p^2 - 4q < 0);$

④ $\int \dfrac{Mx + N}{(x^2 + px + q)^n} \mathrm{d}x (p^2 - 4q < 0, n > 1).$

求第③种典型标准部分分式的不定积分的方法是:将其分子变为

$$\frac{M}{2}(2x + p) + N - \frac{Mp}{2}$$

于是有

$$\int \frac{Mx + N}{x^2 + px + q}dx = \int \frac{\frac{M}{2}(2x + p) + N - \frac{Mp}{2}}{x^2 + px + q}dx$$

$$= \frac{M}{2}\int \frac{1}{x^2 + px + q}d(x^2 + px + q) + \left(N - \frac{Mp}{2}\right)\int \frac{1}{x^2 + px + q}dx$$

$$= \frac{M}{2}\ln|x^2 + px + q| + \left(N - \frac{Mp}{2}\right)\int \frac{d\left(x + \frac{p}{2}\right)}{\left(x + \frac{p}{2}\right)^2 + \left(\sqrt{q - \frac{p^2}{4}}\right)^2}$$

$$= \frac{M}{2}\ln(x^2 + px + q) + \frac{N - \frac{Mp}{2}}{\sqrt{q - \frac{p^2}{4}}}\arctan \frac{x + \frac{p}{2}}{\sqrt{q - \frac{p^2}{4}}} + C$$

第④种典型的部分分式的不定积分可拆分为

$$\int \frac{Mx + N}{(x^2 + px + q)^n}dx = \int \frac{Mtdt}{(t^2 + a^2)^n} + \int \frac{bdt}{(t^2 + a^2)^n}$$

前一项可以通过凑微分求出,第二项可以参考上节例9,通过构造递推公式来求出结果.

总之,有理函数分解为多项式及部分分式之和以后,各个部分都能求出积分,且原函数都是初等函数. 故有理函数的原函数都是初等函数.

例3　求$\int \frac{x - 2}{x^2 + 2x + 3}dx$.

解　$$\int \frac{x - 2}{x^2 + 2x + 3}dx = \int \frac{\frac{1}{2}(2x + 2) - 3}{x^2 + 2x + 3}dx$$

$$= \frac{1}{2}\int \frac{d(x^2 + 2x + 3)}{x^2 + 2x + 3} - 3\int \frac{dx}{x^2 + 2x + 3}$$

$$= \frac{1}{2}\ln(x^2 + 2x + 3) - 3\int \frac{d(x + 1)}{(x + 1)^2 + (\sqrt{2})^2}$$

$$= \frac{1}{2}\ln(x^2 + 2x + 3) - \frac{3}{\sqrt{2}}\arctan \frac{x + 1}{\sqrt{2}} + C$$

值得的注意是: 将有理函数分解成多项式和部分分式之和进行积分虽可行,但有时不一定简便. 因此,要注意根据被积函数的结构寻求简便的方法.

例4　求$\int \frac{x^2 dx}{(x^2 + 2x + 2)^2}$.

解　观察$(2x + 2)dx = d(x^2 + 2x + 2)$,于是将原式变为

$$\int \frac{x^2 dx}{(x^2 + 2x + 2)^2} = \int \frac{(x^2 + 2x + 2) - (2x + 2)}{(x^2 + 2x + 2)^2}dx$$

则

$$\int \frac{x^2 dx}{(x^2 + 2x + 2)^2} = \int \frac{dx}{(x + 1)^2 + 1} - \int \frac{d(x^2 + 2x + 2)}{(x^2 + 2x + 2)^2}$$

$$= \arctan(x + 1) + \frac{1}{x^2 + 2x + 2} + C$$

4.4.2 可化为有理函数的积分

(1) 万能代换

万能代换常用于三角函数有理式的积分,即被积函数形如 $R(\sin x, \cos x)$ 的积分. 由于

$$\sin x = 2 \sin \frac{x}{2} \cos \frac{x}{2} = \frac{2 \tan \frac{x}{2}}{\sec^2 \frac{x}{2}}$$

$$\cos x = \frac{\cos^2 \frac{x}{2} - \sin^2 \frac{x}{2}}{\cos^2 \frac{x}{2} + \sin^2 \frac{x}{2}} = \frac{1 - \tan^2 \frac{x}{2}}{1 + \tan^2 \frac{x}{2}}$$

因此,可令 $t = \tan \frac{x}{2}$,则有 $\sin x = \frac{2t}{1 + t^2}, \cos x = \frac{1 - t^2}{1 + t^2}, dx = \frac{2dt}{1 + t^2}$. 原积分 $\int R(\sin x, \cos x) dx$ 即可转化成关于 t 的有理函数积分.

例5 求 $\int \frac{1 + \sin x}{\sin x(1 + \cos x)} dx$.

解 被积函数 $f(x) = \frac{1 + \sin x}{\sin x(1 + \cos x)}$ 形如 $R(\sin x, \cos x)$,令 $t = \tan \frac{x}{2}(-\pi < x < \pi)$,则

$$\int \frac{1 + \sin x}{\sin x(1 + \cos x)} dx = \int \frac{\left(1 + \frac{2t}{1 + t^2}\right) \frac{2dt}{1 + t^2}}{\frac{2t}{1 + t^2}\left(1 + \frac{1 - t^2}{1 + t^2}\right)}$$

$$= \frac{1}{2} \int \left(t + 2 + \frac{1}{t}\right) dt$$

$$= \frac{1}{2}\left(\frac{t^2}{2} + 2t + \ln|t|\right) + C$$

$$= \frac{1}{4} \tan^2 \frac{x}{2} + \tan \frac{x}{2} + \frac{1}{2} \ln \left| \tan \frac{x}{2} \right| + C$$

值得注意的是在求含 $\sin^2 x, \cos^2 x$ 及 $\sin x \cos x$ 三角函数有理式的积分时,用代换 $t = \tan x$ 往往更方便.

例6 求 $\int \frac{dx}{a^2 \sin^2 x + b^2 \cos^2 x} (a, b \neq 0)$.

解 此题的思路是分子、分母同除以 $\cos^2 x$,因 $\frac{1}{\cos^2 x} = \sec^2 x$,则有

$$\int \frac{dx}{a^2 \sin^2 x + b^2 \cos^2 x} = \int \frac{\sec^2 x dx}{a^2 \tan^2 x + b^2} = \int \frac{d\tan x}{(a \tan x)^2 + b^2}$$

$$= \frac{1}{a^2} \int \frac{d\tan x}{(\tan x)^2 + \left(\frac{b}{a}\right)^2} = \frac{1}{ab} \arctan\left(\frac{a}{b} \tan x\right) + C$$

（2）无理代换

若被积函数是 $\sqrt[n_1]{x},\sqrt[n_2]{x},\cdots,\sqrt[n_k]{x}$ 的有理式时，设 n 为 $n_i(1\leqslant i\leqslant k)$ 的最小公倍数，作代换 $t=\sqrt[n]{x}$，有 $x=t^n$，$\mathrm{d}x=nt^{n-1}\mathrm{d}t$，可化被积函数为 t 的有理函数.

例 7　求 $\displaystyle\int\frac{\sqrt{x-3}}{x}\mathrm{d}x$.

解　为了去掉根号，可以令 $\sqrt{x-3}=t$，从而 $x=t^2+3$，$\mathrm{d}x=2t\mathrm{d}t$，于是

$$\int\frac{\sqrt{x-3}}{x}\mathrm{d}x=\int\frac{t}{t^2+3}\cdot2t\mathrm{d}t=2\int\frac{t^2}{t^2+3}\mathrm{d}t=2\int\Big(1-\frac{3}{t^2+3}\Big)\mathrm{d}t$$

$$=2\Big(t-3\frac{1}{\sqrt{3}}\arctan\frac{t}{\sqrt{3}}\Big)=2\Big(\sqrt{x-3}-\sqrt{3}\arctan\frac{\sqrt{x-3}}{\sqrt{3}}\Big)+C$$

例 8　求 $\displaystyle\int\frac{\mathrm{d}x}{1+\sqrt[3]{x+2}}$.

解　为了去掉根号，可以设 $t=\sqrt[3]{x+2}$，则 $x=t^3-2$，$\mathrm{d}x=3t^2\mathrm{d}t$. 于是

$$\int\frac{\mathrm{d}x}{1+\sqrt[3]{x+2}}=\int\frac{3t^2\mathrm{d}t}{1+t}=3\int\frac{t^2-1+1}{1+t}\mathrm{d}t$$

$$=3\int\Big(t-1+\frac{1}{t+1}\Big)\mathrm{d}t=3\Big(\frac{t^2}{2}-t+\ln|t+1|\Big)+C$$

$$=3\Big(\frac{\sqrt[3]{(x+2)^2}}{2}-\sqrt[3]{x+2}+\ln|\sqrt[3]{x+2}+1|\Big)+C$$

例 9　求 $\displaystyle\int\frac{\mathrm{d}x}{(1+\sqrt[3]{x})\sqrt{x}}$.

解　被积函数中有两个根式，$\sqrt[3]{x}$ 和 $\sqrt{x}$，为了能同时消去这两个根式，可以令 $x=t^6$，于是 $\mathrm{d}x=6t^5\mathrm{d}t$，从而所求积分为

$$\int\frac{\mathrm{d}x}{(1+\sqrt[3]{x})\sqrt{x}}=\int\frac{6t^5}{(1+t^2)t^3}\mathrm{d}t=6\int\frac{t^2}{1+t^2}\mathrm{d}t$$

$$=6\int\Big(1-\frac{1}{1+t^2}\Big)\mathrm{d}t=6(t-\arctan t)+C$$

$$=6(\sqrt[6]{x}-\arctan\sqrt[6]{x})+C$$

例 10　求 $\displaystyle\int\frac{1}{x}\sqrt{\frac{1+x}{x}}\mathrm{d}x$.

解　为了去掉根号，可以设 $t=\sqrt{\dfrac{1+x}{x}}$，则 $x=\dfrac{1}{t^2-1}$，$\mathrm{d}x=-\dfrac{2t\mathrm{d}t}{(t^2-1)^2}$. 于是

$$\int\frac{1}{x}\sqrt{\frac{1+x}{x}}\mathrm{d}x=-\int(t^2-1)t\frac{2t}{(t^2-1)^2}\mathrm{d}t=-\int\frac{2t^2}{t^2-1}\mathrm{d}t$$

$$=-2\int\Big(1+\frac{1}{t^2-1}\Big)\mathrm{d}t=-2\int\Big[1+\frac{1}{2}\Big(\frac{1}{t-1}-\frac{1}{t+1}\Big)\Big]\mathrm{d}t$$

$$= -2t + \ln\left|\frac{t+1}{t-1}\right| + C = -2\sqrt{\frac{1+x}{x}} + \ln\left|\frac{\sqrt{\frac{1+x}{x}}+1}{\sqrt{\frac{1+x}{x}}-1}\right| + C$$

$$= -2\sqrt{\frac{1+x}{x}} + 2\ln\left(\sqrt{\frac{1+x}{x}}+1\right) + \ln|x| + C$$

(3) 倒数代换

当分母次数高于分子次数,且分子分母均为"因式"时,可试用倒数代换 $x = \frac{1}{t}$. 利用它常可消去被积函数的分母中的变量因子 x.

例 11 求 $\int \dfrac{dx}{x\sqrt{x^4+x^2}}$.

解 $\displaystyle\int \frac{dx}{x\sqrt{x^4+x^2}} = \int \frac{x\,dx}{x^2\sqrt{x^4+x^2}} = \frac{1}{2}\int \frac{dx^2}{x^2\sqrt{x^4+x^2}}$

令 $u = x^2$,则有

$$\int \frac{dx}{x\sqrt{x^4+x^2}} = \frac{1}{2}\int \frac{du}{u\sqrt{u^2+u}}$$

又令 $u = \dfrac{1}{t} > 0, du = -\dfrac{1}{t^2}dt$,有

$$\int \frac{dx}{x\sqrt{x^4+x^2}} = \frac{1}{2}\int \frac{-\dfrac{1}{t^2}dt}{\dfrac{1}{t}\sqrt{\dfrac{1}{t^2}+\dfrac{1}{t}}} = -\frac{1}{2}\int \frac{dt}{\sqrt{1+t}} = -(1+t)^{\frac{1}{2}} + C$$

$$= -\left(1+\frac{1}{x^2}\right)^{\frac{1}{2}} + C = -\frac{\sqrt{x^2+1}}{|x|} + C$$

通过前面的学习可以看出,不定积分的计算较灵活、复杂. 为了方便,往往把常用的积分公式汇集成表,叫作积分表. 求积分时,可以在表内查得所需结果. 读者可以根据需要查阅参考文献[1]附录中的积分表.

习题 4.4

1. 求下列不定积分:

(1) $\displaystyle\int \frac{x^3}{x+3}dx$;

(2) $\displaystyle\int \frac{-x^2-2}{(x^2+x+1)^2}dx$;

(3) $\displaystyle\int \frac{3}{x^3+1}dx$;

(4) $\displaystyle\int \frac{x+1}{(x-1)^3}dx$;

(5) $\displaystyle\int \frac{dx}{x^4+1}$;

(6) $\displaystyle\int \frac{x\,dx}{(x+2)(x+3)^2}$;

(7) $\displaystyle\int \frac{1}{x(x^2+1)}dx$;

(8) $\displaystyle\int \frac{dx}{(x^2+x)(x^2+1)}$;

$(9) \int \dfrac{x\mathrm{d}x}{(x+1)(x+2)(x+3)};$ $\qquad (10) \int \dfrac{x^2+1}{(x+1)^2(x-1)}\mathrm{d}x.$

2. 求下列不定积分:

$(1) \int \dfrac{\mathrm{d}x}{3+\sin^2 x};$ $\qquad (2) \int \dfrac{\mathrm{d}x}{3+\cos x};$

$(3) \int \dfrac{\mathrm{d}x}{2+\sin x};$ $\qquad (4) \int \dfrac{\mathrm{d}x}{1+\tan x};$

$(5) \int \sqrt{\dfrac{a+x}{a-x}}\mathrm{d}x;$ $\qquad (6) \int \dfrac{\mathrm{d}x}{\sqrt[3]{(x+1)^2(x-1)^4}};$

$(7) \int \dfrac{\mathrm{d}x}{(5+4\sin x)\cos x};$ $\qquad (8) \int \dfrac{\mathrm{d}x}{1+\sqrt[3]{x+1}};$

$(9) \int \dfrac{\sqrt{x+1}-1}{1+\sqrt{x+1}}\mathrm{d}x;$ $\qquad (10) \int \dfrac{\mathrm{d}x}{x(x^6+4)}.$

总习题 4

1. 已知 $f(x) = \begin{cases} 2(x-1) & x<1 \\ \ln x & x\geqslant 1 \end{cases}$,则 $f(x)$ 的一个原函数是(　　　　).

A. $F(x) = \begin{cases} (x-1)^2 & x<1 \\ x(\ln x-1) & x\geqslant 1 \end{cases}$ $\qquad$ B. $F(x) = \begin{cases} (x-1)^2 & x<1 \\ x(\ln x+1)-1 & x\geqslant 1 \end{cases}$

C. $F(x) = \begin{cases} (x-1)^2 & x<1 \\ x(\ln x+1)+1 & x\geqslant 1 \end{cases}$ $\qquad$ D. $F(x) = \begin{cases} (x-1)^2 & x<1 \\ x(\ln x-1)+1 & x\geqslant 1 \end{cases}$

2. 设 $f(x)$ 是周期为 4 的可导奇函数,且 $f'(x) = 2(x-1)\ (x \in [0,2])$,则 $f(7) = $ _____ .

3. 设 $f(x^2-1) = \ln \dfrac{x^2}{x^2-2}$,且 $f(\varphi(x)) = \ln x$,求 $\int \varphi(x)\mathrm{d}x.$

4. 设 $F(x)$ 为 $f(x)$ 的原函数,当 $x>0$ 时,有 $f(x)F(x) = \sin^2 2x$,且 $F(0) = 1, F(x)\geqslant 0$,试求 $f(x)$.

5. 求下列不定积分:

$(1) \int x\sqrt{2-5x}\,\mathrm{d}x;$ $\qquad (2) \int \dfrac{\mathrm{d}x}{x\sqrt{x^2-1}}(x>1);$

$(3) \int \dfrac{2^x 3^x}{9^x-4^x}\mathrm{d}x;$ $\qquad (4) \int \dfrac{x^2}{a^6-x^6}\mathrm{d}x\,(a>0);$

$(5) \int \dfrac{\mathrm{d}x}{\sqrt{x(1+x)}};$ $\qquad (6) \int \dfrac{\mathrm{d}x}{x(2+x^{10})};$

$(7) \int \dfrac{7\cos x-3\sin x}{5\cos x+2\sin x}\mathrm{d}x;$ $\qquad (8) \int \dfrac{\cos x}{\sqrt{2+\cos 2x}}\mathrm{d}x.$

6. 设函数 $f(x)$ 二阶可导,求不定积分 $\int \left[\dfrac{f(x)}{f'(x)} - \dfrac{f^2(x)f''(x)}{f'^3(x)} \right]\mathrm{d}x.$

7. 求下列不定积分:

(1) $\displaystyle\int \frac{\mathrm{d}x}{x\sqrt{1+x^4}}$;

(2) $\displaystyle\int \frac{x+1}{x^2\sqrt{x^2-1}}\mathrm{d}x$;

(3) $\displaystyle\int \frac{x+2}{x^2\sqrt{1-x^2}}\mathrm{d}x$;

(4) $\displaystyle\int \frac{\mathrm{d}x}{(1+x^2)\sqrt{1-x^2}}$;

(5) $\displaystyle\int \frac{\mathrm{d}x}{x\sqrt{4-x^2}}$.

8. 求下列不定积分:

(1) $\displaystyle\int \ln(x+\sqrt{1+x^2})\,\mathrm{d}x$;

(2) $\displaystyle\int \ln(1+x^2)\,\mathrm{d}x$;

(3) $\displaystyle\int x\tan x\sec^4 x\mathrm{d}x$;

(4) $\displaystyle\int \frac{x^2}{1+x^2}\arctan x\mathrm{d}x$;

(5) $\displaystyle\int \frac{\ln(1+x^2)}{x^3}\mathrm{d}x$;

(6) $\displaystyle\int \frac{x}{1+\cos x}\mathrm{d}x$.

9. 求不定积分 $\displaystyle\int \frac{\arctan e^x}{e^{2x}}\mathrm{d}x$.

10. 求不定积分 $\displaystyle\int (x^2-2x+3)\cos 2x\mathrm{d}x$.

11. 求下列不定积分:

(1) $\displaystyle\int \frac{x^{11}\mathrm{d}x}{x^8+3x^4+2}$;

(2) $\displaystyle\int \frac{1-x^8}{x(1+x^8)}\mathrm{d}x$;

(3) $\displaystyle\int \frac{x^3-2x+1}{(x-2)^{100}}\mathrm{d}x$;

(4) $\displaystyle\int \frac{x}{(x^2+1)(x^2+4)}\mathrm{d}x$;

(5) $\displaystyle\int \frac{\mathrm{d}x}{(x^2+1)(x^2+x+1)}$;

(6) $\displaystyle\int \frac{\sqrt[3]{x}}{x(\sqrt{x}+\sqrt[3]{x})}\mathrm{d}x$;

(7) $\displaystyle\int \frac{\sqrt{x(x+1)}}{\sqrt{x}+\sqrt{x+1}}\mathrm{d}x$;

(8) $\displaystyle\int \frac{\mathrm{d}x}{(x-1)\sqrt{x^2-2}}$;

(9) $\displaystyle\int \frac{\mathrm{d}x}{\sqrt{1-x^2}\arcsin x}$;

(10) $\displaystyle\int \frac{x\mathrm{d}x}{\sqrt{1+x^2+\sqrt{(1+x^2)^3}}}$.

12. 求下列不定积分:

(1) $\displaystyle\int \frac{\mathrm{d}x}{\sin 2x+2\sin x}$;

(2) $\displaystyle\int \frac{\tan\frac{x}{2}\mathrm{d}x}{1+\sin x+\cos x}$;

(3) $\displaystyle\int \frac{\mathrm{d}x}{\sin^3 x\cos x}$;

(4) $\displaystyle\int \frac{\sin x\cos x}{\sin x+\cos x}\mathrm{d}x$;

(5) $\displaystyle\int \sin x\sin 2x\sin 3x\mathrm{d}x$;

(6) $\displaystyle\int \frac{\sin x\cos x}{\sin^4 x+\cos^4 x}\mathrm{d}x$;

(7) $\displaystyle\int \frac{1+\sin x}{1+\cos x}\mathrm{d}x$;

(8) $\displaystyle\int \frac{4\sin x+3\cos x}{\sin x+2\cos x}\mathrm{d}x$.

13. 求 $\int \max\left\{1, |x|\right\}\mathrm{d}x$.

14. 设 $y(x-y)^2 = x$，求 $\displaystyle\int \frac{\mathrm{d}x}{x-3y}$.

15. 设 $f(x)$ 定义在 (a,b) 上，$c \in (a,b)$，又 $f(x)$ 在 $(a,b)\backslash\{c\}$ 连续，c 为 $f(x)$ 的第一类间断点，问 $f(x)$ 在 (a,b) 内是否存在原函数？为什么？

习题答案

第 **5** 章
定积分

本章讨论积分学的另一个基本问题——定积分问题. 定积分源于求图形面积和体积等实际问题. 17 世纪中叶,牛顿和莱布尼茨先后提出了定积分的概念,并发现了微分与积分之间的内在联系,给出了计算定积分的一般方法. 定积分的基本思想和方法,不仅是现代分析的基础,同时也是科学技术解决实际问题的有力工具. 本章先从几何和力学问题引入定积分的定义,然后讨论定积分的性质和计算方法,以及广义积分. 关于定积分的应用将在第 6 章讨论.

5.1 定积分的定义及性质

在各种量中,有些量具有可加性,即把一个量分为有限个部分量,这些部分量的和就是总量. 例如,平面图形的面积,立体的体积,力所做的功,以及运动物体所通过的路程等,它们都具有可加性. 定积分就是从解决这类具有可加性问题的计算中抽象出来的数学概念,它在众多的科技领域都有着广泛的应用. 本节将首先从实际问题出发引出定积分的概念,并介绍定积分的几何意义和基本性质.

5.1.1 问题的提出

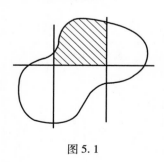

图 5.1

引例 1 曲边梯形的面积.

在初等数学中,已经学会计算正多边形和圆的面积. 至于任意曲边所围成的平面图形的面积,还没有给出较好的计算方法.

如图 5.1 所示,总可用若干互相垂直的直线将图形分割成如阴影部分所示的基本图形,它是由两条平行线段,一条与之垂直的线段,以及一条曲线弧所围成,这样的图形称为**曲边梯形**. 特别地,当平行线段之一缩为一点时,称为**曲边三角形**.

设曲边梯形由连续曲线 $y = f(x)(f(x) \geqslant 0)$，$x$ 轴与两条直线 $x = a, x = b$ 所围成.

如果曲边梯形的高不变，即 $y = C$（常数），则根据矩形面积公式

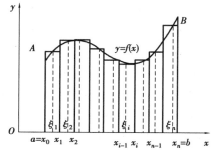

图 5.2

面积 ＝ 底 × 高

便可求出它的面积. 但这里 $y = f(x)$ 是一般曲线，则底边上每一点 x 处的高 $f(x)$ 随 x 变化而变化，上述计算公式就不适用. 对这样一个初等数学无能为力的问题，解决的思路是：将曲边梯形分成许多小长条（见图5.2），每一个长条都用相应的矩形去代替，把这些矩形的面积加起来，就近似得到曲边梯形的面积 A. 小长条分得越细，近似程度越好，取"极限"就是面积 A.

具体分以下 4 步来解决：

①分割. 将曲边梯形分割成小曲边梯形.

在区间 (a,b) 内任意插入 $n - 1$ 个分点，即

$$a = x_0 < x_1 < \cdots < x_{i-1} < x_i < \cdots < x_{n-1} < x_n = b$$

将区间 $[a,b]$ 分成 n 个子区间 $[x_{i-1}, x_i]$ $(i = 1, 2, \cdots, n)$，这些子区间的长度记为

$$\Delta x_i = x_i - x_{i-1} \qquad (i = 1, 2, \cdots, n)$$

过这 $n - 1$ 个分点作 x 轴的垂线，于是将曲边梯形分割成 n 个小曲边梯形，它们的面积记作 $\Delta A_i (i = 1, 2, \cdots, n)$，显然 $A = \sum\limits_{i=1}^{n} \Delta A_i$.

②近似. 用小矩形面积近似代替小曲边梯形面积.

在小区间 $[x_{i-1}, x_i]$ 上任取一点 ξ_i $(i = 1, 2, \cdots, n)$，作以 $[x_{i-1}, x_i]$ 为底，$f(\xi_i)$ 为高的小矩形，用小矩形的面积近似代替小曲边梯形的面积，则

$$\Delta A_i \approx f(\xi_i) \Delta x_i \qquad (i = 1, 2, \cdots, n)$$

③求和. 求 n 个小矩形面积之和.

n 个小矩形面积之和近似等于小曲边梯形的面积之和 A，即

$$\begin{aligned}
A &= \Delta A_1 + \Delta A_2 + \cdots + \Delta A_n \\
&\approx f(\xi_1) \Delta x_1 + f(\xi_2) \Delta x_2 + \cdots + f(\xi_n) \Delta x_n \\
&= \sum_{i=1}^{n} f(\xi_i) \Delta x_i
\end{aligned}$$

④取极限. 令 $\lambda = \max\limits_{1 \leqslant i \leqslant n} \{\Delta x_i\}$，当 $\lambda \to 0$ 时，和式 $\sum\limits_{i=1}^{n} f(\xi_i) \Delta x_i$ 的极限便是曲边梯形的面积 A，即

$$A = \lim_{\lambda \to 0} \sum_{i=1}^{n} f(\xi_i) \Delta x_i$$

引例 2　变速直线运动的路程.

设一物体作变速直线运动，其速度是时间 t 的连续函数 $v = v(t)$，求物体在时刻 $t = T_1$ 到 $t = T_2$ 间所经过的路程 s.

匀速直线运动的路程公式是 $s = vt$，现设物体运动的速度 v 是随时间的变化而连续变化的，不能直接用此公式计算路程，而采用以下方法计算：

①分割. 把整个运动时间分成 n 个时间段.

在时间段 (T_1, T_2) 内任意插入 $n-1$ 个分点：$T_1 = t_0 < t_1 < \cdots < t_{n-1} < t_n = T_2$，把 $[T_1, T_2]$ 分成 n 个时间段：$[t_0, t_1], [t_1, t_2], \cdots, [t_{i-1}, t_i], \cdots, [t_{n-1}, t_n]$，第 i 个时间段的长度为 $\Delta t_i = t_i - t_{i-1}$ $(i = 1, 2, \cdots, n)$，第 i 个时间段内对应的路程记作 $\Delta s_i (i = 1, 2, \cdots, n)$.

②近似. 在每个时间段上以匀速直线运动的路程近似代替变速直线运动的路程.

在时间段 $[t_{i-1}, t_i]$ 上任取一点 $\xi_i (i = 1, 2, \cdots, n)$，用速度 $v(\xi_i)$ 近似代替物体在时间 $[t_{i-1}, t_i]$ 上各个时刻的速度，则有

$$\Delta s_i \approx v(\xi_i) \Delta t_i (i = 1, 2, \cdots, n)$$

③求和. 求 n 个时间段路程之和

将所有这些近似值求和，得到总路程的近似值，即

$$
\begin{aligned}
s &= \Delta s_1 + \Delta s_2 + \cdots + \Delta s_n \\
&\approx v(\xi_1) \Delta t_1 + v(\xi_2) \Delta t_2 + \cdots + v(\xi_n) \Delta t_n \\
&= \sum_{i=1}^{n} v(\xi_i) \Delta t_i
\end{aligned}
$$

④取极限. 令 $\lambda = \max\limits_{1 \leqslant i \leqslant n} \{\Delta t_i\}$，当 $\lambda \to 0$ 时，$\sum\limits_{i=1}^{n} v(\xi_i) \Delta t_i$ 的极限便是所求的路程 s，即

$$s = \lim_{\lambda \to 0} \sum_{i=1}^{n} v(\xi_i) \Delta t_i$$

上面的两个问题分别来自不同的学科，一个几何学问题，一个力学问题，但解决问题的方法是相同的，即采用"**分割—近似—求和—取极限**"的方法. 它们都取决于一个函数及其自变量的变化区间，最后都归结为同一种结构的和式极限问题. 类似这样的实际问题还有很多，我们抛开实际问题的具体意义，抓住它们在数量关系上共同的本质特征，从数学的结构加以研究，就引出了定积分的概念.

5.1.2 定积分的定义

定义 5.1　设 $f(x)$ 是定义在区间 $[a, b]$ 上的有界函数，在区间 (a, b) 内任意插入 $n-1$ 个分点

$$a = x_0 < x_1 < \cdots < x_{i-1} < x_i < \cdots < x_{n-1} < x_n = b$$

将区间 $[a, b]$ 分成 n 个子区间 $[x_{i-1}, x_i]$ $(i = 1, 2, \cdots, n)$，这些子区间的长度记为

$$\Delta x_i = x_i - x_{i-1} (i = 1, 2, \cdots, n)$$

在每个子区间 $[x_{i-1}, x_i]$ 上任取一点 ξ_i，作乘积 $f(\xi_i) \Delta x_i (i = 1, 2, \cdots, n)$，并作和

$$\sum_{i=1}^{n} f(\xi_i) \Delta x_i$$

记 $\lambda = \max\limits_{1 \leqslant i \leqslant n} |\Delta x_i|$，如果不论对 $[a, b]$ 怎样划分，也不论怎样选取小区间 $[x_{i-1}, x_i]$ 上的点 ξ_i，只要当 $\lambda \to 0$ 时，和式 $\sum\limits_{i=1}^{n} f(\xi_i) \Delta x_i$ 总趋于确定的极限 I，则称这个极限 I 为函数 $f(x)$ 在

区间 $[a,b]$ 上的定积分,记作 $\int_a^b f(x)\,\mathrm{d}x$,即

$$\int_a^b f(x)\,\mathrm{d}x = I = \lim_{\lambda \to 0} \sum_{i=1}^{n} f(\xi_i) \Delta x_i$$

其中,$f(x)$ 称为**被积函数**,$f(x)\mathrm{d}x$ 称为**被积表达式**,x 称为**积分变量**,a 称为**积分下限**,b 称为**积分上限**,$[a,b]$ 称为**积分区间**,和式 $\sum_{i=1}^{n} f(\xi_i) \Delta x_i$ 称为 $f(x)$ 的**积分和**.

根据定积分的定义,前面所讨论的两个引例可分别叙述如下:

在引例 1 中,曲边梯形的面积 A 是函数 $y = f(x)$ 在区间 $[a,b]$ 上的定积分,即

$$A = \int_a^b f(x)\,\mathrm{d}x$$

在引例 2 中,变速直线运动的路程 s 是速度函数 $v = v(t)$ 在时间段 $[T_1, T_2]$ 上的定积分,即

$$s = \int_{T_1}^{T_2} v(t)\,\mathrm{d}t$$

注　①定积分是由被积函数与积分区间所决定的确定的数,它与所使用积分变量的符号无关,即有

$$\int_a^b f(x)\,\mathrm{d}x = \int_a^b f(t)\,\mathrm{d}t = \int_a^b f(u)\,\mathrm{d}u$$

②当函数 $f(x)$ 在区间 $[a,b]$ 上的定积分存在时,也称 $f(x)$ 在区间 $[a,b]$ 上**可积**.

5.1.3　定积分的存在定理与几何意义

要利用定积分的定义来判别函数 $f(x)$ 在区间 $[a,b]$ 上的可积性是非常困难的,对函数可积问题,这里不作深入讨论. 下面先给出函数可积的两个充分条件,再讨论定积分的几何意义.

(1)定积分的存在条件

定理 5.1　如果函数 $f(x)$ 在区间 $[a,b]$ 上连续,则 $f(x)$ 在区间 $[a,b]$ 上可积.

定理 5.2　如果函数 $f(x)$ 在区间 $[a,b]$ 上有界,且只有有限个间断点,则 $f(x)$ 在区间 $[a,b]$ 上可积.

(2)定积分的几何意义

在引例 1 中, 当 $f(x) \geqslant 0$ 时, 定积分 $\int_a^b f(x)\mathrm{d}x$ 表示曲边梯形的面积;当 $f(x) \leqslant 0$ 时,曲边梯形在 x 轴的下方,定积分 $\int_a^b f(x)\mathrm{d}x$ 在几何上表示上述曲边梯形面积的相反数.

当 $f(x)$ 在 $[a,b]$ 上既取得正值又取得负值时,则定积分 $\int_a^b f(x)\mathrm{d}x$ 在几何上表示:上方图形面积减去 x 轴下方图形面积所得之差(见图 5.3),即

$$\int_a^b f(x)\,\mathrm{d}x = S_1 - S_2 + S_3$$

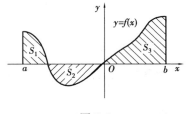

图 5.3

例 1 利用定义计算定积分 $\int_0^1 x^2 \mathrm{d}x$.

解 由于函数 $f(x) = x^2$ 在区间 $[0,1]$ 上连续,定积分 $\int_0^1 x^2 \mathrm{d}x$ 存在. 而定积分与区间 $[0,1]$ 的分法及点 ξ_i 的取法无关. 因此,为了便于计算,将区间 $[0,1]$ n 等分,分点为 $x_i = \dfrac{i}{n}(i = 0,1,2,\cdots,n)$,第 i 个小区间 $[x_{i-1}, x_i]$ 的长度 $\Delta x_i = \dfrac{1}{n}$ $(i = 1,2,\cdots,n)$,则 $\lambda = \max\limits_{1 \leqslant i \leqslant n} \Delta x_i = \dfrac{1}{n}$. 取 $\xi_i = x_i (i = 1,2,\cdots,n)$,于是有

$$\sum_{i=1}^n f(\xi_i) \Delta x_i = \sum_{i=1}^n \xi_i^2 \Delta x_i = \sum_{i=1}^n x_i^2 \Delta x_i = \sum_{i=1}^n \left(\frac{i}{n}\right)^2 \cdot \frac{1}{n} = \frac{1}{n^3} \sum_{i=1}^n i^2$$

$$= \frac{1}{n^3} \cdot \frac{n(n+1)(2n+1)}{6} = \frac{1}{6}\left(1 + \frac{1}{n}\right)\left(2 + \frac{1}{n}\right)$$

因 $\lambda = \dfrac{1}{n}$,故当 $\lambda \to 0$ 时,有 $n \to \infty$,则有

$$\int_0^1 x^2 \mathrm{d}x = \lim_{\lambda \to 0} \sum_{i=1}^n \xi_i^2 \Delta x_i = \lim_{n \to \infty} \frac{1}{6}\left(1 + \frac{1}{n}\right)\left(2 + \frac{1}{n}\right) = \frac{1}{3}$$

5.1.4 定积分的性质

定积分的概念视频

对定积分作以下两点补充规定:

① 当 $a = b$ 时,$\int_a^b f(x) \mathrm{d}x = 0$.

② 当 $a > b$ 时,$\int_a^b f(x) \mathrm{d}x = -\int_b^a f(x) \mathrm{d}x$.

下面讨论定积分的性质,并假定各积分性质中列出的定积分都存在.

性质 1 $\int_a^b [f(x) \pm g(x)] \mathrm{d}x = \int_a^b f(x) \mathrm{d}x \pm \int_a^b g(x) \mathrm{d}x$.

证 $\int_a^b [f(x) \pm g(x)] \mathrm{d}x = \lim_{\lambda \to 0} \sum_{i=1}^n [f(\xi_i) \pm g(\xi_i)] \Delta x_i$

$$= \lim_{\lambda \to 0} \sum_{i=1}^n f(\xi_i) \Delta x_i \pm \lim_{\lambda \to 0} \sum_{i=1}^n g(\xi_i) \Delta x_i$$

$$= \int_a^b f(x) \mathrm{d}x \pm \int_a^b g(x) \mathrm{d}x$$

于是

$$\int_a^b [f(x) \pm g(x)] \mathrm{d}x = \int_a^b f(x) \mathrm{d}x \pm \int_a^b g(x) \mathrm{d}x$$

此性质可推广到有限多个函数的情况.

性质 2 $\int_a^b kf(x) \mathrm{d}x = k\int_a^b f(x) \mathrm{d}x$ (k 为常数).

证 $\int_a^b kf(x) \mathrm{d}x = \lim_{\lambda \to 0} \sum_{i=1}^n kf(\xi_i) \Delta x_i = \lim_{\lambda \to 0} k \sum_{i=1}^n f(\xi_i) \Delta x_i$

$$= k \lim_{\lambda \to 0} \sum_{i=1}^{n} f(\xi_i) \Delta x_i = k \int_a^b f(x) \, \mathrm{d}x$$

于是

$$\int_a^b kf(x) \, \mathrm{d}x = k \int_a^b f(x) \, \mathrm{d}x$$

性质 3　如果 $f(x)$ 在区间 $[a,b]$ 上可积, 则对于任意的 $c \in [a,b]$, 都有

$$\int_a^b f(x) \, \mathrm{d}x = \int_a^c f(x) \, \mathrm{d}x + \int_c^b f(x) \, \mathrm{d}x$$

证　由于函数 $f(x)$ 在区间 $[a,b]$ 上可积, 那么, 无论对区间 $[a,b]$ 怎样分割, 积分和的极限是不变的. 因此, 在分割区间 $[a,b]$ 时, 总将点 c 取作一个分点. 于是, 函数在区间 $[a,b]$ 上的积分和就是 $[a,c]$ 上的积分和加上 $[c,b]$ 区间上的积分和, 即

$$\sum_{[a,b]} f(\xi_i) \Delta x_i = \sum_{[a,c]} f(\xi_i) \Delta x_i + \sum_{[c,b]} f(\xi_i) \Delta x_i$$

令 $\lambda \to 0$, 上式两端同时取极限得

$$\int_a^b f(x) \, \mathrm{d}x = \int_a^c f(x) \, \mathrm{d}x + \int_c^b f(x) \, \mathrm{d}x$$

注　①性质 3 中如果条件 $a < c < b$ 不满足, 如 $a < b < c$, 同样有

$$\int_a^b f(x) \, \mathrm{d}x = \int_a^c f(x) \, \mathrm{d}x + \int_c^b f(x) \, \mathrm{d}x$$

事实上, 因 $a < b < c$, 故根据性质 3 有

$$\int_a^c f(x) \, \mathrm{d}x = \int_a^b f(x) \, \mathrm{d}x + \int_b^c f(x) \, \mathrm{d}x$$

于是

$$\int_a^b f(x) \, \mathrm{d}x = \int_a^c f(x) \, \mathrm{d}x - \int_b^c f(x) \, \mathrm{d}x$$

而

$$\int_b^c f(x) \, \mathrm{d}x = - \int_c^b f(x) \, \mathrm{d}x$$

则有

$$\int_a^b f(x) \, \mathrm{d}x = \int_a^c f(x) \, \mathrm{d}x + \int_c^b f(x) \, \mathrm{d}x$$

无论 a, b, c 的相对大小如何, 总有等式

$$\int_a^b f(x) \, \mathrm{d}x = \int_a^c f(x) \, \mathrm{d}x + \int_c^b f(x) \, \mathrm{d}x$$

②性质 3 表明定积分对于积分区间具有可加性.

性质 4　$\int_a^b 1 \, \mathrm{d}x = \int_a^b \mathrm{d}x = b - a.$

性质 5　如果在区间 $[a,b]$ 上 $f(x) \geq 0$, 则 $\int_a^b f(x) \, \mathrm{d}x \geq 0$.

证　由定义 5.1 得 $\int_a^b f(x) \, \mathrm{d}x = \lim_{\lambda \to 0} \sum_{i=1}^{n} f(\xi_i) \Delta x_i$, 由于在区间 $[a,b]$ 上 $f(x) \geq 0$, 故 $f(\xi_i) \geq 0 \ (i = 1, 2, \cdots, n)$.

又 $\Delta x_i \geqslant 0, \sum_{i=1}^{n} f(\xi_i) \Delta x_i \geqslant 0, \lambda = \max_{1 \leqslant i \leqslant n}\{\Delta x_i\}.$

根据函数极限保号性,得

$$\lim_{\lambda \to 0} \sum_{i=1}^{n} f(\xi_i) \Delta x_i \geqslant 0$$

于是

$$\int_a^b f(x)\,\mathrm{d}x = \lim_{\lambda \to 0} \sum_{i=1}^{n} f(\xi_i) \Delta x_i \geqslant 0$$

例2 比较积分值 $\int_0^{-2} \mathrm{e}^x \mathrm{d}x$ 和 $\int_0^{-2} x \mathrm{d}x$ 的大小.

解 令 $f(x) = \mathrm{e}^x - x, x \in [-2, 0]$.

因 $f(x) > 0$, 故 $\int_{-2}^0 (\mathrm{e}^x - x)\mathrm{d}x > 0$, 即 $\int_{-2}^0 \mathrm{e}^x \mathrm{d}x > \int_{-2}^0 x \mathrm{d}x$. 于是

$$\int_0^{-2} \mathrm{e}^x \mathrm{d}x < \int_0^{-2} x \mathrm{d}x$$

推论 5.1 如果在区间 $[a, b]$ 上有 $f(x) \leqslant g(x)$, 则 $\int_a^b f(x)\,\mathrm{d}x \leqslant \int_a^b g(x)\,\mathrm{d}x.$

证 由 $f(x) \leqslant g(x)$ 可知, $g(x) - f(x) \geqslant 0$, 根据性质 5 和性质 1, 有

$$\int_a^b [g(x) - f(x)]\,\mathrm{d}x \geqslant 0, \int_a^b g(x)\,\mathrm{d}x - \int_a^b f(x)\,\mathrm{d}x \geqslant 0$$

于是

$$\int_a^b f(x)\,\mathrm{d}x \leqslant \int_a^b g(x)\,\mathrm{d}x$$

推论 5.2 $\left| \int_a^b f(x)\,\mathrm{d}x \right| \leqslant \int_a^b |f(x)|\,\mathrm{d}x \quad (a < b)$

证 因 $-|f(x)| \leqslant f(x) \leqslant |f(x)|$, 故根据推论 5.1 可得

$$-\int_a^b |f(x)|\,\mathrm{d}x \leqslant \int_a^b f(x)\,\mathrm{d}x \leqslant \int_a^b |f(x)|\,\mathrm{d}x$$

因此有

$$\left| \int_a^b f(x)\,\mathrm{d}x \right| \leqslant \int_a^b |f(x)|\,\mathrm{d}x$$

性质 6 设 M 及 m 分别是函数 $f(x)$ 在区间 $[a, b]$ 上的最大值及最小值, 则

$$m(b - a) \leqslant \int_a^b f(x)\,\mathrm{d}x \leqslant M(b - a)$$

证 因 $m \leqslant f(x) \leqslant M$, 故由推论 5.1 可得

$$\int_a^b m\,\mathrm{d}x \leqslant \int_a^b f(x)\,\mathrm{d}x \leqslant \int_a^b M\,\mathrm{d}x$$

再由性质 2 和性质 4, 得

$$m(b - a) \leqslant \int_a^b f(x)\,\mathrm{d}x \leqslant M(b - a)$$

例3 估计积分 $\int_0^{\pi} \dfrac{1}{3 + \sin^3 x}\,\mathrm{d}x$ 的值.

解　设 $f(x) = \dfrac{1}{3 + \sin^3 x}$，对 $\forall x \in [0, \pi]$，$0 \leqslant \sin^3 x \leqslant 1$，$\dfrac{1}{4} \leqslant f(x) \leqslant \dfrac{1}{3}$，由性质 6 有

$$\int_0^\pi \frac{1}{4}\mathrm{d}x \leqslant \int_0^\pi f(x)\,\mathrm{d}x \leqslant \int_0^\pi \frac{1}{3}\mathrm{d}x$$

则

$$\frac{\pi}{4} \leqslant \int_0^\pi \frac{1}{3 + \sin^3 x}\mathrm{d}x \leqslant \frac{\pi}{3}$$

例 4　估计积分 $\displaystyle\int_{\frac{\pi}{4}}^{\frac{\pi}{2}} \frac{\sin x}{x}\mathrm{d}x$ 的值.

解　设 $f(x) = \dfrac{\sin x}{x}$，$f(x)$ 在 $\left[\dfrac{\pi}{4}, \dfrac{\pi}{2}\right]$ 上连续，它在 $\left[\dfrac{\pi}{4}, \dfrac{\pi}{2}\right]$ 上有最大值 M 和最小值 m，当 $x \in \left(\dfrac{\pi}{4}, \dfrac{\pi}{2}\right)$ 时，有 $f'(x) = \dfrac{x\cos x - \sin x}{x^2} = \dfrac{\cos x(x - \tan x)}{x^2} < 0$，所以 $f(x)$ 在 $\left[\dfrac{\pi}{4}, \dfrac{\pi}{2}\right]$ 上单调递减，因而函数 $f(x)$ 在 $x = \dfrac{\pi}{4}$，$x = \dfrac{\pi}{2}$ 处分别取得最大值和最小值，即

$$M = f\left(\frac{\pi}{4}\right) = \frac{2\sqrt{2}}{\pi}, \quad m = f\left(\frac{\pi}{2}\right) = \frac{2}{\pi}$$

由性质 6 得

$$\frac{2}{\pi} \cdot \frac{\pi}{4} \leqslant \int_{\frac{\pi}{4}}^{\frac{\pi}{2}} \frac{\sin x}{x}\mathrm{d}x \leqslant \frac{2\sqrt{2}}{\pi} \cdot \frac{\pi}{4}$$

即

$$\frac{1}{2} \leqslant \int_{\frac{\pi}{4}}^{\frac{\pi}{2}} \frac{\sin x}{x}\mathrm{d}x \leqslant \frac{\sqrt{2}}{2}$$

性质 7（定积分中值定理）　如果函数 $f(x)$ 在区间 $[a, b]$ 上连续，则在 $[a, b]$ 上至少存在一个点 ξ，使得

$$\int_a^b f(x)\,\mathrm{d}x = f(\xi)(b - a)$$

这个公式称为积分中值公式.

证　因为函数 $f(x)$ 在区间 $[a, b]$ 上连续，所以 $f(x)$ 在区间 $[a, b]$ 上有最大值 M 和最小值 m. 由性质 6 得

$$m(b - a) \leqslant \int_a^b f(x)\,\mathrm{d}x \leqslant M(b - a)$$

即

$$m \leqslant \frac{1}{b - a}\int_a^b f(x)\,\mathrm{d}x \leqslant M$$

由闭区间上连续函数的介值定理可知，在区间 $[a, b]$ 上至少存在一个点 ξ，使得

$$f(\xi) = \frac{1}{b - a}\int_a^b f(x)\,\mathrm{d}x$$

即

$$\int_a^b f(x)\,\mathrm{d}x = f(\xi)(b-a)$$

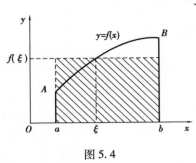

图 5.4

积分中值公式的几何解释: 在区间 $[a,b]$ 上至少存在一个点 ξ,使得以区间 $[a,b]$ 为底边,以连续曲线 $y=f(x)$ 为曲边的曲边梯形的面积等于同一底边而高为 $f(\xi)$ 的一个矩形的面积(见图 5.4).

注 ① 称 $\dfrac{1}{b-a}\displaystyle\int_a^b f(x)\,\mathrm{d}x$ 为函数 $f(x)$ 在 $[a,b]$ 上的**平均值**,记作 $\bar{y}$,即

$$\bar{y} = \frac{1}{b-a}\int_a^b f(x)\,\mathrm{d}x$$

② 积分中值定理也可推广: 如果函数 $f(x)$ 在积分区间 $[a,b]$ 上连续,则在区间 (a,b) 内至少存在一个点 ξ,使 $\displaystyle\int_a^b f(x)\,\mathrm{d}x = f(\xi)(b-a)$.

例 5 设 $f(x)$ 可导,且 $\displaystyle\lim_{x\to+\infty} f(x) = 1$,求 $\displaystyle\lim_{x\to+\infty}\int_x^{x+2} t\sin\frac{3}{t}f(t)\,\mathrm{d}t$.

解 由积分中值定理知存在 $\xi\in[x,x+2]$,使得

$$\int_x^{x+2} t\sin\frac{3}{t}f(t)\,\mathrm{d}t = \xi\sin\frac{3}{\xi}f(\xi)(x+2-x)$$

于是

$$\lim_{x\to+\infty}\int_x^{x+2} t\sin\frac{3}{t}f(t)\,\mathrm{d}t = 2\lim_{x\to+\infty}\xi\sin\frac{3}{\xi}f(\xi)$$

因 $\xi\in[x,x+2]$,故当 $x\to+\infty$ 时,有 $\xi\to+\infty$,则

$$\lim_{x\to+\infty}\int_x^{x+2} t\sin\frac{3}{t}f(t)\,\mathrm{d}t = 2\lim_{\xi\to+\infty}3f(\xi) = 6$$

例 6 设 $f(x)$ 在 $[0,1]$ 上连续,在 $(0,1)$ 内可导,且 $f(0) = 3\displaystyle\int_{\frac{2}{3}}^1 f(x)\,\mathrm{d}x$. 证明: 在 $(0,1)$ 内有一点 c,使得 $f'(c) = 0$.

证 因为 $f(x)$ 在 $[0,1]$ 上连续,在 $(0,1)$ 内可导,所以 $f(x)$ 在 $\left[\dfrac{2}{3},1\right]$ 上连续,在 $\left(\dfrac{2}{3},1\right)$ 内可导,由积分中值定理可知,至少存在一点 $\xi\in\left[\dfrac{2}{3},1\right]$ 使得

$$f(0) = 3\int_{\frac{2}{3}}^1 f(x)\,\mathrm{d}x = 3f(\xi)\left(1-\frac{2}{3}\right) = f(\xi)$$

因为 $f(x)$ 在 $[0,\xi]$ 上连续,在 $(0,\xi)$ 内可导,所以根据罗尔定理可知,至少存在一点 $c\in(0,\xi)\subset(0,1)$,使得 $f'(c) = 0$.

*5.1.5 定积分的近似计算

从例 1 的计算过程中可以看到,对于任一确定的正整数 n,积分和都是定积分 $\displaystyle\int_0^1 x^2\,\mathrm{d}x$ 的近

似值. 当 n 取不同值时, 可得定积分 $\int_0^1 x^2 \mathrm{d}x$ 不同精确度的近似值. 一般来说, n 取得越大, 近似程度越好.

下面对一般情形讨论定积分的近似计算问题. 设 $f(x)$ 在 $[a, b]$ 上连续, 这时定积分 $\int_a^b f(x) \mathrm{d}x$ 存在. 如同例 1, 采取把区间 $[a, b]$ 等分的分法, 即用分点

$$x_0 = a, x_1 = a + \frac{b-a}{n}, x_2 = a + \frac{2(b-a)}{n}, \cdots, x_n = b$$

将 $[a, b]$ 分成 n 个长度相等的小区间, 每个小区间的长为 $\Delta x_i = \frac{b-a}{n}(i = 1, 2, \cdots, n)$, 在小区间 $[x_{i-1}, x_i]$ 上, 取 $\xi_i = x_{i-1}$, 应有

$$\int_a^b f(x) \mathrm{d}x = \lim_{n \to \infty} \frac{b-a}{n} \sum_{i=1}^n f(x_{i-1})$$

从而对于任一确定的正整数 n, 有

$$\int_a^b f(x) \mathrm{d}x \approx \frac{b-a}{n} \sum_{i=1}^n f(x_{i-1})$$

记 $f(x_i) = y_i (0 \leqslant i \leqslant n)$, 则上式可记作

$$\int_a^b f(x) \mathrm{d}x \approx \frac{b-a}{n}(y_0 + y_1 + \cdots + y_{n-1}) \tag{5.1}$$

如果取 $\xi_i = x_i$, 则可得近似公式

$$\int_a^b f(x) \mathrm{d}x \approx \frac{b-a}{n}(y_1 + y_2 + \cdots + y_n) \tag{5.2}$$

以上求定积分近似值的方法称为**矩形法**, 式(5.1)和式(5.2)均称为矩形法公式.

矩形法的几何意义是: 用窄条矩形的面积作为窄条曲边梯形面积的近似值. 整体上用台阶形的面积作为曲边梯形面积的近似值(见图 5.5).

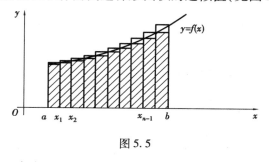

图 5.5

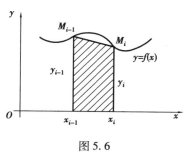

图 5.6

求定积分近似值的方法, 常用的还有**梯形法**. 与矩形法一样, 将 $[a, b]$ 区间 n 等分. 设 $f(x_i) = y_i$, 曲线 $y = f(x)$ 上的点 (x_i, y_i) 记作 $M_i (0 \leqslant i \leqslant n)$. 将曲线 $y = f(x)$ 上的小弧段 $\overset{\frown}{M_{i-1}M_i}$ 用直线段 $\overline{M_{i-1}M_i}$ 代替, 也就是把窄条曲边梯形用窄条梯形代替(见图 5.6), 由此得到定积分的近似值为

$$\int_a^b f(x) \mathrm{d}x \approx \frac{b-a}{n}\left(\frac{y_0 + y_1}{2} + \frac{y_1 + y_2}{2} + \cdots + \frac{y_{n-1} + y_n}{2}\right)$$

$$= \frac{b-a}{n}\left(\frac{y_0 + y_n}{2} + y_1 + y_2 + \cdots + y_{n-1}\right) \tag{5.3}$$

显然,梯形法公式(5.3)所得的近似值就是矩形法公式(5.1)和式(5.2)所得两个近似值的平均值.

例7　按矩形法和梯形法公式计算定积分$\int_0^1 \frac{4}{1+x^2}dx$的近似值(取$n = 10$,计算时取5位小数).

解　这里$y = f(x) = \frac{4}{1+x^2}$. 计算并列表5.1.

表5.1

i	x_i	y_i
0	0.0	4.000 00
1	0.1	3.960 40
2	0.2	3.846 15
3	0.3	3.669 72
4	0.4	3.448 28
5	0.5	3.200 00
6	0.6	2.941 18
7	0.7	2.684 56
8	0.8	2.439 02
9	0.9	2.209 94
10	1.0	2.000 00

按式(5.1)—式(5.3)分别求得近似值为3.239 9,3.039 9,3.139 9.

本例所给积分的精确值为

$$\int_0^1 \frac{4}{1+x^2}dx = \pi = 3.141\ 592\ 6\cdots$$

用s作为的π近似值,式(5.1)—式(5.3)计算的误差分别为3.13%,3.24%,0.054%,可看出利用梯形公式(5.3)误差最小.

计算定积分的近似值的方法很多,如抛物线法(又称Simpson法)等,这里不再作介绍. 随着计算机应用的普及,定积分的近似值计算已变得更为方便,现在已有很多现成的数学软件用于定积分的近似计算.

定积分的近似计算

定积分简介

习题 5.1

1. 用定积分表示由曲线 $y = x^2 - 2x + 3$ 与直线 $x = 1$, $x = 4$ 及 x 轴所围成的曲边梯形的面积.

2. 利用定积分的几何意义, 作图证明:

(1) $\int_0^1 2x\,\mathrm{d}x = 1$;

(2) $\int_0^R \sqrt{R^2 - x^2}\,\mathrm{d}x = \dfrac{\pi}{4}R^2$.

3. 不计算定积分, 比较下列各组积分值的大小:

(1) $\int_0^1 x\,\mathrm{d}x$, $\int_0^1 x^2\,\mathrm{d}x$;

(2) $\int_0^1 \mathrm{e}^x\,\mathrm{d}x$, $\int_0^1 \mathrm{e}^{-x^2}\,\mathrm{d}x$;

(3) $\int_3^4 \ln x\,\mathrm{d}x$, $\int_3^4 \ln^2 x\,\mathrm{d}x$;

(4) $\int_0^{\frac{\pi}{4}} \cos x\,\mathrm{d}x$, $\int_0^{\frac{\pi}{4}} \sin x\,\mathrm{d}x$;

(5) $\int_0^1 \mathrm{e}^x\,\mathrm{d}x$, $\int_0^1 (1 + x)\,\mathrm{d}x$.

4. 利用定积分估值性质, 估计下列积分值.

(1) $\int_0^2 x(x - 2)\,\mathrm{d}x$;

(2) $\int_{\frac{\pi}{4}}^{\frac{5\pi}{4}} (1 + \sin^2 x)\,\mathrm{d}x$;

(3) $\int_1^2 \dfrac{x}{x^2 + 1}\,\mathrm{d}x$;

(4) $\int_0^2 \dfrac{5 - x}{9 - x^2}\,\mathrm{d}x$;

(5) $\int_2^0 \mathrm{e}^{x^2 - x}\,\mathrm{d}x$.

5. 试用积分中值定理证明 $\lim\limits_{n \to +\infty} \int_n^{n+1} \dfrac{\sin x}{x}\,\mathrm{d}x = 0$.

6. 设 $f(x)$ 及 $g(x)$ 在 $[a, b]$ 上连续, 证明:

(1) 若在 $[a, b]$ 上, $f(x) \geqslant 0$, 且 $\int_a^b f(x)\,\mathrm{d}x = 0$, 则在 $[a, b]$ 上 $f(x) \equiv 0$.

(2) 若在 $[a, b]$ 上, $f(x) \leqslant g(x)$, 且 $\int_a^b f(x)\,\mathrm{d}x = \int_a^b g(x)\,\mathrm{d}x$, 则在 $[a, b]$ 上 $f(x) \equiv g(x)$.

*7. 设函数 $D(x) = \begin{cases} 1 & x \in \mathbf{Q} \\ 0 & x \in \mathbf{R} \backslash \mathbf{Q} \end{cases}$, 试分析 $D(x)$ 在区间 $[0, 1]$ 上的可积性.

5.2　牛顿-莱布尼茨公式

　　定积分是计算具有可加性量的总量的数学方法, 但如果按照定义的方式, 分割、近似、求和、取极限的四步法求定积分, 步骤虽然十分清楚, 但求出和式极限的问题却较为困难, 因此, 必须探求新的计算方法, 这在数学史上经历了漫长而艰苦的过程. 牛顿 (Newton)、莱布尼茨 (Leibniz) 等人在总结前人工作的基础上, 同时期、不同地点, 各自独立地发现了微分和积分这两个不同概念的内在联系, 就是本节所讲的微积分基本定理, 它包括牛顿-莱布尼茨公式和原函数存在定理,为定积分提供了一个有效而便捷的计算方法.

5.2.1 变速直线运动中位置函数与速度函数之间的关系

有一质点在一直线上运动,在这直线上取定原点、正向及长度单位,使它成一数轴. 设时间 t 时质点的位置函数为 $s(t)$,速度函数为 $v(t)$,在时间间隔 $[T_1,T_2]$ 上该质点运动的路程为

$$s = \int_{T_1}^{T_2} v(t)\,\mathrm{d}t.$$

另一方面,该段路程又可通过位置函数 $s(t)$ 在区间 $[T_1,T_2]$ 上的增量 $s(T_2)-s(T_1)$ 来表达. 由此可知,位置函数 $s(t)$ 与速度函数 $v(t)$ 之间关系为

$$\int_{T_1}^{T_2} v(t)\,\mathrm{d}t = s(T_2) - s(T_1)$$

因为 $s'(t)=v(t)$,位置函数 $s(t)$ 是速度函数 $v(t)$ 的原函数,所以上式表明:速度函数 $v(t)$ 在区间 $[T_1,T_2]$ 上的定积分等于 $v(t)$ 的原函数 $s(t)$ 在区间 $[T_1,T_2]$ 上的增量.

上述从变速直线运动的路程这个特殊问题中得出来的关系,在一定条件下具有普遍性.

5.2.2 变上限积分

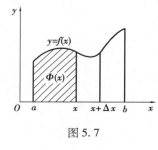

图 5.7

设函数 $f(x)$ 在 $[a,b]$ 上连续,对于任意 $x \in [a,b]$,$f(x)$ 在区间 $[a,x]$ 上也连续,所以函数 $f(x)$ 在 $[a,x]$ 上也可积. 以 x 为积分上限的定积分 $\int_a^x f(t)\,\mathrm{d}t$ 与 x 相对应,显然它是 x 的函数,记作 $\Phi(x)$(见图 5.7),即

$$\Phi(x) = \int_a^x f(t)\,\mathrm{d}t \qquad (x \in [a,b])$$

称 $\Phi(x)$ 为积分上限函数,也称**变上限积分**.

函数 $\Phi(x)$ 具有以下重要性质:

定理 5.3 如果函数 $f(x)$ 在区间 $[a,b]$ 上连续,则 $\Phi(x) = \int_a^x f(t)\,\mathrm{d}t$ 在 $[a,b]$ 上可导,且它的导数为

$$\Phi'(x) = \frac{\mathrm{d}}{\mathrm{d}x}\int_a^x f(t)\,\mathrm{d}t = f(x) \qquad (a \leqslant x \leqslant b)$$

证 设函数 $\Phi(x)$ 的自变量 x 的改变量为 Δx,这里 $x \in (a,b)$,$x+\Delta x \in (a,b)$,函数 $\Phi(x)$ 有相应的改变量 $\Delta\Phi$,则有

$$\Delta\Phi = \Phi(x+\Delta x) - \Phi(x) = \int_a^{x+\Delta x} f(t)\,\mathrm{d}t - \int_a^x f(t)\,\mathrm{d}t = \int_x^{x+\Delta x} f(t)\,\mathrm{d}t$$

由定积分中值定理,存在 $\xi \in (x,x+\Delta x)$ 或 $\xi \in (x+\Delta x,x)$,使得

$$\int_x^{x+\Delta x} f(t)\,\mathrm{d}t = f(\xi)\Delta x$$

于是

$$\Phi'(x) = \lim_{\Delta x \to 0}\frac{\Delta\Phi}{\Delta x} = \lim_{\Delta x \to 0}\frac{f(\xi)\Delta x}{\Delta x} = \lim_{\Delta x \to 0}f(\xi) = \lim_{\xi \to x}f(\xi) = f(x)$$

若 $x = a$，取 $\Delta x > 0$，则同理可证 $\Phi'_+(a) = f(a)$；

若 $x = b$，取 $\Delta x < 0$，则同理可证 $\Phi'_-(b) = f(b)$.

即

$$\Phi'(x) = \frac{\mathrm{d}}{\mathrm{d}x}\int_a^x f(t)\,\mathrm{d}t = f(x) \quad (a \leq x \leq b)$$

注　① 如果 $f(t)$ 连续，$\varphi(x)$ 可导，a 为常数，则函数 $\Phi(x) = \displaystyle\int_a^{\varphi(x)} f(t)\,\mathrm{d}t$ 的导函数为

$$\Phi'(x) = f[\varphi(x)]\varphi'(x)$$

② 如果 $f(t)$ 连续，$\alpha(x)$，$\beta(x)$ 可导，则 $F(x) = \displaystyle\int_{\alpha(x)}^{\beta(x)} f(t)\,\mathrm{d}t$ 的导函数为

$$F'(x) = \frac{\mathrm{d}}{\mathrm{d}x}\int_{\alpha(x)}^{\beta(x)} f(t)\,\mathrm{d}t = f[\beta(x)]\beta'(x) - f[\alpha(x)]\alpha'(x)$$

由定理 5.3 可知，如果函数 $f(x)$ 在区间 $[a,b]$ 上连续，则函数 $\Phi(x) = \displaystyle\int_a^x f(t)\,\mathrm{d}t$ 就是 $f(x)$ 在区间 $[a,b]$ 上的一个原函数. 由定理 5.3 有下面的结论.

定理 5.4（原函数存在定理）　若函数 $f(x)$ 在区间 $[a,b]$ 上连续，则它的原函数一定存在，且其中的一个原函数为

$$\Phi(x) = \int_a^x f(t)\,\mathrm{d}t$$

注　这个定理一方面肯定了闭区间 $[a,b]$ 上的连续函数 $f(x)$ 一定有原函数（解决了第 4 章第一节留下的原函数存在问题），另一方面初步地揭示积分学中的定积分与原函数之间的联系，为下一步研究微积分基本公式奠定基础.

例 1　计算 $\dfrac{\mathrm{d}}{\mathrm{d}x}\displaystyle\int_0^x \mathrm{e}^{-t}\sin t\,\mathrm{d}t$.

解　$\dfrac{\mathrm{d}}{\mathrm{d}x}\displaystyle\int_0^x \mathrm{e}^{-t}\sin t\,\mathrm{d}t = \left[\displaystyle\int_0^x \mathrm{e}^{-t}\sin t\,\mathrm{d}t\right]' = \mathrm{e}^{-x}\sin x$.

例 2　求 $\displaystyle\lim_{x \to 0} \frac{1}{x^2}\int_0^x \ln(1+t)\,\mathrm{d}t$.

解　当 $x \to 0$ 时，此极限为 $\dfrac{0}{0}$ 型不定式，利用两次洛必达法则有

$$\lim_{x \to 0} \frac{1}{x^2}\int_0^x \ln(1+t)\,\mathrm{d}t = \lim_{x \to 0} \frac{\displaystyle\int_0^x \ln(1+t)\,\mathrm{d}t}{x^2} = \lim_{x \to 0} \frac{\ln(1+x)}{2x} = \lim_{x \to 0} \frac{\dfrac{1}{1+x}}{2} = \frac{1}{2}$$

例 3　求 $\dfrac{\mathrm{d}}{\mathrm{d}x}\displaystyle\int_1^{x^2} (t^2+1)\,\mathrm{d}t$.

解　此处的变上限积分的上限是 x^2，若记 $u = x^2$，则函数 $\displaystyle\int_1^{x^2}(t^2+1)\,\mathrm{d}t$ 可看成由 $y = \displaystyle\int_1^u (t^2+1)\,\mathrm{d}t$ 与 $u = x^2$ 复合而成. 根据复合函数的求导法则得

$$\frac{\mathrm{d}}{\mathrm{d}x}\int_1^{x^2}(t^2+1)\,\mathrm{d}t = \left[\frac{\mathrm{d}}{\mathrm{d}u}\int_1^u(t^2+1)\,\mathrm{d}t\right]\bigg|_{u=x^2}\frac{\mathrm{d}u}{\mathrm{d}x} = (u^2+1)\bigg|_{u=x^2} 2x$$

$$= (x^4 + 1)2x = 2x^5 + 2x$$

例 4 求极限 $\lim\limits_{x \to 0} \dfrac{\int_0^{x^2} \sin t \, dt}{x^4}$.

解 因为 $\lim\limits_{x \to 0} x^4 = 0$, $\lim\limits_{x \to 0} \int_0^{x^2} \sin t \, dt = \int_0^0 \sin t \, dt = 0$, 所以这个极限是 $\dfrac{0}{0}$ 型的未定式, 利用洛必达法则得

$$\lim_{x \to 0} \frac{\int_0^{x^2} \sin t \, dt}{x^4} = \lim_{x \to 0} \frac{\sin x^2 \cdot 2x}{4x^3} = \lim_{x \to 0} \frac{\sin x^2}{2x^2} = \frac{1}{2} \lim_{x \to 0} \frac{\sin x^2}{x^2} = \frac{1}{2}$$

例 5 设 $f(x)$ 在 $(0, +\infty)$ 内连续且 $f(x) > 0$, 证明: 函数 $F(x) = \dfrac{\int_0^x t f(t) \, dt}{\int_0^x f(t) \, dt}$ 在 $(0, +\infty)$ 内严格单调增加.

证 由于 $\dfrac{d}{dx} \int_0^x t f(t) \, dt = x f(x)$, $\dfrac{d}{dx} \int_0^x f(t) \, dt = f(x)$, 因此, 根据导数的运算法则有

$$F'(x) = \frac{x f(x) \int_0^x f(t) \, dt - f(x) \int_0^x t f(t) \, dt}{\left(\int_0^x f(t) \, dt \right)^2} = \frac{f(x) \int_0^x (x - t) f(t) \, dt}{\left(\int_0^x f(t) \, dt \right)^2}$$

当 $x > 0$ 时, $f(x) > 0$, $0 \leqslant t \leqslant x$, 可得 $(x - t) f(t) > 0$, 故

$$\int_0^x (x - t) f(t) \, dt > 0$$

从而当 $x > 0$ 时, 有 $F'(x) > 0$. 故 $F(x)$ 在 $(0, +\infty)$ 内单调增加.

例 6 设 $f(x)$ 在 $[0,1]$ 上连续, 且 $f(x) < 1$, 证明: 方程 $2x - \int_0^x f(t) \, dt = 1$ 在 $(0,1)$ 内只有一个根.

证 令 $F(x) = 2x - \int_0^x f(t) \, dt - 1$, 因为 $f(x)$ 在 $[0,1]$ 上连续, 则 $F(x)$ 可导. 由于 $f(x) < 1$, 从而

$$F'(x) = 2 - f(x) > 0$$

故 $F(x)$ 在 $[0,1]$ 上单调增加.

$$F(0) = -1 < 0, \quad F(1) = 1 - \int_0^1 f(t) \, dt = \int_0^1 [1 - f(t)] \, dt > 0$$

由零点存在定理可知, 存在点 $\xi \in (0,1)$, 使得 $F(\xi) = 0$.

因此, 原方程 $F(x) = 0$ 在 $(0,1)$ 上只有一个根.

5.2.3 微积分基本公式

现在应用原函数存在定理来证明一个重要公式: **牛顿-莱布尼茨公式**, 它给出了用原函数计算定积分的基本方法.

定理 5.5　如果函数 $f(x)$ 在区间 $[a,b]$ 上连续,且 $F(x)$ 是 $f(x)$ 的一个原函数,那么

$$\int_a^b f(x)\,\mathrm{d}x = F(b) - F(a) \tag{5.4}$$

证　由定理 5.4 可知,$\Phi(x) = \int_a^x f(t)\,\mathrm{d}t$ 是 $f(x)$ 在区间 $[a,b]$ 的一个原函数,则 $\Phi(x)$ 与 $F(x)$ 相差一个常数 C,即

$$\int_a^x f(t)\,\mathrm{d}t = F(x) + C$$

在上式中,令 $x = a$ 得 $0 = \int_a^a f(t)\,\mathrm{d}t = F(a) + C$,所以 $C = -F(a)$,则

$$\int_a^x f(t)\,\mathrm{d}t = F(x) - F(a)$$

在上式中,令 $x = b$ 则得到

$$\int_a^b f(t)\,\mathrm{d}t = F(b) - F(a)$$

为方便起见,通常把 $F(b) - F(a)$ 简记为 $F(x)\Big|_a^b$ 或 $[F(x)]_a^b$,故式(5.4)可改写为

$$\int_a^b f(x)\,\mathrm{d}x = F(x)\Big|_a^b = F(b) - F(a)$$

式(5.4)称为牛顿-莱布尼茨(Newton-Leibniz)公式,又称微积分基本公式.

定理 5.5 揭示了定积分与被积函数的原函数之间的内在联系,它将求定积分的问题转化为求原函数的问题. 确切地说,要求连续函数 $f(x)$ 在 $[a,b]$ 上的定积分,只需求出 $f(x)$ 在区间 $[a,b]$ 上的一个原函数 $F(x)$,然后计算 $F(b) - F(a)$ 即可.

例 7　计算 $\displaystyle\int_{-1}^{\sqrt{3}} \frac{1}{1+x^2}\,\mathrm{d}x$.

解　因为 $f(x) = \dfrac{1}{1+x^2}$ 在 $[-1,\sqrt{3}]$ 上连续,且 $(\arctan x)' = \dfrac{1}{1+x^2}$,所以

$$\int_{-1}^{\sqrt{3}} \frac{1}{1+x^2}\,\mathrm{d}x = \arctan x\Big|_{-1}^{\sqrt{3}} = \arctan\sqrt{3} - \arctan(-1) = \frac{7\pi}{12}$$

例 8　计算 $\displaystyle\int_{-1}^{1} \frac{\mathrm{e}^x}{1+\mathrm{e}^x}\,\mathrm{d}x$.

解　$\displaystyle\int_{-1}^{1} \frac{\mathrm{e}^x}{1+\mathrm{e}^x}\,\mathrm{d}x = \int_{-1}^{1} \frac{\mathrm{d}(\mathrm{e}^x+1)}{1+\mathrm{e}^x} = \ln(1+\mathrm{e}^x)\Big|_{-1}^{1}$

$$= \ln(1+\mathrm{e}) - \ln(1+\mathrm{e}^{-1}) = 1$$

例 9　计算 $\displaystyle\int_{-1}^{3} |2-x|\,\mathrm{d}x$.

解　根据定积分对积分区间具有可加性的性质,得

$$\int_{-1}^{3} |2-x|\,\mathrm{d}x = \int_{-1}^{2} |2-x|\,\mathrm{d}x + \int_{2}^{3} |2-x|\,\mathrm{d}x = \int_{-1}^{2} (2-x)\,\mathrm{d}x + \int_{2}^{3} (x-2)\,\mathrm{d}x$$

$$= \left(2x - \frac{1}{2}x^2\right)\Big|_{-1}^{2} + \left(\frac{1}{2}x^2 - 2x\right)\Big|_{2}^{3} = \frac{9}{2} + \frac{1}{2} = 5$$

例 10 计算正弦曲线 $y = \sin x$ 在 $[0, \pi]$ 上与 x 轴所围成的平面图形的面积.

解 这图形是曲边梯形的一个特例,它的面积为

$$A = \int_0^\pi \sin x \mathrm{d}x = (-\cos x)\Big|_0^\pi = 2$$

注 设 n 为正整数,曲线 $y = |\sin x|$ 在 $[0, n\pi]$ 上与 x 轴所围成的平面图形的面积为

$$A = \int_0^{n\pi} |\sin x| \mathrm{d}x = n\int_0^\pi |\sin x| \mathrm{d}x = 2n$$

例 11 求极限 $\lim\limits_{n \to \infty} \dfrac{1 + 2^3 + 3^3 + \cdots + n^3}{n^4}$.

解 $\lim\limits_{n \to \infty} \dfrac{1 + 2^3 + 3^3 + \cdots + n^3}{n^4} = \lim\limits_{n \to \infty} \sum\limits_{i=1}^n \dfrac{1}{n}\left(\dfrac{i}{n}\right)^3$

选取函数 $f(x) = x^3$,选取区间 $[0, 1]$,将 $[0, 1]$ 分成 n 个长度相等的小区间,每个小区间的长度为 $\dfrac{1}{n}$. 在小区间 $\left[\dfrac{i-1}{n}, \dfrac{i}{n}\right]$ 上,取 $\xi_i = \dfrac{i}{n}(i = 1, 2, \cdots, n)$,根据定积分定义,有

$$\lim\limits_{n \to \infty} \sum\limits_{i=1}^n \dfrac{1}{n}\left(\dfrac{i}{n}\right)^3 = \int_0^1 x^3 \mathrm{d}x$$

而

$$\int_0^1 x^3 \mathrm{d}x = \dfrac{1}{4}x^4\Big|_0^1 = \dfrac{1}{4}$$

故有

$$\lim\limits_{n \to \infty} \dfrac{1 + 2^3 + 3^3 + \cdots + n^3}{n^4} = \dfrac{1}{4}$$

注 此题是利用定积分来求数列极限.

例 12 汽车以 36 km/h 的速度行驶,到某处需要减速停车. 设汽车以等加速度 $a = -5$ m/s^2 刹车,问从开始刹车到停车,汽车驶过了多少距离?

解 首先要算出从开始刹车到停车经过的时间,设开始刹车的时刻为 $t = 0$,此时汽车速度为

$$v_0 = 36 \text{ km/h} = \dfrac{36 \times 1\,000}{3\,600} \text{ m/s} = 10 \text{ m/s}$$

刹车后汽车减速行驶,其速度函数为 $v(t) = 10 - 5t$,则

$$v(t) = 10 - 5t = 0$$

解得 $t = 2$ s.

于是,在这段时间内,汽车所驶过的距离为

$$s = \int_0^2 v(t) \mathrm{d}t = \int_0^2 (10 - 5t) \mathrm{d}t = \left[10t - 5 \times \dfrac{t^2}{2}\right]_0^2 = 10 \text{ m}$$

即在刹车后,汽车需驶过 10 m 才能停住.

思考题 5.1 汽车以 144 km/h 的速度在高速公路上行驶,发现前方 50 m 处有障碍物需要减速停车,问汽车的加速度至少要多大时,才能保证在 50 m 内把车停住?

思考题参考解答　　　　牛顿-莱布　　　　变上限积分

尼茨公式　　　　及其导数视频

习题 5.2

1. 求下列函数的导数：

$(1) F(x) = \int_0^x \sqrt{t^2 + 1}\, \mathrm{d}t;$
　　　　　　　　　　　　$(2) F(x) = \int_1^{x^2} \frac{\sin t}{t}\, \mathrm{d}t;$

$(3) F(x) = \int_x^1 t^2 \mathrm{e}^{-t}\, \mathrm{d}t;$
　　　　　　　　　　　　$(4) F(x) = \int_{-x}^{x^2} \cos^2 t\, \mathrm{d}t.$

2. 求由 $\int_0^y \mathrm{e}^t \mathrm{d}t + \int_0^x \cos t\, \mathrm{d}t = 0$ 所确定的隐函数对 x 的导数 $\dfrac{\mathrm{d}y}{\mathrm{d}x}$.

3. 求函数 $F(x) = \int_0^x (t^2 - t)\, \mathrm{d}t$ 在区间 $[-1, 3]$ 上的最大值和最小值.

4. 求下列函数的极限：

$(1) \lim_{x \to 0} \dfrac{\displaystyle\int_0^x \cos^2 t\, \mathrm{d}t}{x};$
　　　　　　　　　　$(2) \lim_{x \to 1} \dfrac{\displaystyle\int_1^x t(t-1)\, \mathrm{d}t}{(x-1)^2};$

$(3) \lim_{x \to 0} \dfrac{\displaystyle\int_0^x \arctan t\, \mathrm{d}t}{x^2};$
　　　　　　　　　　$(4) \lim_{x \to 0} \dfrac{\displaystyle\int_0^x (\sqrt{1+t} - \sqrt{1-t})\, \mathrm{d}t}{x^2};$

$(5) \lim_{x \to 0} \dfrac{\displaystyle\int_{\cos x}^1 \mathrm{e}^{-t^2}\, \mathrm{d}t}{x^2}.$

5. 求由曲线 $y = -x^2 + 2x$ 与 x 轴所围成的曲边梯形的面积.

6. 求下列定积分的值：

$(1) \int_1^2 (x^2 + x - 1)\, \mathrm{d}x;$
　　　　　　　　　　$(2) \int_0^1 (2^x + x^2)\, \mathrm{d}x;$

$(3) \int_0^2 \frac{x}{1 + x^2}\, \mathrm{d}x;$
　　　　　　　　　　$(4) \int_{-1}^1 \frac{x^4 + 2x^2}{x^2 + 1}\, \mathrm{d}x;$

$(5) \int_0^\pi |\cos x|\, \mathrm{d}x;$
　　　　　　　　　　$(6) \int_0^{\frac{\pi}{4}} \tan^2 x\, \mathrm{d}x.$

7. 设 $f(x) = \begin{cases} 2x & 0 \leqslant x \leqslant 1 \\ x^2 + 1 & 1 < x \leqslant 2 \end{cases}$，求 $\int_0^2 f(x)\, \mathrm{d}x.$

8. 求 $\int_{-2}^2 \max\{x, x^2\}\, \mathrm{d}x.$

9. 设 $k, l \in \mathbf{N}^+$，试证下列各题：

$(1) \int_{-\pi}^\pi \cos kx\, \mathrm{d}x = 0;$
　　　　　　　　　　$(2) \int_{-\pi}^\pi \sin kx\, \mathrm{d}x = 0;$

$(3) \int_{-\pi}^{\pi} \cos^2 kx \, dx = \pi;$　　　　　　$(4) \int_{-\pi}^{\pi} \sin^2 kx \, dx = \pi;$

$(5) \int_{-\pi}^{\pi} \cos kx \sin lx \, dx = 0;$　　　　　$(6) \int_{-\pi}^{\pi} \cos kx \cos lx \, dx = 0 (k \neq l);$

$(7) \int_{-\pi}^{\pi} \sin kx \sin lx \, dx = 0 (k \neq l).$

10. 设 $f(x) = \begin{cases} x^2 & 0 \leqslant x < 1 \\ x & 1 \leqslant x \leqslant 2 \end{cases}$，求 $\Phi(x) = \int_0^x f(t) \, dt$ 在 $[0,2]$ 上的表达式，并讨论 $\Phi(x)$ 在 $(0,2)$ 内的连续性.

11. 设 $f(x) = \begin{cases} \dfrac{1}{2} \sin x & 0 \leqslant x \leqslant \pi \\ 0 & x < 0 \text{ 或 } x > \pi \end{cases}$，求 $\Phi(x) = \int_0^x f(t) \, dt$ 在 $(-\infty, +\infty)$ 上的表达式.

12. 设 $f(x)$ 在 $[a,b]$ 上连续，在 (a,b) 内可导且 $f'(x) \leqslant 0$，$F(x) = \dfrac{1}{x-a} \int_a^x f(t) \, dt$. 证明：在 (a,b) 内有 $F'(x) \leqslant 0$.

5.3　定积分的换元积分法和分部积分法

在不定积分中，换元积分法和分部积分法对寻求原函数起了重要作用. 根据牛顿-莱布尼茨公式，定积分的计算可化为求 $f(x)$ 的原函数的增量. 因此，在一定条件下，可用换元积分法和分部积分法来计算定积分.

5.3.1　定积分的换元积分法

定理 5.6　设函数 $f(x)$ 在区间 $[a,b]$ 上连续，并且 $\varphi(t)$ 满足下列条件：
①$a = \varphi(\alpha)$，$b = \varphi(\beta)$.
②$\varphi(t)$ 在区间 $[\alpha, \beta]$（或 $[\beta, \alpha]$）上有连续的导数，且其值域为 $R_\varphi = [a, b]$，则有

$$\int_a^b f(x) \, dx = \int_\alpha^\beta f[\varphi(t)] \varphi'(t) \, dt$$

上述公式称为定积分的换元公式.

证　由假设条件可知，上式两边的被积函数都是连续的，因此两边的定积分都存在，而且被积函数的原函数也都存在. 假设 $F(x)$ 函数 $f(x)$ 在区间 $[a,b]$ 上的一个原函数，即 $F'(x) = f(x)$，则根据牛顿-莱布尼茨公式，得

$$\int_a^b f(x) \, dx = F(b) - F(a)$$

记 $w = F[\varphi(t)]$，它是由 $w = F(x)$ 与 $x = \varphi(t)$ 复合而成的函数. 由复合函数求导法则，得

$$\frac{dw}{dt} = \frac{dw}{dx} \cdot \frac{dx}{dt} = F'(x) \cdot \varphi'(t) = f[\varphi(t)] \varphi'(t)$$

因此 $F[\varphi(t)]$ 是 $f[\varphi(t)] \varphi'(t)$ 的一个原函数，又由于 $a = \varphi(\alpha)$，$b = \varphi(\beta)$，故有

$$\int_{\alpha}^{\beta} f[\varphi(t)]\varphi'(t)\mathrm{d}t = F[\varphi(t)]\Big|_{\alpha}^{\beta} = F[\varphi(\beta)] - F[\varphi(\alpha)] = F(b) - F(a)$$

所以

$$\int_{a}^{b} f(x)\mathrm{d}x = \int_{\alpha}^{\beta} f[\varphi(t)]\varphi'(t)\mathrm{d}t$$

这就证明了换元公式.

注　用 $x = \varphi(t)$ 把原积分变量 x 换成新变量 t，积分限也必须由原来的积分限 a 和 b 相应地换为新变量 t 的积分限 α 和 β，而不必代回原来的变量 x，这与不定积分的换元法是不同的.

例 1　求 $\int_{0}^{3} \dfrac{x}{\sqrt{1+x}}\mathrm{d}x.$

解　令 $\sqrt{1+x} = t$，则 $x = t^2 - 1$，$\mathrm{d}x = 2t\mathrm{d}t$. 当 $x = 0$ 时，$t = 1$；当 $x = 3$ 时，$t = 2$. 于是

$$\int_{0}^{3} \frac{x}{\sqrt{1+x}}\mathrm{d}x = \int_{1}^{2} \frac{t^2-1}{t}\cdot 2t\mathrm{d}t = 2\int_{1}^{2}(t^2-1)\mathrm{d}t = 2\Big[\frac{1}{3}t^3 - t\Big]_{1}^{2} = \frac{8}{3}$$

例 2　求 $\int_{0}^{a} \sqrt{a^2 - x^2}\mathrm{d}x \ (a > 0).$

解　设 $x = a\sin t$，则 $\mathrm{d}x = a\cos t\mathrm{d}t$. 当 $x = 0$ 时，$t = 0$；当 $x = a$ 时，$t = \dfrac{\pi}{2}$. 于是

$$\int_{0}^{a} \sqrt{a^2 - x^2}\mathrm{d}x = a^2\int_{0}^{\frac{\pi}{2}}\cos^2 t\mathrm{d}t = \frac{a^2}{2}\int_{0}^{\frac{\pi}{2}}(1 + \cos 2t)\mathrm{d}t$$

$$= \frac{a^2}{2}\Big[t + \frac{1}{2}\sin 2t\Big]_{0}^{\frac{\pi}{2}} = \frac{\pi}{4}a^2$$

事实上，本题如果设 $x = a\cos t$，同样可以求出相同的结果.

例 3　求 $\int_{0}^{a} \dfrac{1}{\sqrt{x^2 + a^2}}\mathrm{d}x \ (a > 0).$

解　设 $x = a\tan t$，则 $\mathrm{d}x = a\sec^2 t\ \mathrm{d}t$. 当 $x = 0$ 时，$t = 0$；当 $x = a$ 时，$t = \dfrac{\pi}{4}$. 于是

$$\int_{0}^{a} \frac{1}{\sqrt{x^2 + a^2}}\mathrm{d}x = \int_{0}^{\frac{\pi}{4}} \frac{a\sec^2 t}{a\sec t}\mathrm{d}t = \int_{0}^{\frac{\pi}{4}}\sec t\mathrm{d}t$$

$$= \ln\Big|\sec t + \tan t\Big|_{0}^{\frac{\pi}{4}} = \ln(1 + \sqrt{2})$$

例 4　求 $\int_{0}^{\frac{\pi}{2}}\cos^3 x\sin x\mathrm{d}x.$

解　解法 1：设 $t = \cos x$，则 $\mathrm{d}t = -\sin x\mathrm{d}x$. 当 $x = 0$ 时，$t = 1$；当 $x = \dfrac{\pi}{2}$ 时，$t = 0$. 于是

$$\int_{0}^{\frac{\pi}{2}}\cos^3 x\sin x\mathrm{d}x = \int_{1}^{0} t^3(-\mathrm{d}t) = \int_{0}^{1} t^3\mathrm{d}t = \Big[\frac{1}{4}t^4\Big]_{0}^{1} = \frac{1}{4}$$

解法 2：$\int_{0}^{\frac{\pi}{2}}\cos^3 x\sin x\mathrm{d}x = -\int_{0}^{\frac{\pi}{2}}\cos^3 x\mathrm{d}(\cos x) = \Big[-\frac{1}{4}\cos^4 x\Big]_{0}^{\frac{\pi}{2}} = \frac{1}{4}$

注 解法 1 是变量替换法,应用定积分的换元积分公式,这时积分上下限要改变;解法 2 是不引进新变量凑微分法,故该上下限也不改变.

例 5 求 $\int_0^{\ln 2} \sqrt{e^x - 1} dx$.

解 令 $\sqrt{e^x - 1} = t$,则

$$x = \ln(1 + t^2), dx = \frac{2t}{1 + t^2} dt$$

当 $x = 0$ 时,$t = 0$;当 $x = \ln 2$ 时,$t = 1$. 于是

$$\int_0^{\ln 2} \sqrt{e^x - 1} dx = \int_0^1 t \cdot \frac{2t}{1 + t^2} dt = \int_0^1 \frac{2t^2}{1 + t^2} dt = 2\int_0^1 \left(1 - \frac{1}{1 + t^2}\right) dt$$

$$= 2\left[t - \arctan t\right]_0^1 = 2 - \frac{\pi}{2}$$

例 6 设 $f(x)$ 在区间 $[-a, a]$ 上连续,证明:

(1) 若 $f(x)$ 为奇函数,则 $\int_{-a}^a f(x) dx = 0$;

(2) 若 $f(x)$ 为偶函数,则 $\int_{-a}^a f(x) dx = 2\int_0^a f(x) dx$.

证 由定积分的可加性可知

$$\int_{-a}^a f(x) dx = \int_{-a}^0 f(x) dx + \int_0^a f(x) dx$$

对定积分 $\int_{-a}^0 f(x) dx$,作代换 $x = -t$,得

$$\int_{-a}^0 f(x) dx = -\int_a^0 f(-t) dt = \int_0^a f(-t) dt = \int_0^a f(-x) dx$$

所以

$$\int_{-a}^a f(x) dx = \int_0^a f(-x) dx + \int_0^a f(x) dx = \int_0^a \left[f(x) + f(-x)\right] dx$$

(1) 若 $f(x)$ 为奇函数,即 $f(-x) = -f(x)$,则

$$f(x) + f(-x) = f(x) - f(x) = 0$$

于是

$$\int_{-a}^a f(x) dx = 0$$

(2) 若 $f(x)$ 为偶函数,即 $f(-x) = f(x)$,则

$$f(x) + f(-x) = f(x) + f(x) = 2f(x)$$

于是

$$\int_{-a}^a f(x) dx = 2\int_0^a f(x) dx$$

根据本例的结论,可简化定积分的运算.

例 7 求下列定积分:

(1) $\int_{-\sqrt{3}}^{\sqrt{3}} \frac{x^2 \sin x}{1 + x^4} dx$;   (2) $\int_{-2}^2 x^2 \sqrt{4 - x^2} dx$.

解　（1）因为被积函数 $f(x) = \dfrac{x^2 \sin x}{1 + x^4}$ 是奇函数，积分区间 $[-\sqrt{3}, \sqrt{3}]$ 是对称区间，所以

$$\int_{-\sqrt{3}}^{\sqrt{3}} \frac{x^2 \sin x}{1 + x^4} \mathrm{d}x = 0$$

（2）因为被积函数 $f(x) = x^2 \sqrt{4 - x^2}$ 是偶函数，积分区间 $[-2, 2]$ 是对称区间，所以

$$\int_{-2}^{2} x^2 \sqrt{4 - x^2}\mathrm{d}x = 2\int_{0}^{2} x^2 \sqrt{4 - x^2}\mathrm{d}x$$

令 $x = 2\sin t$，则 $\mathrm{d}x = 2\cos t\mathrm{d}t$，$\sqrt{4 - x^2} = 2\cos t$。

当 $x = 0$ 时，$t = 0$；当 $x = 2$ 时，$t = \dfrac{\pi}{2}$．于是

$$\int_{-2}^{2} x^2 \sqrt{4 - x^2}\mathrm{d}x = 2\int_{0}^{\frac{\pi}{2}} 16 \sin^2 t \cos^2 t\mathrm{d}t = 8\int_{0}^{\frac{\pi}{2}} \sin^2 2t\mathrm{d}t$$

$$= 4\int_{0}^{\frac{\pi}{2}} (1 - \cos 4t)\mathrm{d}t = (4t - \sin 4t)\Big|_{0}^{\frac{\pi}{2}} = 2\pi$$

例 8　若 $f(x)$ 在 $[0, 1]$ 上连续，证明：

（1）$\displaystyle\int_{0}^{\frac{\pi}{2}} f(\sin x)\mathrm{d}x = \int_{0}^{\frac{\pi}{2}} f(\cos x)\mathrm{d}x$；

（2）$\displaystyle\int_{0}^{\pi} xf(\sin x)\mathrm{d}x = \frac{\pi}{2}\int_{0}^{\pi} f(\sin x)\mathrm{d}x$．

由此计算 $\displaystyle\int_{0}^{\pi} \frac{x \sin x}{1 + \cos^2 x}\mathrm{d}x$．

证　（1）设 $x = \dfrac{\pi}{2} - t$，则 $\mathrm{d}x = -\mathrm{d}t$，当 $x = 0$ 时，$t = \dfrac{\pi}{2}$；当 $x = \dfrac{\pi}{2}$ 时，$t = 0$．于是

$$\int_{0}^{\frac{\pi}{2}} f(\sin x)\mathrm{d}x = -\int_{\frac{\pi}{2}}^{0} f\Big[\sin\Big(\frac{\pi}{2} - t\Big)\Big]\mathrm{d}t = \int_{0}^{\frac{\pi}{2}} f(\cos t)\mathrm{d}t = \int_{0}^{\frac{\pi}{2}} f(\cos x)\mathrm{d}x$$

（2）设 $x = \pi - t$，$\mathrm{d}x = -\mathrm{d}t$．当 $x = 0$ 时，$t = \pi$；当 $x = \pi$ 时，$t = 0$．于是

$$\int_{0}^{\pi} xf(\sin x)\mathrm{d}x = -\int_{\pi}^{0} (\pi - t)f[\sin(\pi - t)]\mathrm{d}t = \int_{0}^{\pi} (\pi - t)f(\sin t)\mathrm{d}t$$

$$= \pi\int_{0}^{\pi} f(\sin t)\mathrm{d}t - \int_{0}^{\pi} tf(\sin t)\mathrm{d}t = \pi\int_{0}^{\pi} f(\sin x)\mathrm{d}x - \int_{0}^{\pi} xf(\sin x)\mathrm{d}x$$

于是

$$\int_{0}^{\pi} xf(\sin x)\mathrm{d}x = \frac{\pi}{2}\int_{0}^{\pi} f(\sin x)\mathrm{d}x$$

根据上式，可得

$$\int_{0}^{\pi} \frac{x \sin x}{1 + \cos^2 x}\mathrm{d}x = \frac{\pi}{2}\int_{0}^{\pi} \frac{\sin x}{1 + \cos^2 x}\mathrm{d}x = -\frac{\pi}{2}\int_{0}^{\pi} \frac{1}{1 + \cos^2 x}\mathrm{d}(\cos x)$$

$$= -\frac{\pi}{2}\Big[\arctan(\cos x)\Big]_{0}^{\pi} = -\frac{\pi}{2}\Big(-\frac{\pi}{4} - \frac{\pi}{4}\Big) = \frac{\pi^2}{4}$$

5.3.2　定积分的分部积分法

定理 5.7　设函数 $u(x)$，$v(x)$ 在区间 $[a, b]$ 上具有连续导数，则有

$$\int_a^b u\mathrm{d}v = \left[uv\right]_a^b - \int_a^b v\mathrm{d}u$$

证 函数 $u(x)$，$v(x)$ 在区间 $[a,b]$ 上具有连续导数，$(uv)'$，$u'v$，uv' 都在区间 $[a,b]$ 上可积，且 $(uv)' = u'v + uv'$，$uv' = (uv)' - vu'$．根据定积分的性质 1，可得

$$\int_a^b uv'\mathrm{d}x = \int_a^b (uv)'\mathrm{d}x - \int_a^b vu'\mathrm{d}x = \left[uv\right]_a^b - \int_a^b vu'\mathrm{d}x$$

即

$$\int_a^b u\mathrm{d}v = \left[uv\right]_a^b - \int_a^b v\mathrm{d}u$$

例 9 求 $\int_1^2 x\ln x\mathrm{d}x$．

解
$$\int_1^2 x\ln x\mathrm{d}x = \frac{1}{2}\int_1^2 \ln x\mathrm{d}(x^2) = \frac{1}{2}x^2\ln x\Big|_1^2 - \frac{1}{2}\int_1^2 x^2\mathrm{d}(\ln x)$$
$$= 2\ln 2 - \frac{1}{2}\int_1^2 x\mathrm{d}x = 2\ln 2 - \frac{1}{4}x^2\Big|_1^2 = 2\ln 2 - \frac{3}{4}$$

例 10 计算 $\int_0^{\frac{1}{2}} \arcsin x\mathrm{d}x$．

解 令 $u = \arcsin x$，$\mathrm{d}v = \mathrm{d}x$，则 $\mathrm{d}u = \dfrac{\mathrm{d}x}{\sqrt{1-x^2}}$，$v = x$．于是

$$\int_0^{\frac{1}{2}} \arcsin x\mathrm{d}x = \left[x\arcsin x\right]_0^{\frac{1}{2}} - \int_0^{\frac{1}{2}} \frac{x\mathrm{d}x}{\sqrt{1-x^2}} = \frac{1}{2}\cdot\frac{\pi}{6} + \frac{1}{2}\int_0^{\frac{1}{2}} \frac{1}{\sqrt{1-x^2}}\mathrm{d}(1-x^2)$$
$$= \frac{\pi}{12} + \left[\sqrt{1-x^2}\right]_0^{\frac{1}{2}} = \frac{\pi}{12} + \frac{\sqrt{3}}{2} - 1$$

例 11 计算 $\int_0^{\frac{\pi}{4}} \dfrac{x}{1+\cos 2x}\mathrm{d}x$．

解 因为 $1 + \cos 2x = 2\cos^2 x$，所以

$$\int_0^{\frac{\pi}{4}} \frac{x}{1+\cos 2x}\mathrm{d}x = \int_0^{\frac{\pi}{4}} \frac{x}{2\cos^2 x}\mathrm{d}x = \frac{1}{2}\int_0^{\frac{\pi}{4}} x\mathrm{d}(\tan x) = \frac{1}{2}\left[x\tan x\right]_0^{\frac{\pi}{4}} - \frac{1}{2}\int_0^{\frac{\pi}{4}} \tan x\mathrm{d}x$$
$$= \frac{\pi}{8} + \frac{1}{2}\left[\ln|\cos x|\right]_0^{\frac{\pi}{4}} = \frac{\pi}{8} - \frac{\ln 2}{4}$$

例 12 求 $\int_0^1 \mathrm{e}^{\sqrt{x}}\mathrm{d}x$．

解 令 $\sqrt{x} = t$，则 $x = t^2$，$\mathrm{d}x = 2t\mathrm{d}t$．当 $x = 0$ 时，$t = 0$；当 $x = 1$ 时，$t = 1$．于是

$$\int_0^1 \mathrm{e}^{\sqrt{x}}\mathrm{d}x = 2\int_0^1 t\mathrm{e}^t\mathrm{d}t = 2\int_0^1 t\mathrm{d}\mathrm{e}^t = 2t\mathrm{e}^t\Big|_0^1 - 2\int_0^1 \mathrm{e}^t\mathrm{d}t$$
$$= 2\mathrm{e} - 2\mathrm{e}^t\Big|_0^1 = 2\mathrm{e} - 2\mathrm{e} + 2 = 2$$

例 13 设 $f(x) = \int_1^{x^2} \dfrac{\sin t}{t}\mathrm{d}t$，求 $\int_0^1 xf(x)\mathrm{d}x$．

解 因为 $\dfrac{\sin t}{t}$ 没有初等函数形式的原函数，无法直接求出 $f(x)$，所以采用分部积分法

$$\int_0^1 xf(x)\,dx = \frac{1}{2}\int_0^1 f(x)\,d(x^2) = \frac{1}{2}\left[x^2 f(x)\right]_0^1 - \frac{1}{2}\int_0^1 x^2\,df(x)$$

$$= \frac{1}{2}f(1) - \frac{1}{2}\int_0^1 x^2 f'(x)\,dx$$

而 $f(1)=0$，又由于 $\lim\limits_{t\to 0^+}\dfrac{\sin t}{t}=1$，由定理 5.2 知 $f(0)$ 存在，$f'(x)=\dfrac{2\sin x^2}{x}$，于是

$$\int_0^1 xf(x)\,dx = -\frac{1}{2}\int_0^1 2x\sin x^2\,dx = -\frac{1}{2}\int_0^1 \sin x^2\,dx^2 = \frac{1}{2}\left[\cos x^2\right]_0^1 = \frac{1}{2}(\cos 1 - 1)$$

例 14 证明定积分公式

$$I_n = \int_0^{\frac{\pi}{2}} \sin^n x\,dx = \int_0^{\frac{\pi}{2}} \cos^n x\,dx = \begin{cases} \dfrac{n-1}{n}\cdot\dfrac{n-3}{n-2}\cdot\cdots\cdot\dfrac{3}{4}\cdot\dfrac{1}{2}\cdot\dfrac{\pi}{2} & n=2k \\[3mm] \dfrac{n-1}{n}\cdot\dfrac{n-3}{n-2}\cdot\cdots\cdot\dfrac{4}{5}\cdot\dfrac{2}{3} & n=2k-1 \end{cases} \quad (k\in \mathbf{N}^+)$$

证 由本节例 8 可知

$$I_n = \int_0^{\frac{\pi}{2}} \sin^n x\,dx = \int_0^{\frac{\pi}{2}} \cos^n x\,dx$$

$$I_n = \int_0^{\frac{\pi}{2}} \sin^n x\,dx = \int_0^{\frac{\pi}{2}} \sin^{n-1} x\cdot\sin x\,dx$$

设 $u=\sin^{n-1}x$，$dv=\sin x\,dx$，$du=(n-1)\sin^{n-2}x\cos x\,dx$，$v=-\cos x$，则

$$I_n = \int_0^{\frac{\pi}{2}} \sin^{n-1}x\,d(-\cos x) = \left[-\sin^{n-1}x\cos x\right]_0^{\frac{\pi}{2}} + (n-1)\int_0^{\frac{\pi}{2}} \sin^{n-2}x\cos^2 x\,dx$$

$$I_n = (n-1)\int_0^{\frac{\pi}{2}} \sin^{n-2}x\,dx - (n-1)\int_0^{\frac{\pi}{2}} \sin^n x\,dx = (n-1)I_{n-2} - (n-1)I_n$$

由此得到递推公式

$$I_n = \frac{n-1}{n}I_{n-2}$$

从而

$$I_n = \frac{n-1}{n}\cdot\frac{n-3}{n-2}I_{n-4} = \frac{n-1}{n}\cdot\frac{n-3}{n-2}\cdot\frac{n-5}{n-4}\cdot I_{n-6}$$

于是可得

$$I_{2m} = \frac{2m-1}{2m}\cdot\frac{2m-3}{2m-2}\cdot\cdots\cdot\frac{5}{6}\cdot\frac{3}{4}\cdot\frac{1}{2}I_0 \quad (m=1,2,\cdots)$$

$$I_{2m+1} = \frac{2m}{2m+1}\cdot\frac{2m-2}{2m-1}\cdot\cdots\cdot\frac{6}{7}\cdot\frac{4}{5}\cdot\frac{2}{3}I_1 \quad (m=1,2,\cdots)$$

因为

$$I_0 = \int_0^{\frac{\pi}{2}} dx = \frac{\pi}{2},\quad I_1 = \int_0^{\frac{\pi}{2}} \sin x\,dx = 1$$

所以

$$I_n = \begin{cases} \dfrac{n-1}{n}\cdot\dfrac{n-3}{n-2}\cdot\cdots\cdot\dfrac{3}{4}\cdot\dfrac{1}{2}\cdot\dfrac{\pi}{2} & n=2k \\[3mm] \dfrac{n-1}{n}\cdot\dfrac{n-3}{n-2}\cdot\cdots\cdot\dfrac{4}{5}\cdot\dfrac{2}{3} & n=2k-1 \end{cases} \quad (k\in N^+)$$

思考题 5.2　计算 $\displaystyle\int_{-2}^{2} (x+2)\sqrt{(4-x^2)^3}\,\mathrm{d}x$.

考题参考解答

习题 5.3

1. 求下列定积分的值：

$(1)\displaystyle\int_{1}^{e} \frac{1+\ln x}{x}\mathrm{d}x$;

$(2)\displaystyle\int_{0}^{1} x\sqrt{1-x^2}\,\mathrm{d}x$;

$(3)\displaystyle\int_{1}^{2} \frac{1}{x^2}\mathrm{e}^{\frac{1}{x}}\mathrm{d}x$;

$(4)\displaystyle\int_{0}^{3} \frac{\mathrm{d}x}{1+\sqrt{x+1}}$;

$(5)\displaystyle\int_{0}^{4} \frac{x+2}{\sqrt{2x+1}}\mathrm{d}x$;

$(6)\displaystyle\int_{1}^{10} \frac{\sqrt{x-1}}{x}\mathrm{d}x$;

$(7)\displaystyle\int_{1}^{64} \frac{\mathrm{d}x}{\sqrt{x}+\sqrt[3]{x}}$;

$(8)\displaystyle\int_{0}^{4} \frac{\mathrm{d}x}{1+\sqrt{x}}$;

$(9)\displaystyle\int_{0}^{\pi} \sqrt{\sin^3 x-\sin^5 x}\,\mathrm{d}x$;

$(10)\displaystyle\int_{1}^{e^2} \frac{\mathrm{d}x}{x\sqrt{1+\ln x}}$.

2. 利用函数的奇偶性计算下列积分：

$(1)\displaystyle\int_{-1}^{1} (x^2+3x+\sin x\cos^2 x)\mathrm{d}x$;

$(2)\displaystyle\int_{-1}^{1} \frac{x^3\sin^2 x}{x^4+2x^2+1}\mathrm{d}x$;

$(3)\displaystyle\int_{-\frac{1}{2}}^{\frac{1}{2}} \frac{(\arcsin x)^2}{\sqrt{1-x^2}}\mathrm{d}x$;

$(4)\displaystyle\int_{-1}^{1} \frac{1+\sin x}{\sqrt{1-x^2}}\mathrm{d}x$.

3. 设 $f(x)$ 在 $[a,b]$ 上连续，证明：$\displaystyle\int_{a}^{b} f(x)\mathrm{d}x=\int_{a}^{b} f(a+b-x)\mathrm{d}x$.

4. 证明：$\displaystyle\int_{0}^{1} x^m(1-x)^n\mathrm{d}x=\int_{0}^{1} x^n(1-x)^m\mathrm{d}x\,(m,n\in\mathbf{N}^+)$.

5. 设 $f(x)$ 是连续的周期函数，周期为 T，证明：

$(1)\displaystyle\int_{a}^{a+T} f(x)\mathrm{d}x=\int_{0}^{T} f(x)\mathrm{d}x\,(a\text{ 为任意实数})$;

$(2)\displaystyle\int_{a}^{a+nT} f(x)\mathrm{d}x=n\int_{0}^{T} f(x)\mathrm{d}x\,(n\in\mathbf{N}^+)$.

6. (1) 设 $f(x)$ 是连续的奇函数，证明：$\displaystyle\int_{0}^{x} f(t)\mathrm{d}t$ 是偶函数；

(2) 设 $f(x)$ 是连续的偶函数，证明：$\displaystyle\int_{0}^{x} f(t)\mathrm{d}t$ 是奇函数.

7. 设 $f(x)$ 在 $[0,1]$ 上连续，证明：$\displaystyle\int_{0}^{\pi} f(\sin x)\mathrm{d}x=2\int_{0}^{\frac{\pi}{2}} f(\sin x)\mathrm{d}x$.

8. 计算下列定积分：

$(1) \int_0^1 x e^{-x} dx$;　　　　　　　　　　　$(2) \int_1^e x \ln x dx$;

$(3) \int_{\frac{\pi}{4}}^{\frac{\pi}{3}} \frac{x}{\sin^2 x} dx$;　　　　　　　　　　　$(4) \int_0^1 x \arctan x dx$;

$(5) \int_1^e \sin(\ln x) dx$;　　　　　　　　　　$(6) \int_0^{\frac{\pi}{2}} e^{2x} \cos x dx$;

$(7) \int_0^\pi (x \sin x)^2 dx$;　　　　　　　　　　$(8) \int_{\frac{1}{e}}^e |\ln x| dx$;

$(9) \int_0^1 (1 - x^2)^{\frac{m}{2}} dx (m \in \mathbf{N}^+)$;　　　　　$(10) I_m = \int_0^\pi x \sin^m x dx (m \in \mathbf{N}^+)$.

5.4　广义积分

前面讨论定积分的定义时,要求积分区间是有限区间$[a, b]$,并且被积函数在积分区间上是有界的. 但在实际问题中,还会遇到积分区间是无穷区间$[a, +\infty)$,$(-\infty, a]$及$(-\infty, +\infty)$,或被积函数为无界的情况;前者称为无穷区间上的积分,后者称为无界函数的积分. 一般,将这两种情况下的积分称为广义积分(或称为反常积分),而前面讨论的定积分称为常义积分. 本节将介绍广义积分的概念和计算方法.

5.4.1　无穷区间上的广义积分——无穷积分

定义 5.2　① 设函数$f(x)$在区间$[a, +\infty)$上连续,且$b > a$,作定积分$\int_a^b f(x) dx$,则称$\lim\limits_{b \to +\infty} \int_a^b f(x) dx$为函数$f(x)$在无穷区间$[a, +\infty)$上的积分,简称无穷积分,记作$\int_a^{+\infty} f(x) dx$,即

$$\int_a^{+\infty} f(x) dx = \lim_{b \to +\infty} \int_a^b f(x) dx$$

若极限$\lim\limits_{b \to +\infty} \int_a^b f(x) dx$存在,则称无穷积分$\int_a^{+\infty} f(x) dx$ **收敛**;若极限$\lim\limits_{b \to +\infty} \int_a^b f(x) dx$不存在,则称无穷积分$\int_a^{+\infty} f(x) dx$ **发散**.

② 设函数$f(x)$在区间$(-\infty, b]$上连续,且$a < b$,作定积分$\int_a^b f(x) dx$,则称$\lim\limits_{a \to -\infty} \int_a^b f(x) dx$为函数$f(x)$在无穷区间$(-\infty, b]$上的无穷积分,记作$\int_{-\infty}^b f(x) dx$,即

$$\int_{-\infty}^b f(x) dx = \lim_{a \to -\infty} \int_a^b f(x) dx$$

若极限$\lim\limits_{a \to -\infty} \int_a^b f(x) dx$存在,则称无穷积分$\int_{-\infty}^b f(x) dx$ **收敛**;若极限$\lim\limits_{a \to -\infty} \int_a^b f(x) dx$不存在,

则称无穷积分 $\displaystyle\int_{-\infty}^{b} f(x)\mathrm{d}x$ **发散**.

③设函数 $f(x)$ 在区间 $(-\infty,+\infty)$ 上连续,a 为任意实数,称无穷积分 $\displaystyle\int_{-\infty}^{a} f(x)\mathrm{d}x$ 与无穷积分 $\displaystyle\int_{a}^{+\infty} f(x)\mathrm{d}x$ 之和为函数 $f(x)$ 在无穷区间 $(-\infty,+\infty)$ 上的无穷积分,记作 $\displaystyle\int_{-\infty}^{+\infty} f(x)\mathrm{d}x$,即

$$\int_{-\infty}^{+\infty} f(x)\mathrm{d}x = \int_{-\infty}^{a} f(x)\mathrm{d}x + \int_{a}^{+\infty} f(x)\mathrm{d}x$$

上式中,若无穷积分 $\displaystyle\int_{-\infty}^{a} f(x)\mathrm{d}x$ 与无穷积分 $\displaystyle\int_{a}^{+\infty} f(x)\mathrm{d}x$ 都收敛,则称无穷积分 $\displaystyle\int_{-\infty}^{+\infty} f(x)\mathrm{d}x$ **收敛**;否则,称无穷积分 $\displaystyle\int_{-\infty}^{+\infty} f(x)\mathrm{d}x$ **发散**.

从无穷积分的定义可直接得到无穷积分的计算方法,即先求有限区间上的定积分,再取极限. 广义积分的收敛性和发散性统称为敛散性.

例 1 计算无穷积分 $\displaystyle\int_{0}^{+\infty} \frac{1}{1+x^2}\mathrm{d}x$.

解 任取实数 $b>0$,则

$$\int_{0}^{+\infty} \frac{1}{1+x^2}\mathrm{d}x = \lim_{b\to+\infty}\int_{0}^{b} \frac{1}{1+x^2}\mathrm{d}x = \lim_{b\to+\infty}\arctan x \Big|_{0}^{b}$$

$$= \lim_{b\to+\infty}(\arctan b - \arctan 0) = \frac{\pi}{2}$$

例 2 计算 $\displaystyle\int_{-\infty}^{0} x\mathrm{e}^x\mathrm{d}x$.

解 $\displaystyle\int_{-\infty}^{0} x\mathrm{e}^x\mathrm{d}x = \lim_{a\to-\infty}\int_{a}^{0} x\mathrm{e}^x\mathrm{d}x = \lim_{a\to-\infty}\left[x\mathrm{e}^x \Big|_{a}^{0} - \int_{a}^{0} \mathrm{e}^x\mathrm{d}x \right]$

$$= \lim_{a\to-\infty}\left[-a\mathrm{e}^a - \mathrm{e}^x \Big|_{a}^{0} \right] = \lim_{a\to-\infty}\left[-a\mathrm{e}^a - 1 + \mathrm{e}^a \right] = -1$$

例 3 讨论无穷积分 $\displaystyle\int_{-\infty}^{+\infty} \frac{x}{1+x^2}\mathrm{d}x$ 敛散性.

解 $\displaystyle\int_{-\infty}^{+\infty} \frac{x}{1+x^2}\mathrm{d}x = \int_{-\infty}^{0} \frac{x}{1+x^2}\mathrm{d}x + \int_{0}^{+\infty} \frac{x}{1+x^2}\mathrm{d}x$

$$\int_{0}^{+\infty} \frac{x}{1+x^2}\mathrm{d}x = \lim_{b\to+\infty}\int_{0}^{b} \frac{x}{1+x^2}\mathrm{d}x = \lim_{b\to+\infty}\frac{1}{2}\int_{0}^{b} \frac{1}{1+x^2}\mathrm{d}(1+x^2) = \frac{1}{2}\lim_{b\to+\infty}\ln(1+b^2) = +\infty$$

故无穷积分 $\displaystyle\int_{0}^{+\infty} \frac{x}{1+x^2}\mathrm{d}x$ 发散,从而无穷积分 $\displaystyle\int_{-\infty}^{+\infty} \frac{x}{1+x^2}\mathrm{d}x$ 发散.

注 例 3 如果这样求解:$\displaystyle\int_{-\infty}^{+\infty} \frac{x}{1+x^2}\mathrm{d}x = \lim_{b\to+\infty}\int_{-b}^{b} \frac{x}{1+x^2}\mathrm{d}x = 0$,则是错误的.

例 4 求曲线 $y=\dfrac{1}{x^2}$ 与直线 $x=1$,$y=0$ 所围成的图形的面积.

解　如图 5.8 所示,阴影部分的面积可看成函数

$f(x) = \dfrac{1}{x^2}$ 在 $[1, +\infty)$ 的无穷积分,故所求图形的面积为

$$
\begin{aligned}
A &= \int_1^{+\infty} \frac{1}{x^2}\mathrm{d}x \\
&= \lim_{b \to +\infty} \int_1^b \frac{1}{x^2}\mathrm{d}x = \lim_{b \to +\infty} \left(-\frac{1}{x}\right)\Big|_1^b \\
&= \lim_{b \to +\infty} \left(1 - \frac{1}{b}\right) = 1
\end{aligned}
$$

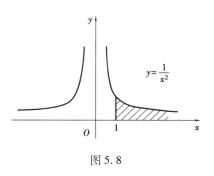

图 5.8

例 5　讨论无穷积分 $\displaystyle\int_a^{+\infty} \frac{1}{x^p}\mathrm{d}x (a > 0)$ 的敛散性.

解　当 $p = 1$ 时

$$
\int_a^{+\infty} \frac{1}{x^p}\mathrm{d}x = \int_a^{+\infty} \frac{1}{x}\mathrm{d}x = \lim_{b \to +\infty} \ln x\Big|_a^b = \lim_{b \to +\infty}[\ln b - \ln a] = +\infty \ (\text{发散})
$$

当 $p \neq 1$ 时

$$
\int_a^{+\infty} \frac{1}{x^p}\mathrm{d}x = \lim_{b \to +\infty} \frac{x^{1-p}}{1-p}\Big|_a^b = -\frac{a^{1-p}}{1-p} + \lim_{b \to +\infty} \frac{b^{1-p}}{1-p} = \begin{cases} +\infty & p < 1\,(\text{发散}) \\ \dfrac{a^{1-p}}{p-1} & p > 1\,(\text{收敛}) \end{cases}
$$

故 $p > 1$ 时,该无穷积分收敛,其值为 $\dfrac{a^{1-p}}{p-1}$;当 $p \leqslant 1$ 时,该无穷积分发散.

此无穷积分称为 p 积分,牢记它的敛散性,可直接运用.

注　①无穷积分是常义积分(定积分)概念的扩充,收敛的无穷积分与定积分具有类似的性质,但不能直接利用牛顿-莱布尼茨公式.

②求无穷积分就是求常义积分的一种极限,因此,首先计算一个常义积分,再求极限,定积分中换元积分法和分部积分法都可推广到无穷积分.

③为了方便,利用下面符号表示极限,即

$$
\lim_{a \to -\infty} F(x)\Big|_a^b = F(x)\Big|_{-\infty}^b\,; \quad \lim_{b \to +\infty} F(x)\Big|_a^b = F(x)\Big|_a^{+\infty}
$$

5.4.2　无界函数的广义积分——瑕积分

若函数 $f(x)$ 在点 x_0 的任意邻域内无界,称 x_0 为函数 $f(x)$ 的瑕点.

定义 5.3　①设函数 $f(x)$ 在区间 $(a, b]$ 上连续,且 a 为函数 $f(x)$ 的瑕点,任取 $\varepsilon > 0$,则称 $\displaystyle\lim_{\varepsilon \to 0^+} \int_{a+\varepsilon}^b f(x)\mathrm{d}x$ 为无界函数 $f(x)$ 在 $(a, b]$ 上的广义积分(或瑕积分),仍记作 $\displaystyle\int_a^b f(x)\mathrm{d}x$,即

$$
\int_a^b f(x)\mathrm{d}x = \lim_{\varepsilon \to 0^+} \int_{a+\varepsilon}^b f(x)\mathrm{d}x
$$

若极限 $\displaystyle\lim_{\varepsilon \to 0^+} \int_{a+\varepsilon}^b f(x)\mathrm{d}x$ 存在,称瑕积分 $\displaystyle\int_a^b f(x)\mathrm{d}x$ 收敛;若极限 $\displaystyle\lim_{\varepsilon \to 0^+} \int_{a+\varepsilon}^b f(x)\mathrm{d}x$ 不存在,则称瑕积分 $\displaystyle\int_a^b f(x)\mathrm{d}x$ 发散.

② 设函数 $f(x)$ 在区间 $[a,b]$ 上连续, 且 b 为函数 $f(x)$ 的瑕点, 任取 $\varepsilon > 0$, 则称 $\lim\limits_{\varepsilon \to 0^+} \int_a^{b-\varepsilon} f(x)\mathrm{d}x$ 为无界函数 $f(x)$ 在 $[a,b)$ 上的广义积分(或瑕积分), 仍记作 $\int_a^b f(x)\mathrm{d}x$, 即

$$\int_a^b f(x)\mathrm{d}x = \lim\limits_{\varepsilon \to 0^+} \int_a^{b-\varepsilon} f(x)\mathrm{d}x$$

若极限 $\lim\limits_{\varepsilon \to 0^+} \int_a^{b-\varepsilon} f(x)\mathrm{d}x$ 存在, 则称瑕积分 $\int_a^b f(x)\mathrm{d}x$ 收敛; 若极限 $\lim\limits_{\varepsilon \to 0^+} \int_a^{b-\varepsilon} f(x)\mathrm{d}x$ 不存在, 则称瑕积分 $\int_a^b f(x)\mathrm{d}x$ 发散.

③ 设函数 $f(x)$ 在区间 $[a,c),(c,b]$ 上连续, 且 c 为函数 $f(x)$ 的瑕点, 瑕积分 $\int_a^c f(x)\mathrm{d}x$ 与瑕积分 $\int_c^b f(x)\mathrm{d}x$ 之和称为无界函数 $f(x)$ 在 $[a,b]$ 上的广义积分(或瑕积分), 仍记为 $\int_a^b f(x)\mathrm{d}x$, 即

$$\int_a^b f(x)\mathrm{d}x = \int_a^c f(x)\mathrm{d}x + \int_c^b f(x)\mathrm{d}x$$

如果瑕积分 $\int_a^c f(x)\mathrm{d}x$ 与瑕积分 $\int_c^b f(x)\mathrm{d}x$ 都收敛, 则称瑕积分 $\int_a^b f(x)\mathrm{d}x$ 收敛; 否则, 称瑕积分 $\int_a^b f(x)\mathrm{d}x$ 发散.

注 瑕积分与常义积分的记号一样, 要注意判断和区别, 就要分析函数 $f(x)$ 在 $[a,b]$ 上是否有界, $f(x)$ 在 $[a,b]$ 上有界, 则就是常义积分(定积分), 否则就是瑕积分.

例 6 求 $\int_0^1 \dfrac{1}{\sqrt{1-x}}\mathrm{d}x$.

解 因为函数 $f(x) = \dfrac{1}{\sqrt{1-x}}\mathrm{d}x$ 在 $[0,1)$ 上连续, 且 $\lim\limits_{x \to 1^-} \dfrac{1}{\sqrt{1-x}} = +\infty$, $x = 1$ 为函数 $f(x)$ 的瑕点, 所以 $\int_0^1 \dfrac{1}{\sqrt{1-x}}\mathrm{d}x$ 是瑕积分. 于是

$$\int_0^1 \frac{1}{\sqrt{1-x}}\mathrm{d}x = \lim\limits_{\varepsilon \to 0^+} \int_0^{1-\varepsilon} \frac{1}{\sqrt{1-x}}\mathrm{d}x = \lim\limits_{\varepsilon \to 0^+} \left[-2\sqrt{1-x} \right] \Big|_0^{1-\varepsilon} = 2$$

例 7 求 $\int_{-1}^1 \dfrac{1}{x}\mathrm{d}x$.

解 因为函数 $f(x) = \dfrac{1}{x}$ 在 $[-1,1]$ 上除 $x = 0$ 点外都连续, 且 $\lim\limits_{x \to 0} \dfrac{1}{x} = \infty$, $x = 0$ 为函数 $f(x)$ 的瑕点, 所以 $\int_{-1}^1 \dfrac{1}{x}\mathrm{d}x$ 是瑕积分, 则

$$\int_{-1}^1 \frac{1}{x}\mathrm{d}x = \int_{-1}^0 \frac{1}{x}\mathrm{d}x + \int_0^1 \frac{1}{x}\mathrm{d}x$$

$$\int_0^1 \frac{1}{x}\mathrm{d}x = \lim\limits_{\varepsilon \to 0^+} \int_\varepsilon^1 \frac{1}{x}\mathrm{d}x = \lim\limits_{\varepsilon \to 0^+} \ln x \Big|_\varepsilon^1 = +\infty$$

故 $\int_0^1 \dfrac{1}{x} \mathrm{d}x$ 发散，所以 $\int_{-1}^1 \dfrac{1}{x} \mathrm{d}x$ 也发散.

例 8　计算积分 $\int_0^a \dfrac{\mathrm{d}x}{\sqrt{a^2 - x^2}} (a > 0)$.

解　因 $\lim\limits_{x \to a-0} \dfrac{1}{\sqrt{a^2 - x^2}} = +\infty$，故 $x = a$ 为被积函数的瑕点，则

$$\int_0^a \frac{\mathrm{d}x}{\sqrt{a^2 - x^2}} = \lim_{\varepsilon \to +0} \int_0^{a-\varepsilon} \frac{\mathrm{d}x}{\sqrt{a^2 - x^2}} = \lim_{\varepsilon \to +0} \left[\arcsin \frac{x}{a} \right]_0^{a-\varepsilon}$$

$$= \lim_{\varepsilon \to +0} \left[\arcsin \frac{a-\varepsilon}{a} - 0 \right] = \frac{\pi}{2}$$

例 9　求积分 $\int_0^1 \ln x \mathrm{d}x$.

解　因为被积函数 $f(x) = \ln x$，当 $\lim\limits_{x \to 0^+} \ln x = -\infty$，$x = 0$ 为函数 $f(x)$ 的瑕点，则

$$\int_0^1 \ln x \mathrm{d}x = \lim_{\varepsilon \to 0^+} \int_\varepsilon^1 \ln x \mathrm{d}x = \lim_{\varepsilon \to 0^+} \left(x \ln x \, |_\varepsilon^1 - \int_\varepsilon^1 \mathrm{d}x \right) = -1$$

例 10　讨论瑕积分 $\int_a^b \dfrac{1}{(x-a)^q} \mathrm{d}x (q > 0)$ 的敛散性.

解　$x = a$ 为函数 $f(x) = \dfrac{1}{(x-a)}$ 的瑕点.

当 $q = 1$ 时

$$\int_a^b \frac{\mathrm{d}x}{(x-a)^q} = \int_a^b \frac{\mathrm{d}x}{x-a} = \lim_{\varepsilon \to 0^+} \ln(x-a) \, |_{a+\varepsilon}^b = +\infty$$

故瑕积分 $\int_a^b \dfrac{\mathrm{d}x}{(x-a)^q}$ 发散.

当 $q \neq 1$ 时

$$\int_a^b \frac{\mathrm{d}x}{(x-a)^q} = \lim_{\varepsilon \to 0^+} \frac{(x-a)^{1-q}}{1-q} \bigg|_{a+\varepsilon}^b = \frac{(b-a)^{1-q}}{1-q} - \lim_{\varepsilon \to 0^+} \frac{\varepsilon^{1-q}}{1-q} = \begin{cases} \dfrac{(b-a)^{1-q}}{1-q} & q < 1 (\text{收敛}) \\ +\infty & q > 1 (\text{发散}) \end{cases}$$

故 $q < 1$ 时，瑕积分 $\int_a^b \dfrac{\mathrm{d}x}{(x-a)^q}$ 收敛，其值为 $\dfrac{(b-a)^{1-q}}{1-q}$.

当 $q \geqslant 1$ 时，该瑕积分 $\int_a^b \dfrac{\mathrm{d}x}{(x-a)^q}$ 发散.

此瑕积分称为 q 积分，熟记它的敛散性，可直接运用.

*5.4.3　Gamma 函数(Γ 函数)

广义积分 $\int_0^{+\infty} x^{\alpha-1} \mathrm{e}^{-x} \mathrm{d}x$ 当 $\alpha > 0$ 时收敛(证明从略). 因此对 $(0, +\infty)$ 内任一确定的 α，总存在一个广义积分与之对应，这种对应关系所产生的函数通常记为 $\Gamma(\alpha)$，即

$$\Gamma(\alpha) = \int_0^{+\infty} x^{\alpha-1} \mathrm{e}^{-x} \mathrm{d}x \quad (\alpha > 0)$$

称为 Gamma 函数（ Γ 函数）.

（1）Gamma 函数的重要性质

性质（Gamma 函数的递推公式） $\Gamma(\alpha+1)=\alpha\Gamma(\alpha)$.

证
$$\Gamma(\alpha+1)=\int_0^{+\infty}x^\alpha e^{-x}dx=\int_0^{+\infty}x^\alpha d(-e^{-x})=-x^\alpha e^{-x}\Big|_0^{+\infty}+\alpha\int_0^{+\infty}x^{\alpha-1}e^{-x}dx$$
$$=\alpha\int_0^{+\infty}x^{\alpha-1}e^{-x}dx=\alpha\Gamma(\alpha).$$

特别地，当 α 为正整数 n 时，有
$$\Gamma(n+1)=n\Gamma(n)=n(n-1)\Gamma(n-2)=\cdots=n!\Gamma(1)$$

而
$$\Gamma(1)=\int_0^{+\infty}e^{-x}dx=-e^{-x}\Big|_0^{+\infty}=1$$

所以有等式 $\Gamma(n+1)=n!$.

（2）Gamma 函数的另一种形式

在 $\Gamma(\alpha)=\int_0^{+\infty}x^{\alpha-1}e^{-x}dx$ 中，令 $x=t^2$ （ $t>0$ ），可得 Gamma 函数的另一种形式
$$\Gamma(\alpha)=2\int_0^{+\infty}t^{2\alpha-1}e^{-t^2}dt$$

若令 $\alpha=\dfrac{1}{2}$ ，得 $\Gamma\left(\dfrac{1}{2}\right)=2\int_0^{+\infty}e^{-t^2}dt$. 其中 $\int_0^{+\infty}e^{-x^2}dx$ 叫**概率积分**. 利用二重积分（下册第 10 章）可计算出它的值为 $\dfrac{\sqrt{\pi}}{2}$ ，于是
$$\Gamma\left(\frac{1}{2}\right)=\sqrt{\pi}$$

例 11 求 $\Gamma\left(\dfrac{7}{2}\right)$ 的值.

解 $\Gamma\left(\dfrac{7}{2}\right)=\dfrac{5}{2}\Gamma\left(\dfrac{5}{2}\right)=\dfrac{5}{2}\cdot\dfrac{3}{2}\Gamma\left(\dfrac{3}{2}\right)=\dfrac{5}{2}\cdot\dfrac{3}{2}\cdot\dfrac{1}{2}\Gamma\left(\dfrac{1}{2}\right)=\dfrac{15}{8}\sqrt{\pi}$

习题 5.4

1. 求下列无穷积分：

（1） $\displaystyle\int_{-\infty}^0 e^x dx$ ；
（2） $\displaystyle\int_1^{+\infty}\frac{1}{x^2}dx$ ；

（3） $\displaystyle\int_{-\infty}^{+\infty}\frac{1}{1+x^2}dx$ ；
（4） $\displaystyle\int_e^{+\infty}\frac{\ln x}{x}dx$ ；

（5） $\displaystyle\int_0^{+\infty}e^{-ax}\sin bx dx(a>0,b>0)$ ；
（6） $\displaystyle\int_1^{+\infty}\frac{\arctan x}{1+x^2}dx$.

2. 判断下列瑕积分的敛散性，如果收敛，计算积分值：

（1） $\displaystyle\int_0^1\frac{1}{\sqrt{x}}dx$ ；
（2） $\displaystyle\int_0^1\frac{xdx}{\sqrt{1-x^2}}$ ；

$(3) \int_1^2 \dfrac{1}{x \ln x} \mathrm{d}x;$　　　　　　　　　$(4) \int_1^2 \dfrac{x}{\sqrt{x-1}} \mathrm{d}x;$

$(5) \int_0^2 \dfrac{\mathrm{d}x}{(1-x)^2};$　　　　　　　　　$(6) \int_1^{\mathrm{e}} \dfrac{1}{x \sqrt{1-(\ln x)^2}} \mathrm{d}x.$

3. 计算 $y = \mathrm{e}^{-x}$ 与直线 $y = 0$ 之间位于第一象限内的平面图形的面积.

4. 当 k 为何值时,无穷积分 $\displaystyle\int_2^{+\infty} \dfrac{\mathrm{d}x}{x (\ln x)^k}$ 收敛?当 k 为何值时,这无穷积分发散?又当 k 为何值时,这无穷积分取得最小值?

5. 利用递推公式计算无穷积分 $I_n = \displaystyle\int_0^{+\infty} x^n \mathrm{e}^{-x} \mathrm{d}x.$

总习题 5

1. 填空题:

(1) 曲线 $y = \cos x$ 与直线 $x = 0, x = \pi, y = 0$ 所围成平面图形的面积等于 _____.

(2) 若 $G(x) = \displaystyle\int_0^x \sin^{100}(x-t) \mathrm{d}t$,则 $G'(x) =$ _____.

(3) $\displaystyle\int_0^1 \sqrt{2x - x^2} \mathrm{d}x =$ _____.

(4) $\displaystyle\int_1^2 \dfrac{1}{x^3} \mathrm{e}^{\frac{1}{x}} \mathrm{d}x =$ _____.

(5) 设可导函数 $f(x)$ 满足条件 $f(0) = 1, f(2) = 3, f'(2) = 5$,则 $\displaystyle\int_0^1 x f''(2x) \mathrm{d}x =$ _____.

(6) $\displaystyle\int_{\mathrm{e}}^{+\infty} \dfrac{1}{x \ln^2 x} \mathrm{d}x =$ _____.

(7) $\displaystyle\int_0^{\pi^2} \sqrt{x} \cos \sqrt{x} \, \mathrm{d}x =$ _____.

2. 选择题:

(1) 设函数 $f(x)$ 连续,则 $\dfrac{\mathrm{d}}{\mathrm{d}x} \displaystyle\int_0^x t f(x^2 - t^2) \mathrm{d}t = ($　　$).$

A. $x f(x^2)$　　　　　B. $-x f(x^2)$　　　　　C. $2x f(x^2)$　　　　　D. $-2x f(x^2)$

(2) 设 $f(x)$ 在 $[a, b]$ 上连续,$F(x) = \displaystyle\int_a^x f(t) \mathrm{d}t$,则 ($　　$).

A. $F(x)$ 是 $f(x)$ 在 $[a, b]$ 上的一个原函数

B. $f(x)$ 是 $F(x)$ 在 $[a, b]$ 上的一个原函数

C. $F(x)$ 是 $f(x)$ 在 $[a, b]$ 上唯一的原函数

D. $f(x)$ 是 $F(x)$ 在 $[a, b]$ 上唯一的原函数

(3) 设函数 $f(x)$ 为连续函数,则在下列变上限定积分定义的函数中,必为偶函数的是($　　$).

A. $\displaystyle\int_0^x t [f(t) + f(-t)] \mathrm{d}t$　　　　　　　B. $\displaystyle\int_0^x t [f(t) - f(-t)] \mathrm{d}t$

C. $\int_0^x f(t^2)\,\mathrm{d}t$ 　　　　　　　　　D. $\int_0^x f^2(t)\,\mathrm{d}t.$

(4) 设 $f(x) = \int_0^x \sin t^2\,\mathrm{d}t, g(x) = x^3 + x^4$,则当 $x \to 0$ 时, $f(x)$ 是 $g(x)$ 的(　　　).

A. 等价无穷小 　　　　　　　　　B. 同阶非等价无穷小

C. 高阶无穷小 　　　　　　　　　D. 低阶无穷小

(5)下列广义积分发散的是(　　　).

A. $\int_1^{+\infty} \dfrac{1}{x^2}\,\mathrm{d}x$ 　　　　　　　　　B. $\int_1^{+\infty} \dfrac{1}{x \ln x}\,\mathrm{d}x$

C. $\int_0^1 \dfrac{1}{\sqrt{x}}\,\mathrm{d}x$ 　　　　　　　　　D. $\int_0^{+\infty} \dfrac{1}{1 + x^2}\,\mathrm{d}x$

(6)设 $f(x)$ 在 $[a,b]$ 上连续,则下列各式中不成立的是 (　　　).

A. $\int_a^b f(x)\,\mathrm{d}x = \int_a^b f(t)\,\mathrm{d}t$ 　　　　　　　　　B. $\int_a^b f(x)\,\mathrm{d}x = -\int_b^a f(t)\,\mathrm{d}t$

C. $\int_a^a f(x)\,\mathrm{d}x = 0$ 　　　　　　　　　D. 若 $\int_a^b f(x)\,\mathrm{d}x = 0$,则 $f(x) = 0$

3. 求下列极限:

(1) $\lim\limits_{x \to 0} \dfrac{\int_0^x \sin t\,\mathrm{d}t}{x^2}$; 　　　　　　　　　(2) $\lim\limits_{x \to +\infty} \dfrac{\int_0^{x^2} \sqrt{1 + t^4}\,\mathrm{d}t}{x^6}.$

4. 求下列定积分:

(1) $\int_1^2 \left(x + \dfrac{1}{x}\right)\mathrm{d}x$; 　　　　　　　　　(2) $\int_0^{\frac{\pi}{2}} |\sin x - \cos x|\,\mathrm{d}x$;

(3) $\int_0^{\ln 2} \dfrac{\mathrm{e}^x}{1 + \mathrm{e}^{2x}}\,\mathrm{d}x$; 　　　　　　　　　(4) $\int_0^{\frac{\pi}{2}} \sin x \cos^2 x\,\mathrm{d}x$;

(5) $\int_1^{\mathrm{e}^2} \dfrac{\mathrm{d}x}{x\sqrt{1 + \ln x}}$; 　　　　　　　　　(6) $\int_0^3 \dfrac{x}{1 + \sqrt{x + 1}}\,\mathrm{d}x$;

(7) $\int_1^{\sqrt{3}} \dfrac{1}{\sqrt{4 - x^2}}\,\mathrm{d}x$; 　　　　　　　　　(8) $\int_0^{\ln 2} \sqrt{\mathrm{e}^x - 1}\,\mathrm{d}x$;

(9) $\int_0^2 x^2 \sqrt{4 - x^2}\,\mathrm{d}x$; 　　　　　　　　　(10) $\int_0^{\sqrt{\ln 2}} x^3 \mathrm{e}^{x^2}\,\mathrm{d}x.$

5. 求函数 $f(x) = \int_1^{x^2} (x^2 - t)\mathrm{e}^{-t^2}\,\mathrm{d}t$ 的单调区间和极值.

6. 设 $f(x) = \begin{cases} 1 + x^2 & x \leqslant 0 \\ \mathrm{e}^{-x} & x > 0 \end{cases}$,求 $\int_1^3 f(x - 2)\,\mathrm{d}x.$

7. 设 $f(x)$ 在区间 $[a,b]$ 上连续, $g(x)$ 在区间 $[a,b]$ 上连续且不变号,证明:至少存在一点 $\xi \in [a,b]$,使下式成立

$$\int_a^b f(x)g(x)\,\mathrm{d}x = f(\xi)\int_a^b g(x)\,\mathrm{d}x \quad (\text{积分第一中值定理}).$$

8. 设 $f(x)$ 在区间 $[a,b]$ 上连续,且 $f(x) > 0$, $F(x) = \int_a^x f(t)\,\mathrm{d}t + \int_b^x \dfrac{1}{f(t)}\,\mathrm{d}t.$

证明: $(1)\,F'(x)\geqslant 2$

(2)方程 $F(x)=0$ 在区间 (a,b) 内有且仅有一个根.

9. 设 $f(x),g(x)$ 均在区间 $[a,b]$ 上连续,证明:

$(1)\left(\int_a^b f(x)g(x)\mathrm{d}x\right)^2\leqslant\int_a^b f^2(x)\mathrm{d}x\cdot\int_a^b g^2(x)\mathrm{d}x$(柯西-施瓦茨不等式);

$(2)\left(\int_a^b[f(x)+g(x)]^2\mathrm{d}x\right)^{\frac{1}{2}}\leqslant\left(\int_a^b f^2(x)\mathrm{d}x\right)^{\frac{1}{2}}+\left(\int_a^b g^2(x)\mathrm{d}x\right)^{\frac{1}{2}}$(闵可夫斯基不等式).

10. 设 $f(x)$ 在区间 $[a,b]$ 上连续,且 $f(x)>0$,证明:

$$\int_a^b f(x)\mathrm{d}x\cdot\int_a^b\frac{1}{f(x)}\mathrm{d}x\geqslant(b-a)^2$$

11. 设 $I_n=\int_0^{\frac{\pi}{4}}\tan^n x\mathrm{d}x$,其中 $n>1$ 为整数,证明:$I_n=\dfrac{1}{n-1}-I_{n-2}$,并用此递推公式计算 $\int_0^{\frac{\pi}{4}}\tan^5 x\mathrm{d}x$.

12. 设 $f(x)$ 为连续函数,证明:

$$\int_0^x f(t)(x-t)\mathrm{d}t=\int_0^x\left(\int_0^t f(u)\mathrm{d}u\right)\mathrm{d}t$$

13. 下列各广义积分如果收敛,求其值:

$(1)\displaystyle\int_1^{+\infty}\frac{\mathrm{d}x}{(1+x)\sqrt{x}}$;

$(2)\displaystyle\int_1^{+\infty}\frac{\mathrm{d}x}{x^2(x+1)}$;

$(3)\displaystyle\int_1^{+\infty}\frac{\arctan x}{x^2}\mathrm{d}x$;

$(4)\displaystyle\int_{-\infty}^{+\infty}\frac{\mathrm{d}x}{x^2+2x+2}$;

$(5)\displaystyle\int_1^2\frac{x}{\sqrt{x-1}}\mathrm{d}x$;

$(6)\displaystyle\int_{-\frac{\pi}{4}}^{\frac{3\pi}{4}}\frac{\mathrm{d}x}{\cos^2 x}$.

部分习题答案

第 **6** 章
定积分的应用

在科学技术中有很多问题都需要用定积分来表达. 本章首先介绍用定积分解决实际问题的基本方法——元素法, 然后通过几何与物理方面的例子说明运用这种方法的思想和步骤.

6.1 定积分的元素法

在利用定积分解决一些实际问题时, 经常用到所谓的元素法. 为了说明这一方法, 先回顾一下在 5.1 节曾经讨论过的求曲边梯形的面积问题.

在直角坐标系中, 由连续曲线 $y = f(x)$ 且 $f(x) \geq 0$, 直线 $x = a$, $x = b$, x 轴所围成的图形称为曲边梯形. 把这个曲边梯形的面积表示成定积分

$$S = \int_a^b f(x) \, \mathrm{d}x$$

的步骤如下:

①在 (a, b) 上任意插入 $n - 1$ 个分点, 将区间 $[a, b]$ 分成长度为 $\Delta x_i (i = 1, \cdots, n)$ 的 n 个小区间. 过每个分点作 x 轴的垂线, 把曲边梯形分成 n 个小曲边梯形. 用 S 表示曲边梯形面积, ΔS_i 表示第 i 个小曲边梯形的面积, 则有

$$S = \Delta S_1 + \Delta S_2 + \cdots + \Delta S_n = \sum_{i=1}^n \Delta S_i$$

②计算 ΔS_i 的近似值. 在每个小区间上任取一点 ξ_i, 作乘积 $f(\xi_i) \Delta x_i$, 则

$$\Delta S_i \approx f(\xi_i) \Delta x_i \qquad (i = 1, 2, \cdots, n)$$

③求和

$$S \approx S_n = \sum_{i=1}^n f(\xi_i) \Delta x_i$$

④求极限. 记 $\lambda = \max \{ \Delta x_1, \Delta x_2, \cdots, \Delta x_n \}$, 当 $\lambda \to 0$ 时, 和式 S_n 的极限就定义为曲边梯形的面积 S, 即

$$S = \lim_{\lambda \to 0} \sum_{i=1}^{n} f(\xi_i) \Delta x_i = \int_a^b f(x) \, dx$$

在引出 S 的定积分表达式的 4 个步骤中,主要的是第 ② 步,这一步是要确定 S 的近似值 $\sum_{i=1}^{n} f(\xi_i) \Delta x_i$. 在处理实际问题时, 为了简便起见, 省略下标, 用 ΔS 表示任一小区间 $[x, x + dx]$ 上的窄曲边梯形的面积,取以 $[x, x + dx]$ 左端点处的函数值 $f(x)$ 为高,dx 为底的矩形的面积 $f(x) dx$ 为 ΔS 的近似值(见图 6.1 中的阴影部分),即

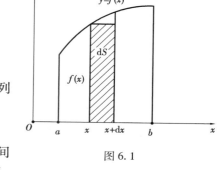

$$\Delta S \approx f(x) \, dx$$

记 $dS = f(x) dx$,称为面积元素. 于是

$$S = \int_a^b f(x) \, dx$$

一般地,如果某一实际问题中所求的量 U 符合下列条件:

①U 是一个与变量 x 的变化区间 $[a, b]$ 有关的量.

②U 对于区间 $[a, b]$ 具有可加性, 即如果把区间 $[a, b]$ 分成许多部分区间,则 U 相应地分成许多部分量, 而 U 等于所有部分量的和.

③部分量 ΔU_i 的近似值可表示为 $\Delta U_i \approx f(\xi_i) \Delta x_i$.

那么,就可用定积分来表示这个量 U. 写出求 U 的定积分的表达式的步骤如下:

①根据问题的具体情况,选取适当的变量例如 x 作为积分变量,并确定其变化区间 $[a, b]$.

②在 $[a, b]$ 上任取一个小区间 $[x, x + dx]$,求出对应于这个小区间的部分量 ΔU 的近似值. 如果 ΔU 能近似地表示为 $[a, b]$ 上的一个连续函数在 x 处的值 $f(x)$ 与 dx 的积,就把 $f(x) dx$ 称为量 U 的元素,记作 dU,即

$$dU = f(x) \, dx$$

③以所求量 U 的元素 $f(x) dx$ 为被积表达式,在区间 $[a, b]$ 上作定积分,得

$$U = \int_a^b f(x) \, dx$$

这就是所求量 U 的积分表达式. 这种方法称为元素法(微元法).

下面两节将分别用几何与物理学中的具体问题为例来说明元素法的应用.

6.2　定积分在几何上的应用

6.2.1　平面图形的面积

(1)直角坐标计算法

利用直角坐标不但可计算曲边梯形的面积,还可计算一些比较复杂的平面图形的面积.

例 1 计算由两条抛物线 $y^2 = x, y = x^2$ 所围成图形的面积.

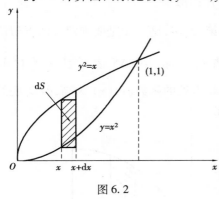

图 6.2

解　方法一　画出抛物线 $y^2 = x, y = x^2$ 所围成的图形(如图 6.2).

解方程组

$$\begin{cases} y^2 = x \\ y = x^2 \end{cases}$$

得到两条抛物线的交点为 $(0,0)$ 和 $(1,1)$.

选取 x 为积分变量,把区域投影在 x 轴上,得投影区间 $[0,1]$,在 $[0,1]$ 上任取小区间 $[x, x + dx]$,则面积元素近似为一个小矩形的面积,即 $dS = (\sqrt{x} - x^2) dx$,故所求面积为

$$S = \int_0^1 (\sqrt{x} - x^2) dx = \frac{1}{3}$$

方法二　选取 y 为积分变量,把区域投影在 y 轴上,得投影区间 $[0,1]$,在 $[0,1]$ 上任取小区间 $[y, y + dy]$,则面积元素近似为一个小矩形的面积,即 $dS = (\sqrt{y} - y^2) dy$,故所求面积为

$$S = \int_0^1 (\sqrt{y} - y^2) dy = \frac{1}{3}$$

例 2　计算由抛物线 $y^2 = x$ 与直线 $y = x - 2$ 所围成图形的面积.

解　画出 $y^2 = x, y = x - 2$ 所围成的图形(如图 6.3).

解方程组

$$\begin{cases} y^2 = x \\ y = x - 2 \end{cases}$$

得到抛物线与直线的交点为 $(1, -1)$ 和 $(4, 2)$.

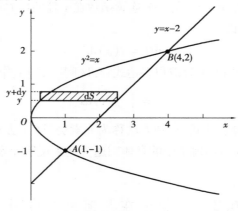

图 6.3

把区域投影在 y 轴上,得投影区间 $[-1, 2]$,在 $[-1, 2]$ 上任取小区间 $[y, y + dy]$,则面积元素近似为一个小矩形的面积,即 $dS = [(y + 2) - y^2] dy$,故所求面积为

$$S = \int_{-1}^2 [(y + 2) - y^2] dy = \left[\frac{1}{2} y^2 + 2y - \frac{1}{3} y^3 \right]_{-1}^2 = \frac{9}{2}$$

此题若选取 x 为积分变量也能计算,读者可以自己去解决.

例 3　求椭圆 $\dfrac{x^2}{a^2} + \dfrac{y^2}{b^2} = 1$ 所围成的图形的面积

（见图 6.4）.

　　解　如图所示,由对称性得

$$S = 4S_1 = 4\int_0^a y\mathrm{d}x$$

椭圆的参数方程

$$\begin{cases} x = a\cos t \\ y = b\sin t \end{cases} \quad (0 \leqslant t \leqslant 2\pi)$$

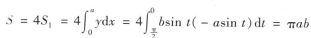

图 6.4

$$S = 4S_1 = 4\int_0^a y\mathrm{d}x = 4\int_{\frac{\pi}{2}}^0 b\sin t(-a\sin t)\mathrm{d}t = \pi ab$$

（2）利用极坐标计算平面图形的面积

　　情形 1　设平面图形由曲线 $\rho = \varphi(\theta)$ 及射线 $\theta = \alpha$, $\theta = \beta$ 围成（曲边扇形）（见图 6.5）,求其面积.

　　取极角 θ 为积分变量,在 $[\alpha,\beta]$ 上任取一小区间 $[\theta,\theta + \mathrm{d}\theta]$,相应于

极坐标系

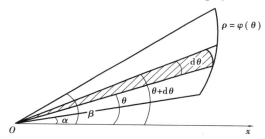

图 6.5

$[\theta,\theta + \mathrm{d}\theta]$ 的窄曲边扇形的面积近似等于 $\dfrac{1}{2}[\varphi(\theta)]^2\mathrm{d}\theta$. 因此,曲边扇形的面积元素为

$$\mathrm{d}A = \frac{1}{2}[\varphi(\theta)]^2\mathrm{d}\theta$$

故曲边扇形的面积为

$$A = \int_\alpha^\beta \frac{1}{2}[\varphi(\theta)]^2\mathrm{d}\theta$$

　　情形 2　设平面图形由曲线 $\rho = \varphi_1(\theta)$, $\rho = \varphi_2(\theta)$, $\varphi_1(\theta) \leqslant \varphi_2(\theta)$, $\theta \in [\alpha,\beta]$ 及射线 $\theta = \alpha$, $\theta = \beta$ 围成（见图 6.6）,求其面积. 事实上,由情形 1 可得

$$A = \int_\alpha^\beta \frac{1}{2}[\varphi_2(\theta)]^2\mathrm{d}\theta - \int_\alpha^\beta \frac{1}{2}[\varphi_1(\theta)]^2\mathrm{d}\theta$$

$$= \frac{1}{2}\int_\alpha^\beta [\varphi_2^2(\theta) - \varphi_1^2(\theta)]\mathrm{d}\theta$$

这里,可以看出情形 1 是情形 2 的特殊情况(此时, $\rho = \varphi_1(\theta) = 0$, $\theta \in [\alpha,\beta]$).

　　例 4　计算阿基米德螺线

$$\rho = a\theta \quad (a > 0)$$

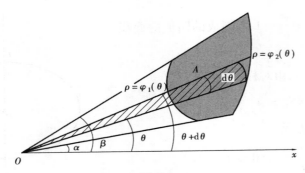

图 6.6

上相应于 θ 从 0 变到 2π 的一段弧与极轴所围成的图形（见图 6.7）的面积.

解 在 $[0,2\pi]$ 上任取小区间 $[\theta,\theta+\mathrm{d}\theta]$，则面积元素近似为一个小扇形的面积 $\dfrac{1}{2}(a\theta)^2\mathrm{d}\theta$，故所求面积为

$$A = \int_0^{2\pi}\frac{1}{2}(a\theta)^2\mathrm{d}\theta = \frac{4}{3}a^2\pi^3$$

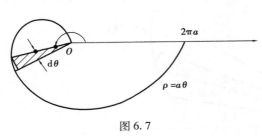

图 6.7   图 6.8

例 5 计算心形线 $\rho = a(1+\cos\theta)(a>0)$ 所围成的图形（见图 6.8）的面积.

解 如图 6.8 所示，由对称性得，所求面积为 $A = 2A_1$. 在 $[0,\pi]$ 上任取小区间 $[\theta,\theta+\mathrm{d}\theta]$，则面积元素近似为一个小扇形的面积 $\dfrac{1}{2}[a(1+\cos\theta)]^2\mathrm{d}\theta$，面积为

$$A_1 = \int_0^{\pi}\frac{1}{2}[a(1+\cos\theta)]^2\mathrm{d}\theta = \frac{3}{4}\pi a^2$$

故所求面积为

$$A = 2A_1 = \frac{3}{2}\pi a^2$$

6.2.2 体积

（1）旋转体的体积

旋转体就是由一个平面图形绕这平面内一条直线旋转一周而成的立体. 这条直线称为旋转轴.

设旋转体是由连续曲线 $y=f(x)$、直线 $x=a$，$x=b$ 及 x 轴所围成的曲边梯形绕 x 轴旋转一周而成的立体图形（见图 6.9）. 现在采用定积分的元素法来求其体积.

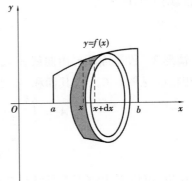

图 6.9

选取 x 为积分变量,在 $[a,b]$ 上任取小区间 $[x,x+\mathrm{d}x]$,则体积元素近似为一个高度为 $\mathrm{d}x$ 的小圆柱的体积,即 $\mathrm{d}V = \pi[f(x)]^2\mathrm{d}x$,故其体积为

$$V = \pi\int_a^b [f(x)]^2\mathrm{d}x$$

类似地,可以得出曲边梯形绕 y 轴旋转一周而成的立体的体积计算公式为

$$V = \pi\int_c^d [\varphi(y)]^2\mathrm{d}y$$

例 6　求椭圆 $\dfrac{x^2}{9} + \dfrac{y^2}{4} = 1$ 所围成的图形绕 x 轴旋转一周而成的立体体积(见图 6.10).

解　该立体可看成半个椭圆 $y = \dfrac{2}{3}\sqrt{9-x^2}$ 绕 x 轴旋转一周而成的,故所求体积为

$$V = \pi\int_{-3}^3 [f(x)]^2\mathrm{d}x = \pi\int_{-3}^3 \left[\frac{2}{3}\sqrt{9-x^2}\right]^2\mathrm{d}x$$

$$= 2\pi\int_0^3 \frac{4}{9}(9-x^2)\,\mathrm{d}x = 16\pi$$

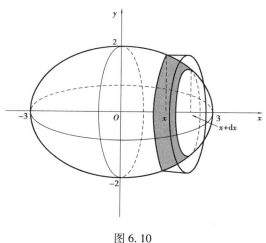

图 6.10

一般,椭圆 $\dfrac{x^2}{a^2} + \dfrac{y^2}{b^2} = 1$ 所围成的图形绕 x 轴旋转一周而成的立体体积为

$$V = \pi\int_{-a}^a [f(x)]^2\mathrm{d}x = 2\pi\int_0^a \left[\frac{b}{a}\sqrt{a^2-x^2}\right]^2\mathrm{d}x = \frac{4}{3}\pi ab^2$$

类似地,绕 y 轴旋转一周而成的立体体积为 $V = \dfrac{4}{3}\pi a^2 b$.

(2)平行截面面积为已知的立体体积

设立体位于过点 $x = a$,$x = b$ 且垂直于 x 轴的两个平面之间,又设过点 $x(a \leqslant x \leqslant b)$ 的各个截面的面积 $A(x)$ 连续且为已知(见图 6.11).

选取 x 为积分变量,在 $[a,b]$ 上任取小区间 $[x,x+\mathrm{d}x]$,则体积元素为 $\mathrm{d}V = A(x)\mathrm{d}x$,故其体积为

$$V = \int_a^b A(x)\mathrm{d}x$$

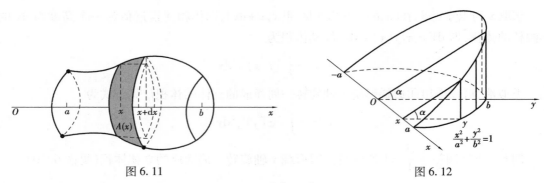

图 6.11

图 6.12

例 7 设底面在 xOy 面的椭圆柱面方程为 $\dfrac{x^2}{a^2} + \dfrac{y^2}{b^2} = 1$，一平面经过 x 轴并与椭圆柱底面成交角 α，求该平面截椭圆柱所得的立体体积(见图 6.12).

解 任取 $x \in [-a, a]$，过点 x 作垂直于 x 轴的平面，该平面截立体的截面是一个直角三角形，其面积为

$$A(x) = \frac{1}{2}y \cdot y \tan \alpha = \frac{b^2}{2a^2}(a^2 - x^2)\tan \alpha$$

故其体积为

$$V = \int_{-a}^{a} A(x)\,\mathrm{d}x = \int_{-a}^{a} \frac{b^2}{2a^2}(a^2 - x^2)\tan \alpha\,\mathrm{d}x$$

$$= \int_{0}^{a} \frac{b^2}{a^2}(a^2 - x^2)\tan \alpha\,\mathrm{d}x = \frac{2}{3}ab^2\tan \alpha$$

6.2.3 平面曲线的弧长

设 A, B 是曲线弧上的两个端点(见图 6.13)，在弧 $\overset{\frown}{AB}$ 上依次任取分点 $A = M_0, M_1, M_2, \cdots, M_n = B$，并依次连接相邻的分点得一条内接折线. 当分点的数目无限增加且每个小段 $\overset{\frown}{M_{i-1}M_i}$ 都缩向一点时，如果此折线的长度 $\sum\limits_{i=1}^{n} |M_{i-1}M_i|$ 的极限存在，则称此极限为曲线弧段 $\overset{\frown}{AB}$ 的弧长，并称此曲线弧段 $\overset{\frown}{AB}$ 可求长.

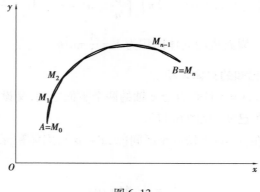

图 6.13

定理　光滑曲线弧是可求长的.

上面的定理不作证明. 下面用定积分的元素法来求光滑曲线弧段的长度.

（1）设曲线弧段$\overset{\frown}{AB}$由参数方程

$$\begin{cases} x = \varphi(t) \\ y = \phi(t) \end{cases} \qquad (\alpha \leqslant t \leqslant \beta)$$

给出，其中，$\varphi(t)$，$\phi(t)$在$[\alpha,\beta]$上具有连续导数，且$\varphi'(t)$，$\phi'(t)$不同时为零.

选取t为积分变量，在$[\alpha,\beta]$上任取小区间$[t,t+\mathrm{d}t]$，弧长元素为$\mathrm{d}s = \sqrt{\varphi'^2(t) + \phi'^2(t)}\,\mathrm{d}t$，故所求弧长为

$$s = \int_{\alpha}^{\beta} \sqrt{\varphi'^2(t) + \phi'^2(t)}\,\mathrm{d}t$$

（2）设曲线弧段$\overset{\frown}{AB}$由直角坐标方程

$$y = f(x) \qquad (a \leqslant x \leqslant b)$$

给出，其中，$y = f(x)$在$[a,b]$上具有连续导数. 此时，曲线段$\overset{\frown}{AB}$可看成由参数方程

$$\begin{cases} x = x \\ y = f(x) \end{cases} \qquad (a \leqslant x \leqslant b)$$

给出，故所求弧长为

$$s = \int_{a}^{b} \sqrt{1 + y'^2}\,\mathrm{d}x$$

（3）设曲线弧$\overset{\frown}{AB}$由极坐标方程

$$\rho = \rho(\theta) \qquad (\alpha \leqslant \theta \leqslant \beta)$$

给出，其中，$\rho(\theta)$在$[\alpha,\beta]$上具有连续导数. 根据直角坐标和极坐标的关系，此时，曲线段$\overset{\frown}{AB}$可看成由参数方程

$$\begin{cases} x = \rho(\theta)\cos\theta \\ y = \rho(\theta)\sin\theta \end{cases} \qquad (\alpha \leqslant \theta \leqslant \beta)$$

给出，故所求弧长为

$$s = \int_{\alpha}^{\beta} \sqrt{\rho^2(\theta) + \rho'^2(\theta)}\,\mathrm{d}\theta$$

例 8　求曲线段$y = \dfrac{1}{2}x^2$　$(-1 \leqslant x \leqslant 1)$的长度.

解　所求弧长为

$$\begin{aligned}
s &= \int_{-1}^{1} \sqrt{1 + y'^2}\,\mathrm{d}x = \int_{-1}^{1} \sqrt{1 + x^2}\,\mathrm{d}x \\
&= 2\int_{0}^{1} \sqrt{1 + x^2}\,\mathrm{d}x = 2\int_{0}^{\frac{\pi}{4}} (\sec t)^3\,\mathrm{d}t \\
&= \left[\sec t \tan t + \ln(\sec t + \tan t) \right] \Big|_{0}^{\frac{\pi}{4}} \\
&= \left[\sqrt{2} + \ln(\sqrt{2} + 1) \right] - (0 + \ln 1) \\
&= \sqrt{2} + \ln(\sqrt{2} + 1)
\end{aligned}$$

例9 计算摆线

$$\begin{cases} x = a(\theta - \sin\theta) \\ y = a(1 - \cos\theta) \end{cases} \quad (0 \le \theta \le 2\pi)$$

的一拱的长度(见图6.14).

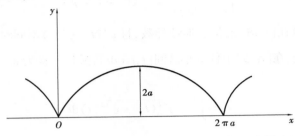

图 6.14

解 所求弧长为

$$s = \int_0^{2\pi} \sqrt{\left(\frac{\mathrm{d}x}{\mathrm{d}\theta}\right)^2 + \left(\frac{\mathrm{d}y}{\mathrm{d}\theta}\right)^2}\mathrm{d}\theta = \int_0^{2\pi} 2a\sin\frac{\theta}{2}\mathrm{d}\theta = 8a$$

习题 6.2

1. 求由曲线 $y = \dfrac{x^2}{2}, y = x, y = 2x$ 所围成的平面图形的面积.

2. 求由曲线 $y = \sqrt{x}$ 与 $y = 1, x = 4$ 所围成的平面图形的面积.

3. 求曲线 $y = x^2$ 和 $y = \sqrt{x}$ 所围成的平面图形的面积.

4. 求曲线 $y = \sin x, y = \cos x, x = 0$ 及 $x = \pi$ 所围成的平面图形的面积.

5. 求曲线 $y = |x^2 - 3x + 2|$ 与直线 $y = 2$ 所围成的平面图形的面积.

6. 如图 6.15, $y = x^2$ 是 $[0,1]$ 上的抛物线, 参数 $t \in (0,1)$, 问 t 为何值时, 使图中两阴影面积相等.

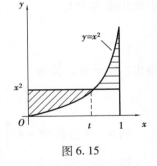

图 6.15

7. 求由抛物线 $x = \dfrac{1}{2}y^2$ 与圆 $x^2 + y^2 = 3(x \ge 0)$ 所围成的平面图形的面积.

8. 求 a 的值, 使得 $y = ax^2(a > 0)$ 与 $y = -x^2 + 4$ 所围成的平面图形的面积为 4.

9. 求抛物线 $y = x^2 - 4x + 3$, 及曲线上的点 $(0,3)$ 和 $(3,0)$ 处切线所围成的平面图形的面积.

10. 求 $y = \sqrt{4 - x^2}$ 与 $xy = -\sqrt{3}$ 所围成的平面图形的面积.

11. 求曲线 $y = 2 - x^2$ 与 $y = |x|$ 所围成平面图形的面积.

12. 求 t 为何值时, 使曲线 $y = -x^2 + 4(x > 0)$, $x = 0$ 及 $y = 0$ 所围成的平面图形中的阴影

部分面积最大(见图 6.16).

13. 求曲线 $\rho = a \cos \theta (a > 0)$ 所围成平面图形的面积.

14. 求曲线 $\rho^2 = 4 \cos 2\theta$ 所围成平面图形的面积.

15. 求由曲线 $x^2 + (y - 5)^2 = 16$ 所围成的图形绕 x 轴旋转所得旋转体的体积.

16. 由 $y = x^3, x = 2, y = 0$ 所围成的图形分别绕 x 轴和 y 轴旋转, 计算所得两个旋转体的体积.

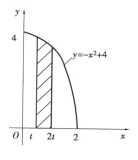

图 6.16

17. 求由曲线 $y = \dfrac{1}{\sqrt{1 + x^2}}, x = 0, x = 1$ 及 x 轴所围成的平面图形绕 x 轴旋转而成的旋转体的体积.

18. 求由曲线 $y = \sqrt{x}$ 和 $y = \sqrt[3]{x}$ 所围成的平面图形分别绕 x 轴及绕 y 旋转而成的旋转体的体积.

19. 求曲线 $\rho = a \sin \theta (0 \leqslant \theta \leqslant \pi)$ 的长度.

20. 求曲线 $y = \dfrac{1}{2}(e^x + e^{-x})$ 上相应于 $0 \leqslant x \leqslant b$ 的一段弧的长度.

21. 求曲线 $y = \ln \sin x$ 上相应于 $\dfrac{\pi}{3} \leqslant x \leqslant \dfrac{\pi}{2}$ 的一段弧的长度.

*22. 已知某公司独家生产某产品,销售 Q 单位商品时,边际收入函数(元/单位)为

$$R'(Q) = \frac{ab}{(Q + b)^2} - c \quad (a > 0, b > 0, c > 0) \ 求:$$

(1)公司的总收入函数;

(2)该产品的需求函数.

*23. 已知某产品总产量的变化率为 $Q'(t) = 40 + 12t$(件/天),求从第 5 天到第 10 天产品的总产量.

*24. 设生产 x 个产品的边际成本 $C = 100 + 2x$,其固定成本为 $c_0 = 1\,000$ 元,产品单价规定为 500 元. 假设生产出的产品能完全销售,问生产量为多少时利润最大? 并求出最大利润.

6.3　定积分在物理上的应用

6.3.1　变力沿直线所做的功

由物理学已知,如果物体在作直线运动时受到一个不变的力 F 的作用,且力的方向与物体运动方向一致,那么,当物体移动了距离 s 时,力 F 对物体所做的功为 $W = Fs$.

如果物体在作直线运动过程中受到一个变力的作用,在求力对物体所做的功时就要用定积分的元素法. 下面通过例子来说明如何求变力所做的功.

例 1　一物体在从坐标原点沿 x 轴正向作直线运动过程中,受到一个方向与物体运动方向一致,且大小等于物体位移平方的力 F 的作用,求物体移动了距离 l 时,力 F 对物体所做的功.

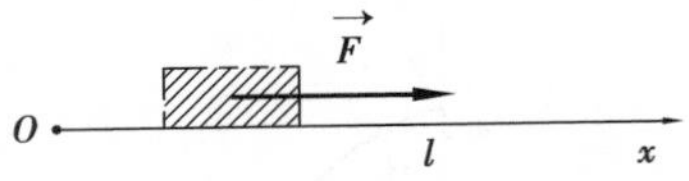

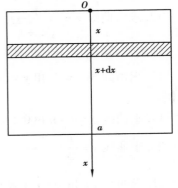

图 6.17

解 如图 6.17 所示,由已知得 $F = x^2$,在 $[0, l]$ 上任取小区间 $[x, x + dx]$,则功元素为 $dW = x^2 dx$,故所求的功为

$$W = \int_0^l x^2 dx = \frac{1}{3} l^3$$

6.3.2 液体的压力

由物理学已知,如果在液体深为 h 处的压强为 $p = \rho gh$,其中,ρ 为液体的密度,g 为重力加速度. 如果有一块面积为 A 的平板水平地放置在液体深为 h 处,平板一侧所受液体的压力为

$$P = pA = \rho ghA$$

如果平板铅直地放置在液体中,因液体深度不同的点的压强不相等,故平板一侧所受液体的压力就可用元素法计算.

例 2 一个边长为 a 的正方体容器内盛满密度为 ρ 的液体,求正方体的一侧面所受的液体的压力.

解 建立如图 6.18 所示的坐标系,在 $[0, a]$ 上任取小区间 $[x, x + dx]$,则压力元素为 $dP = \rho gx \cdot a dx$,故所求的压力为

$$P = \int_0^a \rho gax dx = \frac{1}{2} \rho ga^3$$

图 6.18

6.3.3 引力

由物理学已知,质量分别为 m_1, m_2,相距为 r 的两质点间的引力大小为

$$F = G \frac{m_1 m_2}{r^2}$$

式中,G 为引力系数,引力的方向沿两质点连线方向.

如果要计算一根均匀细棒对质点的引力,由于细棒上各点与质点的距离不同,且各点对该质点引力的方向也不同. 因此,就不能再用上述公式,此时可用元素法来解决这一问题.

例 3 设有一长度为 l、线密度为 μ 均匀细直棒,在其中垂线上距离 a 处有一单位质点 M,求该棒对质点 M 的引力.

解 建立如图 6.19 所示的坐标系,在 $\left[-\frac{l}{2}, \frac{l}{2}\right]$ 上任取小区间 $[y, y + dy]$,则引力元素大小为 $dF = G \frac{\mu dy}{a^2 + y^2}$,在水平方向的分量为

$$dF_x = -G \frac{\mu a dy}{(a^2 + y^2)^{\frac{3}{2}}}$$

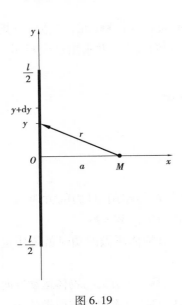

图 6.19

故所求引力在水平方向的分量为

$$F_x = \int_{-\frac{l}{2}}^{\frac{l}{2}} - G\,\frac{\mu a\mathrm{d}y}{(a^2 + y^2)^{\frac{3}{2}}} = -2G\mu a\int_0^{\frac{l}{2}} \frac{1}{(a^2 + y^2)^{\frac{3}{2}}}\mathrm{d}y$$

$$= -\frac{2G\mu l}{a} \cdot \frac{1}{\sqrt{4a^2 + l^2}}$$

由对称性可知,引力在铅直方向的分量为 $F_y = 0$.

于是,所求引力为 $\overrightarrow{F} = (F_x, F_y) = \left(-\frac{2G\mu l}{a} \cdot \frac{1}{\sqrt{4a^2 + l^2}},\ 0 \right)$.

习题 6.3

1. 两质点之间的吸引力为 $f = k\dfrac{m_1 m_2}{r^2}$. 其中,$k$ 为常数;m_1,m_2 为二质点的质量;r 为两质点之间的距离. 设两质点初始距离为 l_0,将一质点沿连线延长线方向移动 Δl,求克服引力所做的功.

2. 长 50 m、宽 25 m 的标准游泳池,池底为倾斜平面. 浅水端池深 1 m,深水端池深 3 m. 如将蓄满水全部抽出,需要做多少功?

3. 用铁锤将一铁钉击入木板. 设木板对铁钉的阻力与铁钉击入木板的深度平方成正比. 在铁锤击第一次时,能将铁钉击入木板 a cm. 若铁锤每次打击铁钉所做的功相等,则第二次能再把铁钉击入多深?

4. 深度为 20 m,底半径为 5 m 的圆柱形容器盛满密度为 1.5 kg/m^3 的液体. 计算抽干液体所做的功.

5. 有一水槽,其横截面为等腰梯形,上底长 80 cm,下底长 40 cm,高为 20 cm. 求水满时截面上一侧所受的压力.

6. 一均匀细棒长度为 a,质量为 M,在其中垂线上距棒中点 $\dfrac{\sqrt{3}}{6}a$ 处有一质量为 m 的质点,求细棒与质点的引力.

总习题 6

1. 选择题:

(1) 曲线 $\begin{cases} x = e^t \sin t \\ y = e^t \cos t \end{cases}$ 自 $t = 0$ 至 $t = \dfrac{\pi}{2}$ 之间的一段弧的弧长 $s = ($　　$)$.

A. $\sqrt{2}(5 - e^{\frac{\pi}{2}})$　　　　　　　　　　　B. $\sqrt{2}\,|\,2 - e^{\frac{\pi}{2}}\,|$

C. $\sqrt{2}e^{\frac{\pi}{2}}$　　　　　　　　　　　　　　D. $\sqrt{2}(e^{\frac{\pi}{2}} - 1)$

(2) 曲线 $y = \sin^2 x$ 和 $y = \sin^3 x$ 及 $x = \dfrac{\pi}{2}$ 所围成的平面图形的面积为$($　　$)$.

A. $\dfrac{\pi}{4} + \dfrac{2}{3}$　　　　　B. 1　　　　　　　　C. $\dfrac{1}{2}$　　　　　　　　D. $\dfrac{\pi}{4} - \dfrac{2}{3}$

（3）曲线 $y = e^x$ 过原点的该曲线的切线与 y 轴所围成的平面图形的面积 $A = ($ 　　$)$.

A. $\int_1^e (\ln y - y \ln y) \mathrm{d}y$　　　　　　　　B. $\int_1^e (e^x - xe^x) \mathrm{d}x$

C. $\int_0^1 (\ln y - y \ln y) \mathrm{d}y$　　　　　　　　D. $\int_0^1 (e^x - ex) \mathrm{d}x$

（4）曲线 $\rho = a \cos \theta (a > 0)$ 所围成的平面图形的面积 $A = ($ 　　$)$.

A. $\int_0^{\frac{\pi}{2}} \frac{1}{2} a^2 \cos^2 \theta \mathrm{d}\theta$　　　　　　　B. $\int_{-\pi}^{\pi} \frac{1}{2} a^2 \cos^2 \theta \mathrm{d}\theta$

C. $\int_0^{2\pi} \frac{1}{2} a^2 \cos^2 \theta \mathrm{d}\theta$　　　　　　　D. $2\int_0^{\frac{\pi}{2}} \frac{1}{2} a^2 \cos^2 \theta \mathrm{d}\theta$

（5）由曲线 $y = \sqrt{1 - (x-1)^2}$ 与直线 $y = \dfrac{x}{\sqrt{3}}$ 所围成平面图形绕 Oy 轴旋转所得的立体体积 $V = ($ 　　$)$.

A. $\pi \int_0^{\frac{\sqrt{3}}{2}} 3y^2 \mathrm{d}y - \pi \int_{\frac{\sqrt{3}}{2}}^1 (1 - \sqrt{1 - y^2})^2 \mathrm{d}y$

B. $\pi \int_0^{\frac{\sqrt{3}}{2}} 3y^2 \mathrm{d}y - \pi \int_{\frac{\sqrt{3}}{2}}^1 (1 + \sqrt{1 - y^2})^2 \mathrm{d}y$

C. $\pi \int_0^{\frac{\sqrt{3}}{2}} 3y^2 \mathrm{d}y - \pi \int_0^1 (1 - \sqrt{1 - y^2})^2 \mathrm{d}y$

D. $\pi \int_{\frac{\sqrt{3}}{2}}^1 (1 + \sqrt{1 - y^2})^2 \mathrm{d}y + \pi \int_0^{\frac{\sqrt{3}}{2}} 3y^2 \mathrm{d}y - \pi \int_0^1 (1 - \sqrt{1 - y^2})^2 \mathrm{d}y$

（6）曲线 $\dfrac{x^2}{a^2} - \dfrac{y^2}{b^2} = 1$ 与直线 $y = \pm b$ 所围成的平面图形绕 Oy 轴旋转所得的立体体积 $V = ($ 　　$)$.

A. $\dfrac{8}{3} \pi a^2 b$　　　　　B. $\dfrac{4}{3} \pi a^2 b$　　　　　C. $\pi a^2 b$　　　　　D. $\dfrac{16}{3} \pi a^2 b$

2. 填空题：

（1）抛物线 $y = x(x-2)$ 与直线 $y = x$ 所围成的平面图形的面积为_____.

（2）曲线 $y = e^x (x \leqslant 0)$，$x = 0$，$y = 0$ 所围成的平面图形绕 Ox 轴旋转所得的立体体积与绕 Oy 轴旋转所得的立体体积分别为_____及_____.

（3）由封闭曲线 $y^2 = x^2(a^2 - x^2)(a > 0)$ 所围成的平面图形绕 Oy 轴旋转得到旋转体，这个旋转体体积 V 的积分表达式为_____.

3. 求曲线 $\rho = a \cos \theta$，$\rho = a(\cos \theta + \sin \theta)$ 所围成的公共部分的面积.

4. 求曲线 $\begin{cases} x = at - b \sin t \\ y = a - b \cos t \end{cases}$ $(0 < b \leqslant a)$ 上介于 $t = 0$ 到 $t = 2\pi$ 的一段与其最低点处的切线所围成的平面图形面积.

5. 求曲线 $y = 1 - \ln \cos x$ 上相应于 $0 \leqslant x \leqslant \dfrac{\pi}{6}$ 的一段弧的长度.

6. 求曲线 $\begin{cases} x = \cos t + t \sin t \\ y = \sin t - t \cos t \end{cases}$ 上相应于 $t \in \left[\dfrac{\pi}{6}, \dfrac{\pi}{4} \right]$ 的一段弧的长度.

7. 求由曲线 $y^2 = x, x^2 = y$ 所围成的平面图形绕 x 轴旋转所得旋转体的体积.

8. 求曲线 $x = t^2 + 1, y = 2t - t^2$ 与 x 轴所围成的封闭图形绕 x 轴旋转所得的立体体积.

9. 求曲线 $y = \displaystyle\int_{-\frac{\pi}{2}}^{x} \sqrt{\cos t}\ \mathrm{d}t$ 的长度.

极坐标有关知识视频

旋转体体积视频

习题答案

第 **7** 章
常微分方程

物理学、自动控制、电子技术和某些社会科学中的大量问题一旦加以精确的数学描述,往往会出现微分方程. 微分方程属于数学分析的一支,是数学中与应用密切相关的基础学科,其自身也在不断发展中, 学好微分方程基本理论与方法对进一步学习研究数学理论和实际应用都非常重要. 本章将在给出微分方程基本概念的基础上,主要介绍几种常见的微分方程求解方法.

常微分方程
发展历史

7.1 微分方程基本概念

这里首先介绍几何、物理及生态系统中几个具体的数学模型,然后介绍微分方程的基本概念.

例1 求平面上过点$(1,3)$且每点切线斜率为横坐标 2 倍的曲线方程.

解 设所求曲线方程为$y = f(x)$. 由导数的几何意义,有

$$f'(x) = 2x \tag{7.1}$$

即

$$f(x) = \int 2x \mathrm{d}x = x^2 + c$$

又由曲线过点$(1,3)$得 $f(1) = 3$
于是有 $c = 2$. 故所求曲线方程为

$$y = x^2 + 2$$

例2 人口模型

英国人口统计学家马尔萨斯(Malthus)在担任牧师期间,查看了当地教堂 100 多年人口出生统计资料,发现了这样一个现象:人口出生率是一个常数. 在 1798 年他发表了《人口原理》一书,其中提出了闻名世界的 Malthus 人口模型.

Malthus 人口模型的基本假设是:在人口自然增长的过程中,净相对增长率(单位时间内

人口的净增长数与人口总数之比)是常数,记此常数为 r(生命常数).

解　假设对人口数量 $N(t)$ 的采样间隔时间为 Δt,则在 t 到 $t + \Delta t$ 这段时间内,人口数量 $N(t)$ 的增长量为

$$N(t + \Delta t) - N(t) = rN(t)\Delta t$$

令 $\Delta t \to 0$,即可得人口数量 $N(t)$ 满足的数学模型

$$\frac{\mathrm{d}N}{\mathrm{d}t} = rN \tag{7.2}$$

方程(7.2)为 Malthus 人口模型,它含有未知函数的一阶导数 $\dfrac{\mathrm{d}N}{\mathrm{d}t}$.

例 3　物体冷却过程的数学模型

将一室内温度为 90 ℃的物体放到温度为 T_0 的室外. 10 分钟后,测得它的温度为 60 ℃. 试利用牛顿冷却定律建立物体冷却过程的数学模型.

解　设物体在时刻 t 的温度为 $T = T(t)$,则温度的变化速率以 $\dfrac{\mathrm{d}T}{\mathrm{d}t}$ 来表示. 又因物体随时间而逐渐冷却,故温度变化速率恒负. 因此,利用牛顿冷却定律得到

牛顿冷却定律

$$\frac{\mathrm{d}T}{\mathrm{d}t} = -k(T - T_0) \tag{7.3}$$

且满足 $T(0) = 90$ ℃,$T(10) = 60$ ℃. 其中,$k > 0$ 为比例常数.

方程(7.3)就是物体冷却过程的数学模型,它含有未知函数的一阶导数 $\dfrac{\mathrm{d}T}{\mathrm{d}t}$.

例 4　R-L-C 电路

包含电阻 R、电感 L、电容 C 及电源的电路称为 R-L-C 电路,如图 7.1 所示. 假设 R、L、C 均为常数,电源 $\varepsilon(t)$ 是时间 t 的函数. 当开关 K 闭合上后,试建立电流 I 满足的数学模型.

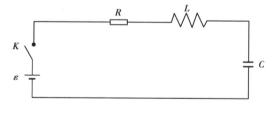

图 7.1

解　注意到经过电阻 R、电感 L 和电容 C 的电压降分别为 $L\dfrac{\mathrm{d}I}{\mathrm{d}t}$,$RI$,$\dfrac{Q}{C}$,其中,$Q$ 为电量. 因此,由基尔霍夫第二定律得

基尔霍夫
第二定律

$$\varepsilon(t) = L\frac{\mathrm{d}I}{\mathrm{d}t} + RI + \frac{Q}{C} \tag{7.4}$$

又因 $I = \dfrac{\mathrm{d}Q}{\mathrm{d}t}$,对式(7.4)两边求导,得

$$\frac{\mathrm{d}^2 I}{\mathrm{d}t^2} + \frac{R}{L}\frac{\mathrm{d}I}{\mathrm{d}t} + \frac{I}{LC} = \frac{1}{L}\frac{\mathrm{d}\varepsilon(t)}{\mathrm{d}t} \tag{7.5}$$

方程(7.5)含有未知函数 $I(t)$ 及其导数,且其导数阶数最高为二阶,即 $\dfrac{\mathrm{d}^2 I}{\mathrm{d}t^2}$.

上述例子中所得到的数学模型(7.1)、(7.2)、(7.3)与(7.5)都有一个共同的特征,即都含有未知函数的导数,它们都是微分方程. 下面将介绍微分方程的基本概念.

（1）微分方程

含有未知函数的导数或微分的方程叫**微分方程**. 如果在微分方程中,自变量个数只有一个,就称这种微分方程为常微分方程(Ordinary Differential Equations,ODE). 自变量个数为两个或两个以上的微分方程称为偏微分方程(Partial Differential Equations,PDE). 本章涉及的微分方程均指常微分方程,简称微分方程.

（2）微分方程的阶

微分方程中出现的未知函数导数的最高阶数称为微分方程的**阶**. 例如,方程 $x^3 y''' - 4xy' = 3x^2$ 是三阶微分方程,方程 $y^{(4)} - 4y''' + 5y = \sin 2x$ 是四阶微分方程. 一般地,n 阶微分方程的形式为

$$F(x,y,y',\cdots,y^{(n)}) = 0 \tag{7.6}$$

这里,$F(x,y,y',\cdots,y^{(n)})$ 是 $x,y,y',\cdots,y^{(n)}$ 的已知函数,且一定含有 $y^{(n)}$,x 是自变量,y 是关于 x 的未知函数.

（3）微分方程的解

在研究某些实际问题时,首先要建立微分方程,然后找出满足微分方程的函数(解微分方程). 就是说,找出这样的函数,把这函数代入微分方程能使该方程成为恒等式,这个函数就叫作该微分方程的**解**. 确切地说,设函数 $y = \varphi(x)$ 在区间 I 上有 n 阶连续导数且满足

$$F(x,\varphi(x),\varphi'(x),\cdots,\varphi^{(n)}(x)) = 0$$

则函数 $y = \varphi(x)$ 称为 n 阶微分方程(7.6)在区间 I 上的解. 含有 n 个独立(即它们不能合并而使得任意常数的个数减少)的任意常数 $c_1,\cdots,c_n$ 的解 $y = \varphi(x,c_1,\cdots,c_n)$ 称为 n 阶微分方程(7.6)的**通解**. 微分方程的不含任意常数的解称为微分方程的**特解**.

一般意义下,为了确定微分方程的一个特解,需要给出这个解所需满足的条件,这就是所谓的定解条件. 常见的定解条件分为初值条件和边值条件.

（4）定解问题

求微分方程满足定解条件的解,就是所谓定解问题. 当定解条件为初值条件时,相应的定解问题则称为**初值问题**;当定解条件为边值条件时,相应的定解问题则称为**边值问题**. 本章只介绍初值问题,对边值问题感兴趣的读者请查阅相关资料.

例如,一阶微分方程的初值问题,记作

$$\begin{cases} y' = f(x,y) \\ y\big|_{x=x_0} = y_0 \end{cases} \tag{7.7}$$

其中,$y\big|_{x=x_0} = y_0$ 为初值条件.

二阶微分方程的初值问题,记作

$$\begin{cases} y'' = f(x,y,y') \\ y\big|_{x=x_0} = y_0, y'\big|_{x=x_0} = y_1 \end{cases} \tag{7.8}$$

其中,$y\big|_{x=x_0} = y_0, y'\big|_{x=x_0} = y_1$ 为初值条件.

注 本章总假设微分方程的初值问题的解是存在且唯一的. 那么,是不是所有初值问题的解都是存在的呢? 如果存在是否都是唯一的呢? 感兴趣的读者请查阅相关资料.

（5）积分曲线

微分方程解的图形称为积分曲线. 微分方程的通解表示平面上的一族曲线, 微分方程的特解表示这族曲线中的某一条曲线. 初值问题（见（7.7））的几何意义, 就是求通过点 (x_0, y_0) 的那条积分曲线; 初值问题（见（7.8））的几何意义, 就是求通过点 (x_0, y_0) 且在该点处的切线斜率为 y_1 的那条积分曲线.

例5 验证函数 $y = c_1 e^{3x} + c_2 e^{-3x}$（$c_1, c_2$ 为任意常数）是二阶微分方程

$$y'' - 9y = 0 \tag{7.9}$$

的通解, 并求此微分方程满足初值条件

$$y\big|_{x=0} = 0, \quad y'\big|_{x=0} = 1$$

的特解.

解 将函数 $y = c_1 e^{3x} + c_2 e^{-3x}$ 分别求一阶及二阶导数, 得

$$y' = 3c_1 e^{3x} - 3c_2 e^{-3x}, \quad y'' = 9c_1 e^{3x} + 9c_2 e^{-3x}$$

把它们代入微分方程（7.9）得

$$y'' - 9y = 9c_1 e^{3x} + 9c_2 e^{-3x} - 9c_1 e^{3x} - 9c_2 e^{-3x} = 0$$

即函数 $y = c_1 e^{3x} + c_2 e^{-3x}$ 是微分方程（7.9）的解. 又因这个解含有两个独立的任意常数, 而微分方程（7.9）的阶数为二阶, 即解中所含独立的任意常数的个数与方程的阶数相同. 于是, $y = c_1 e^{3x} + c_2 e^{-3x}$ 是微分方程（7.9）的通解.

下面求该微分方程满足初值条件的特解.

将初值条件 $y\big|_{x=0} = 0$ 及 $y'\big|_{x=0} = 1$ 分别代入

$$y = c_1 e^{3x} + c_2 e^{-3x} \ 及 \ y' = 3c_1 e^{3x} - 3c_2 e^{-3x}$$

中, 得 $c_1 + c_2 = 0, 3c_1 - 3c_2 = 1$. 解得 $c_1 = \dfrac{1}{6}, c_2 = -\dfrac{1}{6}$. 于是, 所求微分方程满足所给初值条件的特解为

$$y = \frac{1}{6}(e^{3x} - e^{-3x})$$

习题 7.1

1. 试说出下列各微分方程的阶数:

（1）$y'' - y(y')^3 + y = 0$;　　　　　　（2）$x^3 y'' + x^2 y' + y^3 = 0$;

（3）$xy''' + 2y' + x^2 = x \sin x$;　　　　（4）$\sin y'' + y' + e^y = 0$.

2. 验证下列各函数是否为相应微分方程的解:

（1）$y = \dfrac{\sin x}{x}, xy' + y = \cos x$;

（2）$y = \sin x, y' + y^2 - 2y \sin x - \cos x = 0$;

（3）$y = c_1 \cos \omega x + c_2 \sin \omega x, y'' + \omega^2 y = 0$;

（4）$x^2 - xy + y^2 = c, (x - 2y)y' = 2x - y$;

（5）$y = \ln(xy), (xy - x)y'' + xy'^2 + yy' - 2y' = 0$.

3. 确定下列函数关系式中所含的参数, 使函数满足所给的初值条件:

$(1) y = (c_1 + c_2 x) e^{-x}, y \big|_{x=0} = 0, y' \big|_{x=0} = 1;$

$(2) y = c_1 \sin x - c_2 \cos x, y\left(\dfrac{\pi}{4}\right) = 0, y'\left(\dfrac{\pi}{4}\right) = 2.$

4. 写出由下列条件确定的曲线所满足的微分方程:

(1)曲线在任一点处的切线的纵截距与切点的横坐标成正比;

(2)曲线上任一点做两条直线分别平行两条坐标轴,由这两条直线与两条坐标轴所围成矩形被这曲线所分成的两部分面积之比为 $1:2$.

7.2　变量可分离方程与齐次方程

本节与下一节将介绍一阶微分方程的**初等解法**,即把微分方程的求解问题化为积分问题,其解的表达式用初等函数表示.

7.2.1　变量可分离方程

若一阶微分方程

$$\frac{\mathrm{d}y}{\mathrm{d}x} = F(x,y) \tag{7.10}$$

中 $F(x,y)$ 可分离为 $F(x,y) = f(x)g(y)$,这里 $f(x)$,$g(y)$ 分别是 x,y 的连续函数,则称方程 (7.10) 为变量可分离方程,即

$$\frac{\mathrm{d}y}{\mathrm{d}x} = f(x)g(y) \tag{7.11}$$

若 $g(y) = 0$,则显然 $y \equiv c$(任意常数)为微分方程(7.11)的通解.

下面不妨设 $g(y) \neq 0$,则微分方程(7.11)可改写成

$$\frac{\mathrm{d}y}{g(y)} = f(x)\mathrm{d}x$$

这个过程称为分离变量. 这样,变量就"分离"开了. 两边同时积分得

$$\int \frac{\mathrm{d}y}{g(y)} = \int f(x)\mathrm{d}x + c \tag{7.12}$$

这里积分常数 c 明确写出来,而把 $\displaystyle\int \frac{\mathrm{d}y}{g(y)}$,$\displaystyle\int f(x)\mathrm{d}x$ 分别理解为 $\dfrac{1}{g(y)}$,$f(x)$ 的原函数. 常数 c 的取值必须保证(7.12)有意义,如无特别说明,以后都作这样理解.

例 1　求微分方程 $\dfrac{\mathrm{d}y}{\mathrm{d}x} = x^2 y$ 的通解.

解　$y = 0$ 显然为方程的解.

当 $y \neq 0$ 时,将所给方程分离变量,得

$$\frac{\mathrm{d}y}{y} = x^2 \mathrm{d}x$$

两端分别积分,有

$$\int \frac{\mathrm{d}y}{y} = \int x^2 \mathrm{d}x + c_1$$

所以

$$\ln|y| = \frac{1}{3}x^3 + c_1$$

从而有 $|y| = \mathrm{e}^{\frac{1}{3}x^3 + c_1} = \mathrm{e}^{c_1}\mathrm{e}^{\frac{1}{3}x^3}$,即

$$y = \pm \mathrm{e}^{c_1}\mathrm{e}^{\frac{1}{3}x^3}$$

综上,所给方程的通解为

$$y = c\mathrm{e}^{\frac{1}{3}x^3}$$

本题虽然是在假设 $y \neq 0$ 时求出的通解,但从通解中可知,当 $c = 0$ 时,$y = 0$ 也包含在通解中.

注 在分离变量的过程中,可能漏掉方程的某些解.但通常失去的解仍包含在最后的通解中,一般不作专门讨论.

例2 放射性元素铀不断有原子放射出微粒子而变成其他元素,铀的含量就不断减少,这种现象称为衰变.由原子物理学已知,铀的衰变速度与当时衰变的铀原子的含量 M 成正比.已知 $t = 0$ 时铀的含量为 M_0,求在衰变过程中铀含量 $M(t)$ 随时间 t 变化的规律.

解 铀的衰变速度就是 $M(t)$ 对时间 t 的导数 $\dfrac{\mathrm{d}M}{\mathrm{d}t}$.因铀的衰变速度与其含量成正比,故得微分方程的初值问题为

$$\begin{cases} \dfrac{\mathrm{d}M}{\mathrm{d}t} = -\lambda M \\ M(t)\big|_{t=0} = M_0 \end{cases} \tag{7.13}$$

其中 $\lambda(\lambda > 0)$ 是常数,叫作衰变系数,λ 前置负号是由于当 t 增加时 $M(t)$ 单调减少,需 $\dfrac{\mathrm{d}M}{\mathrm{d}t} < 0$ 的缘故.

微分方程(7.13)是变量可分离的一阶微分方程,分离变量后得

$$\frac{\mathrm{d}M}{M} = -\lambda \mathrm{d}t$$

两端积分得

$$\int \frac{\mathrm{d}M}{M} = \int (-\lambda)\mathrm{d}t$$

以 $\ln|c|$ 表示任意常数,考虑到 $M > 0$,得

$$\ln M = -\lambda t + \ln|c|$$

即

$$M = c\mathrm{e}^{-\lambda t}$$

按题意,初值条件为 $M\big|_{t=0} = M_0$.代入上式,得

$$M_0 = c\mathrm{e}^0 = c$$

所以

$$M = M_0 e^{-\lambda t}$$

这就是所求铀的衰变规律. 由此可知,铀的含量随时间的增加而按指数规律衰减.

例3 设某商品的需求量 Q 对价格 P 的弹性为 $P \ln 3$,且已知该商品价格 $P = 0$ 的最大需求量 $Q = 1\,200$. 试求需求量 Q 与价格 P 的函数关系(即需求函数).

解 设需求函数为 $Q = f(P)$. 则需求 Q 对价格 P 的弹性为 $-\dfrac{P}{Q}\dfrac{\mathrm{d}Q}{\mathrm{d}P}$. 根据题意,未知函数 $Q = f(P)$ 应满足微分方程

$$-\frac{P}{Q}\frac{\mathrm{d}Q}{\mathrm{d}P} = P \ln 3$$

即

$$\frac{1}{Q}\frac{\mathrm{d}Q}{\mathrm{d}P} = -\ln 3 \tag{7.14}$$

此外,未知函数 $Q = f(P)$ 还应满足初值条件

$$Q\big|_{P=0} = 1\,200$$

将微分方程(7.14)分离变量,可得

$$\frac{\mathrm{d}Q}{Q} = -\ln 3 \mathrm{d}P$$

把上式两端积分有

$$\int \frac{\mathrm{d}Q}{Q} = -\int \ln 3 \mathrm{d}P + c_1$$

积分后得

$$\ln Q = -P \ln 3 + \ln c \qquad (c_1 = \ln c, c > 0)$$

因此,微分方程(7.14)的通解为

$$Q = c \times 3^{-P}$$

将初值条件 $Q\big|_{P=0} = 1\,200$ 代入通解中,可得 $c = 1\,200$. 故所求特解为

$$Q = 1\,200 \times 3^{-P}$$

在以上3个例子中,遇到的微分方程都是变量可分离方程. 然而有时给出的一阶微分方程,虽然不是变量可分离方程,但可根据方程的特点,对未知函数进行适当的变量替换,可将所给方程化为变量可分离方程. 下面介绍这样一类方程.

7.2.2 齐次方程

如果一阶微分方程(7.10)的右端 $F(x, y)$ 可化成 $\dfrac{y}{x}$ 的函数,即可变成

$$\frac{\mathrm{d}y}{\mathrm{d}x} = \phi\left(\frac{y}{x}\right) \tag{7.15}$$

的形式,则称此一阶微分方程为齐次微分方程,简称齐次方程.

例如,微分方程

$$(x^2 + y^2)\mathrm{d}y - (2xy - x^2)\mathrm{d}x = 0$$

是齐次方程,这是因为此方程可改写为

$$\frac{\mathrm{d}y}{\mathrm{d}x} = \frac{2xy - x^2}{x^2 + y^2} = \frac{2\,\dfrac{y}{x} - 1}{1 + \left(\dfrac{y}{x}\right)^2} = \phi\left(\frac{y}{x}\right)$$

以下为求解齐次方程(7.15)的一般步骤:

① 作变量变换:$u = \dfrac{y}{x}$,即 $y = ux$,于是

$$\frac{\mathrm{d}y}{\mathrm{d}x} = u + x\frac{\mathrm{d}u}{\mathrm{d}x}$$

② 将上式代入方程(7.15),得

$$u + x\frac{\mathrm{d}u}{\mathrm{d}x} = \phi(u)$$

即

$$\frac{\mathrm{d}u}{\mathrm{d}x} = \frac{\phi(u) - u}{x}$$

这是变量可分离的方程,可按微分方程(7.11)的方法求解,然后将 u 替换为 $\dfrac{y}{x}$ 便得(7.15)的解.

例4 求微分方程 $\dfrac{\mathrm{d}y}{\mathrm{d}x} = 2\sqrt{\dfrac{y}{x}} + \dfrac{y}{x}$ $(x \neq 0)$ 的通解.

解 这是齐次微分方程,令 $u = \dfrac{y}{x}$,则 $\dfrac{\mathrm{d}y}{\mathrm{d}x} = u + x\dfrac{\mathrm{d}u}{\mathrm{d}x}$,代入原方程可得

$$u + x\frac{\mathrm{d}u}{\mathrm{d}x} = 2\sqrt{u} + u$$

即

$$x\frac{\mathrm{d}u}{\mathrm{d}x} = 2\sqrt{u}$$

将上式分离变量得

$$\frac{\mathrm{d}u}{2\sqrt{u}} = \frac{\mathrm{d}x}{x} \quad (u \neq 0, x \neq 0)$$

两端同时积分,有

$$\sqrt{u} = \ln|x| + c$$

即微分方程的通解为

$$\sqrt{\frac{y}{x}} = \ln|x| + c$$

*例5 设河边点 O 的正对岸为点 A,河宽 $OA = h$,两岸为平行直线,水流速度大小为 a,有一鸭子从点 A 游向点 O,设鸭子(在静水中)的游速大小为 $b(b > a)$,且鸭子游动方向始终朝着点 O,求鸭子游过的迹线方程.

解　设水流速度为$\vec{a}(|\vec{a}|=a)$,鸭子游速为$\vec{b}(|\vec{b}|=b)$,则鸭子实际运动速度为$\vec{v}=\vec{a}+\vec{b}$. 取 O 为坐标原点,河岸朝顺水方向为 x 轴,y 轴指向对岸,设在时刻 t 鸭子位于点 $P(x,y)$,则鸭子运动速度为

$$\vec{v}=(v_x,v_y)=\left(\frac{\mathrm{d}x}{\mathrm{d}t},\frac{\mathrm{d}y}{\mathrm{d}t}\right)$$

故有

$$\frac{\mathrm{d}x}{\mathrm{d}y}=\frac{v_x}{v_y}$$

又因$\vec{a}=(a,0)$,故$\vec{b}=b\overrightarrow{PO^0}$,其中,$\overrightarrow{PO^0}$为与$\overrightarrow{PO}$同方向的单位向量. 由$\overrightarrow{PO}=-(x,y)$知$\overrightarrow{PO^0}=-\dfrac{1}{\sqrt{x^2+y^2}}(x,y)$. 于是,$\vec{b}=-\dfrac{b}{\sqrt{x^2+y^2}}(x,y)$,从而

$$\vec{v}=\vec{a}+\vec{b}=\left(a-\frac{bx}{\sqrt{x^2+y^2}},-\frac{by}{\sqrt{x^2+y^2}}\right)$$

由此得微分方程

$$\frac{\mathrm{d}x}{\mathrm{d}y}=\frac{v_x}{v_y}=-\frac{a\sqrt{x^2+y^2}}{by}+\frac{x}{y}$$

即

$$\frac{\mathrm{d}x}{\mathrm{d}y}=\frac{v_x}{v_y}=-\frac{a}{b}\sqrt{\left(\frac{x}{y}\right)^2+1}+\frac{x}{y}$$

这是齐次方程. 令$u=\dfrac{x}{y}$,则$\dfrac{\mathrm{d}x}{\mathrm{d}y}=y\dfrac{\mathrm{d}u}{\mathrm{d}y}+u$,代入上面的方程得

$$y\frac{\mathrm{d}u}{\mathrm{d}y}=-\frac{a}{b}\sqrt{u^2+1}$$

分离变量有

$$\frac{\mathrm{d}u}{\sqrt{u^2+1}}=-\frac{a}{by}\mathrm{d}y$$

两边积分得

$$\mathrm{arsh}u=-\frac{a}{b}(\ln y+\ln c)$$

即

$$u=\mathrm{sh}\ln(cy)^{-\frac{a}{b}}=\frac{1}{2}\left[(cy)^{-\frac{a}{b}}-(cy)^{\frac{a}{b}}\right]$$

于是

$$x=\frac{y}{2}\left[(cy)^{-\frac{a}{b}}-(cy)^{\frac{a}{b}}\right]=\frac{1}{2c}\left[(cy)^{1-\frac{a}{b}}-(cy)^{1+\frac{a}{b}}\right]$$

又因当 $y=h$ 时,$x=0$,代入上式得$c=\dfrac{1}{h}$,故鸭子游过的迹线方程为

$$x=\frac{h}{2}\left[\left(\frac{y}{h}\right)^{1-\frac{a}{b}}-\left(\frac{y}{h}\right)^{1+\frac{a}{b}}\right]\qquad(0\leqslant y\leqslant h)$$

习题 7.2

1. 求下列微分方程的通解：

(1) $xy' = \sqrt{1-y^2}$；

(2) $x^2 dx - y(1+x^3) dy = 0$；

(3) $y' = (\cos x \cos 2y)^2$；

(4) $(x - e^{-x}) dx + (y + e^y) dy = 0$；

(5) $\cos x \sin y dx + \sin x \cos y dy = 0$；

(6) $y^2 dx + (x^2 - 4x + 4) dy = 0$.

2. 求下列微分方程满足所给初值条件的特解：

(1) $(x^2 - 1)y' + 2xy = 0, y|_{x=0} = 1$；

(2) $\sin 2x dx + \cos 3y dy = 0, y|_{x=\frac{\pi}{2}} = \frac{\pi}{3}$；

(3) $x dx + y e^{-x} dy = 0, y|_{x=0} = 1$.

3. 证明方程 $\dfrac{x}{y} \dfrac{dy}{dx} = f(xy)$ 经变换 $u = xy$ 可化为变量可分离方程, 并由此求解下列微分方程：

(1) $y(1 + x^2 y^2) dx = x dy$；

(2) $\dfrac{x}{y} \dfrac{dy}{dx} = \dfrac{2 + x^2 y^2}{2 - x^2 y^2}$.

4. 一曲线通过点 $(1,2)$, 且曲线上各点处的切线, 切点到原点的向径及 x 轴可围成一个等腰三角形 (以 x 轴为底), 求该曲线方程.

5. 设 A 从 xOy 平面上的原点出发, 沿 x 轴正方向前进, 同时 B 从点 $(0,b)$ 开始跟踪 A, 即 B 与 A 永远保持等距 b. 试求 B 的运动轨迹.

6. 人工繁殖细菌, 其增长速度与当时的细菌数成正比.

(1) 如果 3 h 时细菌数为原来的 3 倍, 那么, 经过 6 h 时应为多少?

(2) 如在 2 h 时有细菌 10^2 个, 在 4 h 时有 2×10^2 个, 那么, 开始时有多少个?

7. 求下列齐次方程的通解：

(1) $y' = \dfrac{y}{x} + \tan \dfrac{y}{x}$；

(2) $(y-x) dx + (y+x) dy = 0$；

(3) $xy' - y + \sqrt{x^2 - y^2} = 0$；

(4) $x(\ln x - \ln y) dy - y dx = 0$；

(5) $xy' - y = (x+y) \ln \dfrac{x+y}{x}$；

(6) $(x^2 + y^2) y' = 2xy$.

8. 求下列齐次方程满足所给初值条件的特解：

(1) $xyy' = x^2 + y^2, y|_{x=e} = 2e$；

(2) $y' = \dfrac{y}{x} + 2\sqrt{\dfrac{x}{y}}, y|_{x=1} = 2$；

(3) $(\sqrt{x^2 + y^2} + y) dx - x dy = 0, y|_{x=1} = 1$.

9. 设甲乙两种商品的价格分别为 P_1, P_2, 且价格 P_1 相对于价格 P_2 的弹性为 $\dfrac{P_2}{P_1} \dfrac{dP_1}{dP_2} =$

$\dfrac{P_2 - P_1}{P_2 + P_1}$，求价格 P_1 与 P_2 的函数关系.

7.3 一阶线性微分方程与伯努利方程

7.3.1 一阶线性微分方程

形如

$$\frac{\mathrm{d}y}{\mathrm{d}x} + P(x)y = Q(x) \tag{7.16}$$

的微分方程称为一阶线性微分方程. 其中，$P(x)$，$Q(x)$ 是 x 的连续函数. 它的特点是：方程中出现的未知函数 y 及其导数 $\dfrac{\mathrm{d}y}{\mathrm{d}x}$ 的次数都是一次的.

例如，$y' - \dfrac{1}{x}y = x$，$y' + x^2 y = 3$ 都是一阶线性微分方程. 而 $(y')^2 + y = 0$ 与 $y' - y = \dfrac{1}{y}$ 都不是一阶线性微分方程.

如果 $Q(x) \equiv 0$，方程（7.16）变为

$$\frac{\mathrm{d}y}{\mathrm{d}x} + P(x)y = 0 \tag{7.17}$$

微分方程（7.17）称为与微分方程（7.16）相对应的齐次线性微分方程. 如果 $Q(x) \neq 0$，微分方程（7.16）称为非齐次线性微分方程.

下面将给出一阶线性微分方程（7.16）的求解方法——常数变易法.

在求解非齐次线性微分方程（7.16）时，可先求解齐次线性微分方程（7.17）. 后者是变量可分离的方程，分离变量后得

$$\frac{\mathrm{d}y}{y} = -P(x)\mathrm{d}x$$

两端积分得

$$\ln|y| = -\int P(x)\mathrm{d}x + \ln|c|$$

因此，齐次线性微分方程（7.17）的通解为

$$y = c\mathrm{e}^{-\int P(x)\mathrm{d}x}$$

有了齐次线性微分方程的通解，如何求对应的非齐次线性微分方程的解呢？上式中 c 为任意常数时，它是微分方程（7.17）的解，因而不可能是微分方程（7.16）的解，但是否能用一个适当的函数 $c(x)$ 来代替任意常数 c，使

$$y = c(x)\mathrm{e}^{-\int P(x)\mathrm{d}x} \tag{7.18}$$

是微分方程（7.16）的解呢？要回答这个问题，可将式（7.18）代入微分方程（7.16）中，使其满足方程，看是否能确定出 $c(x)$ 来.

由(7.18)可知

$$y' = c'(x)e^{-\int P(x)dx} - P(x)c(x)e^{-\int P(x)dx}$$

代入微分方程(7.16),可得

$$c'(x)e^{-\int P(x)dx} - P(x)c(x)e^{-\int P(x)dx} + P(x)c(x)e^{-\int P(x)dx} = Q(x)$$

即

$$c'(x) = Q(x)e^{\int P(x)dx}$$

积分得

$$c(x) = \int Q(x)e^{\int P(x)dx}dx + c$$

于是,找到了所需要的 $c(x)$. 将它代回式(7.18),即可得到微分方程(7.16)的解为

$$y = e^{-\int P(x)dx}\left[\int Q(x)e^{\int P(x)dx}dx + c\right] \tag{7.19}$$

由于这个解中含有任意常数 c,因此,它是微分方程(7.16)的通解.

以上求解非齐次线性微分方程通解的过程,是首先求得对应的齐次线性微分方程的通解,然后将任意常数 c 变换为任意函数 $c(x)$,进而求出函数 $c(x)$. 该方法称为常数变易法.

式(7.19)也可写为

$$y = ce^{-\int P(x)dx} + e^{-\int P(x)dx}\int Q(x)e^{\int P(x)dx}dx \tag{7.20}$$

式(7.20)右端的第一项(含有一个任意常数),它是方程(7.16)对应的齐次微分方程(7.17)的通解;右端的第二项(不含任意常数),它是微分方程(7.16)的一个特解($c=0$ 时).因此,一阶线性微分方程的通解等于对应的齐次线性微分方程的通解与非齐次线性微分方程的一个特解之和.

注 在求解一阶线性微分方程(7.16)时,式(7.19)或式(7.20)都可以当作通解公式直接使用.

例1 求微分方程 $xy' + y = \cos x$ 满足初值条件 $y|_{x=\pi} = 1$ 的特解.

解 利用常数变易法求解. 将所给微分方程改写为

$$y' + \frac{1}{x}y = \frac{1}{x}\cos x \tag{7.21}$$

与其对应的齐次线性微分方程为

$$y' + \frac{1}{x}y = 0$$

分离变量,求得该齐次线性微分方程的通解为

$$y = \frac{c}{x}$$

将 c 视为 x 的函数,即"常数变易". 令 $y = \frac{c(x)}{x}$ 为式(7.21)的解,并求导得

$$y' = \frac{xc'(x) - c(x)}{x^2}$$

将 y 及 y' 代入非齐次线性微分方程(7.21),得

$$\frac{c'(x)}{x} = \frac{1}{x}\cos x$$

于是

$$c(x) = \int \cos x \mathrm{d}x = \sin x + c$$

因此,原方程的通解为

$$y = \frac{c}{x} + \frac{\sin x}{x}$$

由初值条件 $x = \pi$ 时,$y = 1$,得 $c = \pi$. 故所求特解为

$$y = \frac{1}{x}(\pi + \sin x)$$

例 2 求方程 $\dfrac{\mathrm{d}y}{\mathrm{d}x} = \dfrac{y}{x - y^2}$ 的通解.

解 该方程不是未知函数 y 的线性微分方程,但若把它改写为

$$\frac{\mathrm{d}x}{\mathrm{d}y} = \frac{x - y^2}{y}$$

即

$$\frac{\mathrm{d}x}{\mathrm{d}y} = \frac{x}{y} - y$$

则得到未知函数 x(将 x 视为变量 y 的函数)的一阶线性微分方程. 由通解公式(7.19)得

$$x = \mathrm{e}^{\int \frac{1}{y}\mathrm{d}y}\left(c + \int (-y)\mathrm{e}^{-\int \frac{1}{y}\mathrm{d}y}\mathrm{d}y\right)$$

即通解为

$$x = y(c - y)$$

例 3 已知生产某产品的固定成本为 $a > 0$,生产 x 单位的边际成本与平均成本之差为 $\dfrac{x}{a} - \dfrac{a}{x}$,且当产量为 a 单位时,相应的总成本为 $4a$. 求总成本 $C(x)$ 与产量 x 之间的函数关系.

解 设生产某产品 x 单位时的总成本为 $C(x)$. 则边际成本与平均成本之差为 $\dfrac{\mathrm{d}C(x)}{\mathrm{d}x} - \dfrac{C(x)}{x}$. 按题意,有

$$\frac{\mathrm{d}C(x)}{\mathrm{d}x} - \frac{C(x)}{x} = \frac{x}{a} - \frac{a}{x} \tag{7.22}$$

且初值条件为

$$C(x)\big|_{x=a} = 4a$$

微分方程(7.22)是一阶非齐次线性微分方程,$P(x) = -\dfrac{1}{x}$,$Q(x) = \dfrac{x}{a} - \dfrac{a}{x}$. 利用通解公式(7.19)得

$$C(x) = \mathrm{e}^{-\int \left(-\frac{1}{x}\right)\mathrm{d}x}\left[\int \left(\frac{x}{a} - \frac{a}{x}\right)\mathrm{e}^{\int \left(-\frac{1}{x}\right)\mathrm{d}x}\mathrm{d}x + c\right]$$

$$= e^{\ln x} \left[\int \left(\frac{x}{a} - \frac{a}{x} \right) e^{-\ln x} dx + c \right]$$

$$= x \left[\int \left(\frac{x}{a} - \frac{a}{x} \right) \frac{1}{x} dx + c \right]$$

$$= x \left[\int \left(\frac{1}{a} - \frac{a}{x^2} \right) dx + c \right]$$

$$= x \left(\frac{x}{a} + \frac{a}{x} \right) + cx$$

即微分方程(7.22)的通解为

$$C(x) = x \left(\frac{x}{a} + \frac{a}{x} \right) + cx$$

由初值条件 $C(x)\big|_{x=a} = 4a$ 可得　$c = 2$.

因此,总成本 $C(x)$ 与产量 x 之间的函数关系为

$$C(x) = x \left(\frac{x}{a} + \frac{a}{x} \right) + 2x = \frac{x^2}{a} + 2x + a$$

7.3.2　伯努利方程

形如

$$\frac{dy}{dx} + P(x)y = Q(x)y^n \qquad (n \neq 0,1) \tag{7.23}$$

的方程称为伯努利方程.

微分方程(7.23)虽然不是线性微分方程,但通过适当的变量代换,可把它化为一阶线性微分方程,进而求得其通解.

用 y^{-n} 同乘方程(7.23)两边,得

$$y^{-n} \frac{dy}{dx} + P(x)y^{1-n} = Q(x)$$

令 $z = y^{1-n}$,由 $\frac{dz}{dx} = (1-n)y^{-n}\frac{dy}{dx}$,可将上述方程化为

$$\frac{dz}{dx} + (1-n)P(x)z = (1-n)Q(x)$$

这是一个关于新的因变量 z 的一阶线性微分方程,求出通解 $z = z(x)$,再以 y^{1-n} 代 z 即得方程(7.23)的通解.

例 4　求微分方程 $\frac{dy}{dx} - 2\frac{y}{x} = -xy^2$ 的通解.

解　显然 $y = 0$ 为微分方程的解.

当 $y \neq 0$ 时,以 y^{-2} 乘方程两端得

$$y^{-2} \frac{dy}{dx} - \frac{2}{x}y^{-1} = -x$$

令 $z = y^{-1}$,则微分方程化为

$$\frac{\mathrm{d}z}{\mathrm{d}x} + \frac{2}{x}z = x$$

这是一个关于 z 的线性微分方程,其通解为

$$z = \mathrm{e}^{-\int \frac{2}{x}\mathrm{d}x}\left(\int x\mathrm{e}^{\int \frac{2}{x}\mathrm{d}x}\mathrm{d}x + c\right) = \frac{1}{x^2}\left(\frac{x^4}{4} + c\right)$$

以 y^{-1} 代 z 得所求微分方程的通解为

$$\frac{1}{y} = \frac{1}{x^2}\left(\frac{x^4}{4} + c\right)$$

习题 7.3

1. 求下列微分方程的通解:

(1) $y' + 2xy = 4x$;

(2) $xy' - 2y = 2x^4$;

(3) $y' + y\tan x = \sec x$;

(4) $(x^2 - 1)y' - xy + 1 = 0$;

(5) $y' + y - \cos x = 0$;

(6) $y' + y\cos x = \frac{1}{2}\sin 2x$;

(7) $xy' + (x + 1)y = 3x^2\mathrm{e}^{-x}$;

(8) $y' = \frac{y}{x + y^2}$;

(9) $y\ln y\mathrm{d}x + (x - \ln y)\mathrm{d}y = 0$;

(10) $y' = \frac{y}{2y\ln y + y - x}$.

2. 求下列微分方程满足所给初值条件的特解:

(1) $y' - \frac{ny}{x} = x^n\mathrm{e}^x, y\big|_{x=1} = 2\mathrm{e}$;

(2) $(1 + x^2)y' + 2xy = x^2, y\big|_{x=1} = 2$;

(3) $xy' + 2y = \sin x; y\big|_{x=\pi} = \frac{1}{\pi}$;

(4) $y' - \frac{1}{1-x^2}y = 1 + x, y\big|_{x=0} = 1$.

3. 设微分方程 $y' + ay = f(x)$,其中,$a > 0$ 为常数,$f(x)$ 是以 2π 为周期的连续函数. 试求微分方程的 2π 周期解.

4. 设有一质量为 m 的物体垂直上抛,假设初始速度为 v_0,空气阻力与速度成正比(比例系数为 k),试求在物体上升过程中速度与时间的函数关系.

5. 求下列伯努利方程的通解:

(1) $y' + \frac{1}{3}y = \frac{1}{3}(1 - 2x)y^4$;

(2) $y' = \frac{y^2 - x}{2xy}$;

(3) $y' + y = (2 + 3x)y^4$;

(4) $(y\ln x - 2)y\mathrm{d}x - x\mathrm{d}y = 0$.

6. 设曲线 L 位于 xOy 平面的第一象限,L 上任意一点 $M(x, y)$ 处的切线与 y 轴相交,交点记为 A. 已知 $|MA| = |OA|$,且 L 过点 $(2, 2)$,求 L 的方程.

7.4　可降阶的高阶微分方程

从这一节起将讨论二阶及二阶以上的微分方程,即所谓高阶微分方程. 对于有些高阶微

分方程,可通过代换将它化成较低阶的方程来求解. 例如,对二阶微分方程,若能设法作代换将其降至一阶,则就有可能应用前面几节中所讲的方法来求出它的解. 本节将介绍 3 种容易降阶的高阶微分方程的求解方法.

7.4.1　$y^{(n)} = f(x)$ 型微分方程

微分方程

$$y^{(n)} = f(x) \tag{7.24}$$

的右端仅含有自变量 x. 容易看出,只要把 $y^{(n-1)}$ 作为新的未知函数,那么,微分方程(7.24)就是新未知函数的一阶微分方程,两边积分,就得到一个 $n-1$ 阶的微分方程

$$y^{(n-1)} = \int f(x)\mathrm{d}x + c_1$$

同理,可得

$$y^{(n-2)} = \int \left[\int f(x)\mathrm{d}x + c_1 \right]\mathrm{d}x + c_2$$

以此法继续进行,积分 n 次,便得方程(7.24)的通解为

$$y = \int \cdots \int f(x)\mathrm{d}x\cdots\mathrm{d}x + c_1 x^{n-1} + \cdots + c_n$$

其中,$c_i (i = 1, \cdots, n)$ 为任意常数.

例 1　求微分方程 $y''' = \mathrm{e}^{2x} + \sin x$ 的通解.

解　对所给微分方程连续积分三次,分别得

$$y'' = \frac{1}{2}\mathrm{e}^{2x} - \cos x + c$$

$$y' = \frac{1}{4}\mathrm{e}^{2x} - \sin x + cx + c_2$$

$$y = \frac{1}{8}\mathrm{e}^{2x} + \cos x + c_1 x^2 + c_2 x + c_3 \qquad \left(c_1 = \frac{c}{2} \right)$$

上式即为所求微分方程的通解.

例 2　质量为 m 的质点受力 F 的作用沿 Ox 轴作直线运动. 设力 $F = F(t)$ 在开始时刻 $t = 0$ 时 $F(0) = F_0$,随着时间 t 的增大,力 F 均匀地减小,直到 $t = T$ 时,$F(T) = 0$. 如果开始时质点位于原点,且初始速度为零. 求这质点的运动规律.

解　设 $x = x(t)$ 表示在时刻 t 时质点的位置,根据牛顿第二定律,质点运动的微分方程为

$$m\frac{\mathrm{d}^2 x}{\mathrm{d}t^2} = F(t) \tag{7.25}$$

由题设条件可知,力 $F(t)$ 随 t 增大而均匀地减小,且 $t = 0$ 时,$F(0) = F_0$,故 $F(t) = F_0 - kt$. 又当 $t = T$ 时,$F(T) = 0$,从而

$$F(t) = F_0 \left(1 - \frac{t}{T} \right)$$

于是,微分方程(7.25)可写为

$$\frac{\mathrm{d}^2 x}{\mathrm{d}t^2} = \frac{F_0}{m} \left(1 - \frac{t}{T} \right) \tag{7.26}$$

其初值条件为

$$x\big|_{t=0} = 0, \frac{\mathrm{d}x}{\mathrm{d}t}\bigg|_{t=0} = 0$$

对微分方程(7.26)两端积分得

$$\frac{\mathrm{d}x}{\mathrm{d}t} = \frac{F_0}{m}\int\left(1 - \frac{t}{T}\right)\mathrm{d}t$$

即

$$\frac{\mathrm{d}x}{\mathrm{d}t} = \frac{F_0}{m}\left(t - \frac{t^2}{2T}\right) + c_1$$

由初值条件 $\frac{\mathrm{d}x}{\mathrm{d}t}\bigg|_{t=0} = 0$，得 $c_1 = 0$. 于是，上式化简为

$$\frac{\mathrm{d}x}{\mathrm{d}t} = \frac{F_0}{m}\left(t - \frac{t^2}{2T}\right)$$

对上式两端积分，得

$$x = \frac{F_0}{m}\left(\frac{t^2}{2} - \frac{t^3}{6T}\right) + c_2$$

由初值条件 $x\big|_{t=0} = 0$，得 $c_2 = 0$. 于是，所求质点的运动规律为

$$x = \frac{F_0}{m}\left(\frac{t^2}{2} - \frac{t^3}{6T}\right) \qquad (0 \leqslant t \leqslant T)$$

7.4.2 $y'' = f(x, y')$ 型微分方程

考虑形如

$$y'' = f(x, y') \tag{7.27}$$

的二阶微分方程，其特征为右端不显含未知函数 y.

令 $y' = p$，则

$$y'' = \frac{\mathrm{d}p}{\mathrm{d}x} = p'$$

代入微分方程(7.27)可知

$$p' = f(x, p)$$

这是一个关于变量 x, p 的一阶微分方程，设其通解为

$$p = \phi(x, c_1)$$

又因 $p = y'$，故又得到一个一阶微分方程

$$y' = \phi(x, c_1)$$

对它进行积分，便得微分方程(7.27)的通解为

$$y = \int\phi(x, c_1)\mathrm{d}x + c_2$$

例3　求微分方程 $y'' = \dfrac{1}{x}y'$ 满足 $y\big|_{x=1} = 1, y'\big|_{x=1} = 2$ 的解.

解　令 $y' = p$，则原方程化为

$$p' = \frac{1}{x}p$$

于是

$$\frac{p'}{p} = \frac{1}{x}$$

两边积分得

$$\ln|p| = \ln|x| + c$$

即 $|p| = e^c|x|$，从而 $p = c_1 x$，其中，$c_1 = \pm e^c$.

由 $y'|_{x=1} = 2$ 得 $c_1 = 2$，即 $p = 2x$.

又将 $p = y'$ 代入 $p = 2x$ 并积分，得 $y = x^2 + c_2$. 由 $y|_{x=1} = 1$ 得 $c_2 = 0$.

因此，微分方程满足 $y|_{x=1} = 1, y'|_{x=1} = 2$ 的解为 $y = x^2$.

例 4　求微分方程 $x^2 y'' - (y')^2 = 0$ 通过点 $(1,0)$，且在该点处与直线 $y = x - 1$ 相切的积分曲线.

解　所给方程 $x^2 y'' - (y')^2 = 0$ 中不显含 y，属于 $y'' = f(x, y')$ 型. 根据题意，可得初值条件为 $y(1) = 0, y'(1) = 1$.

令 $y' = p$，则 $y'' = p'$，代入原方程得

$$x^2 p' - p^2 = 0$$

分离变量后并两边积分，有

$$\int \frac{\mathrm{d}p}{p^2} = \int \frac{\mathrm{d}x}{x^2} - c_1$$

即

$$\frac{1}{p} = \frac{1}{x} + c_1$$

由初值条件 $y'(1) = p(1) = 1$ 可知，$c_1 = 0$，故得 $p = x$. 从而

$$y' = x$$

两边积分得

$$y = \int x \mathrm{d}x + c_2 = \frac{x^2}{2} + c_2$$

再由初值条件 $y(1) = 0$ 可知，$c_2 = -\frac{1}{2}$. 于是，所求的积分曲线方程为

$$y = \frac{1}{2}(x^2 - 1)$$

7.4.3　$y'' = f(y, y')$ 型微分方程

考虑形如

$$y'' = f(y, y') \tag{7.28}$$

的二阶微分方程，其特征是右端不显含自变量 x.

令 $y' = p$，并利用复合函数的求导法则把 y'' 化为对 y 的导数，即

$$y'' = \frac{\mathrm{d}p}{\mathrm{d}x} = \frac{\mathrm{d}p}{\mathrm{d}y}\frac{\mathrm{d}y}{\mathrm{d}x} = p\frac{\mathrm{d}p}{\mathrm{d}y}$$

这样,微分方程(7.28)就成为

$$p\frac{\mathrm{d}p}{\mathrm{d}y} = f(y,p)$$

这是一个关于变量 y,p 的一阶微分方程. 设它的通解为

$$y' = p = \phi(y,c_1)$$

分离变量并积分便得微分方程(7.28)的通解为

$$\int \frac{\mathrm{d}y}{\phi(y,c_1)} = x + c_2$$

例5 求微分方程

$$yy'' - y'^2 = 0 \tag{7.29}$$

的通解.

解 微分方程(7.29)不显含自变量 x. 令

$$y' = p$$

则 $y'' = p\dfrac{\mathrm{d}p}{\mathrm{d}y}$,代入微分方程(7.29)得

$$yp\frac{\mathrm{d}p}{\mathrm{d}y} - p^2 = 0$$

当 $y \neq 0,p \neq 0$ 时,约去 p 并分离变量,得

$$\frac{\mathrm{d}p}{p} = \frac{\mathrm{d}y}{y}$$

两端积分得

$$\ln|p| = \ln|y| + c$$

即

$$p = c_1 y$$

亦即

$$y' = c_1 y$$

再分离变量并两端积分,得

$$\ln|y| = c_1 x + \ln|c_2|$$

故微分方程(7.29)的通解为

$$y = c_2 e^{c_1 x}$$

另外,显然 y 为任意常数(包括零)也是微分方程(7.29)的解,也包含在以上通解中.

习题 7.4

求下列各微分方程的通解:

(1) $y'' = x + \cos x + 1$;

(2) $y^{(3)} = x e^x + 2$;

(3) $y'' = 2y' + 3x$;

(4) $y'' + (y')^2 + 1 = 0$;

$(5) yy'' - 2(y')^2 = 0$；

$(6) 1 + y'^2 = 2yy''$；

$(7) yy'' - 2(y'^2 - y') = 0$；

$(8) 2y'' = (y')^3 + 2y'$.

7.5 线性微分方程解的性质与结构

本节讨论二阶及二阶以上的线性微分方程,即高阶线性微分方程解的基本理论. 仅以二阶线性微分方程为例.

7.5.1 引言

讨论下面形式的二阶线性微分方程的解的性质与结构,即

$$y'' + P(x)y' + Q(x)y = f(x) \tag{7.30}$$

其中,微分方程右端的 $f(x)$ 称为自由项.

当 $f(x) \equiv 0$ 时,微分方程(7.30)成为

$$y'' + P(x)y' + Q(x)y = 0 \tag{7.31}$$

称为二阶齐次线性微分方程;当 $f(x) \neq 0$ 时,方程(7.30)称为二阶非齐次线性微分方程.

当系数 $P(x), Q(x)$ 分别为常数 p, q 时,则称微分方程

$$y'' + py' + qy = 0 \tag{7.32}$$

为二阶常系数齐次线性微分方程;当 $f(x) \neq 0$ 时,称微分方程

$$y'' + py' + qy = f(x) \tag{7.33}$$

为二阶常系数非齐次线性微分方程.

7.5.2 二阶线性微分方程解的性质与结构

定理 7.1 设 $y_1(x), y_2(x)$ 是二阶齐次线性微分方程(7.31)的两个解,则 $y(x) = c_1 y_1(x) + c_2 y_2(x)$ 也是微分方程(7.31)的解,其中, c_1, c_2 是任意常数.

证 因 $y_1(x), y_2(x)$ 都是微分方程(7.31)的解,故

$$y_1''(x) + P(x)y_1'(x) + Q(x)y_1(x) = 0$$
$$y_2''(x) + P(x)y_2'(x) + Q(x)y_2(x) = 0$$

将 $y(x) = c_1 y_1(x) + c_2 y_2(x)$ 代入微分方程(7.31),得

$$[c_1 y_1(x) + c_2 y_2(x)]'' + P(x)[c_1 y_1(x) + c_2 y_2(x)]' + Q(x)[c_1 y_1(x) + c_2 y_2(x)]$$
$$= c_1 [y_1''(x) + P(x)y_1'(x) + Q(x)y_1(x)] + c_2 [y_2''(x) + P(x)y_2'(x) + Q(x)y_2(x)]$$
$$= 0$$

即 $y(x) = c_1 y_1(x) + c_2 y_2(x)$ 满足微分方程(7.31),故它是微分方程(7.31)的解.

注 定理 7.1 表明,二阶齐次线性微分方程任何两个解 $y_1(x), y_2(x)$ 的线性组合: $c_1 y_1(x) + c_2 y_2(x)$(c_1, c_2 是任意常数)仍是该方程的解,这种性质也称**解具有可叠加性**,或称**解的叠加原理**.

从表面上看, $y(x) = c_1 y_1(x) + c_2 y_2(x)$ 含有两个任意常数,那么要问: $y(x) = c_1 y_1(x) +$

$c_2 y_2(x)$ 一定是微分方程(7.31)的通解吗？答案是否定的. 例如,若 $y_1(x)$ 是微分方程(7.31)的解,则 $y_2(x) = k y_1(x)$（k 为常数）也是微分方程(7.31)的解,这样的两个解 $y_1(x)$ 与 $y_2(x)$ 所构成的线性组合式为

$$
\begin{aligned}
y(x) &= c_1 y_1(x) + c_2 y_2(x) \\
&= c_1 y_1(x) + c_2 k y_1(x) \\
&= (c_1 + k c_2) y_1(x) \\
&= c y_1(x)
\end{aligned}
$$

虽然 $y(x)$ 仍是方程(7.31)的解,但实质上只含有一个任意常数. 因此,它不是微分方程(7.31)的通解.

容易看出,当两个特解 $y_1(x)$ 与 $y_2(x)$ 不成比例,即仅当 $\dfrac{y_2(x)}{y_1(x)} \neq k$（常数）时,解 $y = c_1 y_1(x) + c_2 y_2(x)$ 中的两个任意常数 c_1 与 c_2 才是独立的任意常数,从而它才是微分方程(7.31)的通解.

为表述简便又便于判别,下面引进两个函数线性相关和线性无关的概念.

定义 7.1　设 $y_1(x)$ 与 $y_2(x)$ 是定义在某区间内的两个函数,如果存在常数 $k \neq 0$,使得对于该区间内的一切 x,有

$$
\frac{y_2(x)}{y_1(x)} = k
$$

成立,则称函数 $y_1(x)$ 与 $y_2(x)$ 在该区间内线性相关;否则,线性无关.

例如,在 $(-\infty, +\infty)$ 上,对于两个函数 $y_1(x) = e^x$ 与 $y_2(x) = 2e^x$,因 $\dfrac{y_2(x)}{y_1(x)} = \dfrac{2e^x}{e^x} = 2$（常数）,故 e^x 与 $2e^x$ 是线性相关的;而在 $\left(0, \dfrac{\pi}{2}\right)$ 内,对于 $y_1(x) = \cos x$ 及 $y_2(x) = \sin x$,因 $\dfrac{y_2(x)}{y_1(x)} = \tan x \neq$ 常数,故 $\cos x$ 与 $\sin x$ 是线性无关的.

同理,设 $y_1(x), y_2(x), \cdots, y_n(x)$ 为定义在区间 I 上的一组函数,若存在不全为零的常数 $k_1, k_2, \cdots, k_n$,使得对任意 $x \in I$,有

$$
k_1 y_1(x) + k_2 y_2(x) + \cdots + k_n y_n(x) = 0
$$

恒成立,则称函数 $y_1(x), y_2(x), \cdots, y_n(x)$ 在 I 上线性相关;否则,线性无关.

综上讨论可得,二阶线性微分方程(7.31)的通解结构有下面的定理.

定理 7.2　如果函数 $y_1(x)$ 与 $y_2(x)$ 是二阶线性微分方程(7.31)的两个线性无关的解,则 $y(x) = c_1 y_1(x) + c_2 y_2(x)$ 就是微分方程(7.31)的通解. 其中,c_1, c_2 是两个任意常数.

证明略.

性质 7.1　如果函数 $y_1(x)$ 与 $y_2(x)$ 是二阶非齐次线性微分方程(7.30)的两个线性无关的解,则 $y(x) = y_1(x) - y_2(x)$ 是微分方程(7.31)的解.

性质 7.2　如果函数 $y_1(x)$ 与 $y_2(x)$ 分别是二阶非齐次线性微分方程(7.30)与二阶齐次线性微分方程(7.31)的解,则 $y(x) = y_1(x) + y_2(x)$ 是二阶非齐次线性微分方程(7.30)的解.

性质 7.3　若在微分方程(7.30)中 $f(x) = f_1(x) + f_2(x)$,且 $y_1(x), y_2(x)$ 分别为下面的

非齐次线性微分方程的解, 即

$$y'' + P(x)y' + Q(x)y = f_1(x)$$
$$y'' + P(x)y' + Q(x)y = f_2(x)$$

则 $y(x) = y_1(x) + y_2(x)$ 为微分方程 (7.30) 的解.

定理 7.3　如果函数 $Y(x)$ 是二阶齐次线性微分方程 (7.31) 的通解, $y^*(x)$ 是二阶非齐次线性微分方程 (7.30) 的一个特解, 则 $y(x) = Y(x) + y^*(x)$ 是二阶非齐次线性微分方程 (7.30) 的通解.

证明略.

注　①二阶常系数线性方程 (7.32) 与方程 (7.33) 同样具有上述相应的解的性质与结构, 这里不再一一叙述.

②以上解的性质与结构对更高阶线性微分方程依然成立.

例 1　已知 $y_1 = xe^x + e^{2x}, y_2 = xe^x - e^{-x}, y_3 = xe^x + e^{2x} - e^{-x}$ 是某二阶非齐次线性微分方程的三个特解, 求对应的齐次线性微分方程的通解.

解　注意到问题是求其对应的齐次线性微分方程的通解, 由性质 7.1 可知

$$z_1 = y_3 - y_2 = e^{2x}$$
$$z_2 = y_1 - y_3 = e^{-x}$$

是对应齐次线性微分方程的两个特解, 且 $\dfrac{z_1}{z_2} = e^{3x} \neq 0$, 故所给方程对应的齐次线性微分方程的通解为

$$y = c_1 e^{2x} + c_2 e^{-x}$$

习题 7.5

1. 判断下列函数组是线性相关还是线性无关:

(1) $\sin x, \sin 2x$;　　　　　　　　　　(2) $e^x \cos x, e^x \sin^2 x$;

(3) x, x^2, x^3;　　　　　　　　　　　(4) $1, \cos^2 x, \sin^2 x$.

2. 验证 $y_1(x) = e^{2x}, y_2(x) = e^{4x}$ 都是微分方程 $y'' - 6y' + 8y = 0$ 的解, 并写出该微分方程的通解.

3. 验证 $y_1(x) = \cos 3x, y_2(x) = \sin 3x$ 都是微分方程 $y'' + 9y = 0$ 的解, 且 $y^* = \dfrac{1}{32}(4x \cos x + \sin x)$ 是微分方程 $y'' + 9y = x \cos x$ 的解, 并写出微分方程 $y'' + 9y = x \cos x$ 的通解.

7.6　常系数线性微分方程

关于线性微分方程的通解问题, 从理论上可认为在 7.5 节中已经解决了, 但是求通解的方法还没有具体给出. 事实上, 一般的线性微分方程是没有普遍的解法的. 本节介绍求解问题能够彻底解决的一类方程, 即常系数线性微分方程.

7.6.1　高阶常系数齐次线性微分方程的解法

本部分先讨论二阶常系数齐次线性微分方程(7.32)
$$y'' + py' + qy = 0 \quad (p, q \text{ 为常数})$$
的通解问题.

由定理 7.2 可知,若能求得微分方程(7.32)的两个线性无关的特解 $y_1(x)$ 与 $y_2(x)$,则 $y(x) = c_1 y_1(x) + c_2 y_2(x)$ 就是它的通解.

对一阶常系数齐次线性微分方程 $y' + p_1 y = 0$ 来说,可用分离变量法求得它的通解 $y = ce^{-p_1 x}$,从而得到它的一个特解 $y = e^{-p_1 x}$. 因此,自然想知道,二阶常系数齐次线性微分方程(7.32)是否也有指数函数形式的特解呢? 为此,用指数函数 $y = e^{rx}$ 来尝试,看是否能够找到适当的常数 r,使得 $y = e^{rx}$ 满足微分方程(7.32).

将 $y = e^{rx}, y' = re^{rx}$ 及 $y'' = r^2 e^{rx}$ 代入微分方程(7.32),得
$$(r^2 + pr + q)e^{rx} = 0$$

因为 $e^{rx} \neq 0$,所以
$$r^2 + pr + q = 0 \tag{7.34}$$
因此,函数 $y = e^{rx}$ 是微分方程(7.32)解的充要条件为 r 是二次代数方程(7.34)的根. 代数方程(7.34)称为微分方程(7.32)的特征方程.

由代数理论可知,特征方程(7.34)有两个根,分别记为 r_1 和 r_2. 下面分 3 种不同的情形讨论:

(1) r_1, r_2 为两个不同的实根

这时,$y_1 = e^{r_1 x}$ 和 $y_2 = e^{r_2 x}$ 是微分方程(7.32)的两个解,并且 $\dfrac{y_2}{y_1} = \dfrac{e^{r_2 x}}{e^{r_1 x}} = e^{(r_2 - r_1)x}$ 不是常数,故它们是线性无关的. 因此,微分方程(7.32)的通解为
$$y = c_1 e^{r_1 x} + c_2 e^{r_2 x}$$

(2) $r_1 = r_2 = r$ 为两个相同的实根

这时,只得到微分方程(7.32)的一个特解为
$$y_1 = e^{rx}$$

为了得到微分方程(7.32)的通解,还需找出与 y_1 线性无关的另一个特解 y_2,且要求 $\dfrac{y_2}{y_1}$ 不是常数. 为此,设
$$y_2 = u(x)e^{rx}$$
其中,$u(x)$ 是一个待定的函数,则
$$y_2' = [u'(x) + ru(x)]e^{rx}$$
$$y_2'' = [u''(x) + 2ru'(x) + r^2 u(x)]e^{rx}$$

将 y_2, y_2' 和 y_2'' 代入微分方程(7.32),得
$$[u''(x) + 2ru'(x) + r^2 u(x)]e^{rx} + p[u'(x) + ru(x)]e^{rx} + qu(x)e^{rx} = 0$$

即

$$u''(x) + (2r + p)u'(x) + (r^2 + pr + q)u(x) = 0$$

因 r 是特征方程(7.34)的重根,可得 $r^2 + pr + q = 0, 2r + p = 0$. 故

$$u''(x) = 0$$

因此,只要找一个满足这个条件而且既简单又不是常数的函数即可. 例如,可取 $u(x) = x$. 由此可得微分方程(7.32)的另一个特解为

$$y_2 = xe^{rx}$$

它与 $y_1 = e^{rx}$ 线性无关. 于是,微分方程(7.32)的通解为

$$y = c_1 e^{rx} + c_2 x e^{rx}$$

即

$$y = (c_1 + c_2 x) e^{rx}$$

(3) $r_{1,2} = \alpha \pm \beta i (i^2 = -1)$ 为一对共轭复根($\beta \neq 0$)

这时,得到微分方程(7.32)的两个复值函数形式的解为

$$y_1 = e^{(\alpha + i\beta)x} = e^{\alpha x}(\cos \beta x + i \sin \beta x)$$

$$y_2 = e^{(\alpha - i\beta)x} = e^{\alpha x}(\cos \beta x - i \sin \beta x)$$

由线性微分方程解的叠加原理(定理7.1)可知

$$\overline{y_1} = \frac{1}{2}(y_1 + y_2) = e^{\alpha x} \cos \beta x \text{ 和} \overline{y_2} = \frac{1}{2i}(y_1 - y_2) = e^{\alpha x} \sin \beta x$$

也是微分方程(7.32)的解. 同时,由 $\dfrac{e^{\alpha x} \cos \beta x}{e^{\alpha x} \sin \beta x} = \dfrac{\cos \beta x}{\sin \beta x}$ 不是常数可知,它们是线性无关的. 因此,微分方程(7.32)的通解为

$$y = c_1 e^{\alpha x} \cos \beta x + c_2 e^{\alpha x} \sin \beta x$$

即

$$y = e^{\alpha x}(c_1 \cos \beta x + c_2 \sin \beta x)$$

例 1　求微分方程 $y'' - 3y' + 2y = 0$ 的通解.

解　所给微分方程的特征方程为

$$r^2 - 3r + 2 = 0$$

它的根是 $r_1 = 1, r_2 = 2$,故所求微分方程的通解为

$$y = c_1 e^x + c_2 e^{2x}$$

例 2　求微分方程 $y'' - 4y' + 4y = 0$ 的通解.

解　所给微分方程的特征方程为

$$r^2 - 4r + 4 = 0$$

它的根是 $r_1 = r_2 = 2$. 于是,所求微分方程的通解为

$$y = e^{2x}(c_1 + c_2 x)$$

例 3　求微分方程 $y'' + 4y = 0$ 的通解.

解　所给微分方程的特征方程为

$$r^2 + 4 = 0$$

它的根是 $r_{1,2} = \pm 2i$. 于是,所求微分方程的通解为

$$y = c_1\cos 2x + c_2\sin 2x$$

下面介绍 n 阶常系数齐次线性微分方程

$$y^{(n)} + p_1 y^{(n-1)} + p_2 y^{(n-2)} + \cdots + p_n y = 0 \tag{7.35}$$

的一般解法，其中，$p_1,p_2,\cdots,p_n$ 都是常数.

像二阶常系数齐次线性微分方程一样，$y = e^{rx}$ 为方程(7.35)的解的充要条件是 r 为下面代数方程的根，即

$$r^n + p_1 r^{n-1} + \cdots + p_{n-1} r + p_n = 0 \tag{7.36}$$

称代数方程(7.36)为齐次线性微分方程(7.35)的特征方程，它的根称为特征根. 类似于前面的讨论，根据特征方程的根的不同情形，可按表 7.1 的方式直接写出其对应的微分方程的解.

表7.1

特征方程的根的情形	相应的微分方程的解的情况
为单实根 r	得到一个实解 e^{rx}
有 k 重实根 r	得到 k 个线性无关的解 $e^{rx},xe^{rx},\cdots,x^{k-1}e^{rx}$
有一对单复根 $r_{1,2} = \alpha + i\beta$	得到两个解 $e^{\alpha x}\cos\beta x,e^{\alpha x}\sin\beta x$
有一对 k 重共轭复根 $\alpha \pm i\beta$	得到 $2k$ 个线性无关的解：$e^{\alpha x}\cos\beta x,xe^{\alpha x}\cos\beta x,\cdots,x^{k-1}e^{\alpha x}\cos\beta x$ $e^{\alpha x}\sin\beta x,xe^{\alpha x}\sin\beta x,\cdots,x^{k-1}e^{\alpha x}\sin\beta x$

注 根据代数学基本定理，在复数域内，n 次代数方程有 n 个根（重根按重数计算），而特征方程的每一个根都对应微分方程的一个解 $y_i (i = 1,2,\cdots,n)$，且这些解是线性无关的. 这样，就得到 n 阶常系数齐次线性微分方程的通解为

$$y = c_1 y_1 + c_2 y_2 + \cdots + c_n y_n$$

例 4 求方程 $y^{(4)} - y = 0$ 的通解.

解 微分方程的特征方程为 $r^4 - 1 = 0$，可求出特征根为 $r_1 = 1,r_2 = -1,r_{3,4} = \pm i$. 故所给微分方程的通解为

$$y = c_1 e^x + c_2 e^{-x} + c_3\cos x + c_4\sin x$$

例 5 求微分方程 $\dfrac{d^3 y}{dx^3} + y = 0$ 的通解.

解 微分方程对应的特征方程为 $r^3 + 1 = 0$. 可求出特征根为 $r_1 = -1,r_{2,3} = \dfrac{1}{2} \pm \dfrac{\sqrt{3}}{2}i$. 故所给微分方程的通解为

$$y = c_1 e^{-x} + e^{\frac{1}{2}x}\left(c_2\cos\frac{\sqrt{3}}{2}x + c_3\sin\frac{\sqrt{3}}{2}x\right)$$

例 6 求一个四阶常系数齐次线性微分方程，使它的四个线性无关的特解为

$$y_1 = e^x,y_2 = xe^x,y_3 = \cos x,y_4 = \sin x$$

解 由题意可知，此微分方程的特征根为 $r_1 = r_2 = 1,r_{3,4} = \pm i$. 故对应的特征方程为

$$(r - 1)^2(r^2 + 1) = 0$$

即

$$r^4 - 2r^3 + 2r^2 - 2r + 1 = 0$$

因此,所求微分方程为

$$y^{(4)} - 2y''' + 2y'' - 2y' + y = 0$$

7.6.2　二阶常系数非齐次线性微分方程的解法

根据线性微分方程的解的叠加原理可知,要求二阶常系数非齐次线性微分方程(7.33)的通解,只要求出它的一个特解和其对应的齐次方程(7.32)的通解,两个解相加就得到了微分方程(7.33)的通解. 上面小节已解决了求齐次方程(7.32)的通解的方法. 因此,本小节要解决的问题是如何求得微分方程(7.33)的一个特解 y^*.

微分方程(7.33)的特解形式与右端自由项 $f(x)$ 有关,如果要对 $f(x)$ 的一般情形来求微分方程(7.33)的特解,则是非常困难的. 这里只就 $f(x)$ 的下面两种常见的情形进行讨论,采用的方法是待定系数法.

① $f(x) = P_m(x)\mathrm{e}^{\lambda x}$,其中,$\lambda$ 是常数,$P_m(x)$ 是 x 的一个 m 次多项式,即

$$P_m(x) = a_0 x^m + a_1 x^{m-1} + \cdots + a_{m-1} x + a_m$$

② $f(x) = \mathrm{e}^{\lambda x}[P_s(x)\cos \omega x + P_n(x)\sin \omega x]$. 其中,$\lambda,\omega$ 是常数,$P_s(x),P_n(x)$ 分别是 x 的 s,n 次多项式.

情形①　$f(x) = P_m(x)\mathrm{e}^{\lambda x}$ 型.

因为多项式 $P_m(x)$ 与指数函数 $\mathrm{e}^{\lambda x}$ 积的导数等于多项式与指数函数 $\mathrm{e}^{\lambda x}$ 的乘积,所以此时可设 $y^* = R(x)\mathrm{e}^{\lambda x}$ 为微分方程(7.33)的一个特解. 其中,$R(x)$ 为某个多项式,从而

$$\begin{aligned} y^{*}{}' &= R'(x)\mathrm{e}^{\lambda x} + \lambda R(x)\mathrm{e}^{\lambda x} \\ &= \mathrm{e}^{\lambda x}[R'(x) + \lambda R(x)] \\ y^{*}{}'' &= \mathrm{e}^{\lambda x}[\lambda^2 R(x) + 2\lambda R'(x) + R''(x)] \end{aligned}$$

将 $y^*, y^*{}', y^*{}''$ 代入微分方程(7.33)后消去 $\mathrm{e}^{\lambda x}$,得

$$R''(x) + (2\lambda + p)R'(x) + (\lambda^2 + p\lambda + q)R(x) = P_m(x) \tag{7.37}$$

下面分 3 种情况确定 $R(x)$ 的次数及待定形式,然后用待定系数法即可求得微分方程(7.33)的一个特解.

①如果 λ 不是特征方程 $r^2 + pr + q = 0$ 的根,即 $\lambda^2 + p\lambda + q \neq 0$,则由式(7.37)知,可设 $R(x)$ 是与 $P_m(x)$ 同次数的多项式,即

$$R_m(x) = b_0 x^m + b_1 x^{m-1} + \cdots + b_{m-1} x + b_m$$

将上式代入式(7.37),比较等式两边 x 同次幂的系数,就可得到以 $b_0,b_1,\cdots,b_m$ 作为未知数的 $m+1$ 个方程组成的方程组,解此方程组,即得微分方程(7.33)的一个特解.

②如果 λ 是特征方程 $r^2 + pr + q = 0$ 的单根,即 $\lambda^2 + p\lambda + q = 0, 2\lambda + p \neq 0$,则由式(7.37)知,可设 $R'(x)$ 是与 $P_m(x)$ 同次数的多项式,故可令

$$R(x) = x R_m(x) = x(b_0 x^m + b_1 x^{m-1} + \cdots + b_{m-1} x + b_m)$$

再类似前述,可求得待定系数,并得到微分方程(7.33)的一个特解.

③如果 λ 是特征方程 $r^2 + pr + q = 0$ 的重根，则 $\lambda^2 + p\lambda + q = 0, 2\lambda + p = 0$. 从而由式 (7.37)可知，可设 $R''(x)$ 是与 $P_m(x)$ 同次数的多项式，故可令

$$R(x) = x^2 R_m(x) = x^2(b_0 x^m + b_1 x^{m-1} + \cdots + b_{m-1} x + b_m)$$

再类似前述，可求得待定系数，并得到微分方程(7.33)的一个特解.

总之，当 $f(x) = P_m(x)\mathrm{e}^{\lambda x}$ 时，二阶常系数非齐次线性微分方程(7.33)具有形如

$$y^* = x^k R_m(x)\mathrm{e}^{\lambda x}$$

的特解. 其中，$R_m(x)$ 是与 $P_m(x)$ 同次的多项式，而 k 按 λ 不是特征方程的根，是特征方程的单根，或是特征方程的重根依次取 0，1，2.

注 上述结论可推广到 n 阶常系数非齐次线性微分方程，但要注意 k 是特征方程的根 λ 的重数(即若 λ 不是特征方程的根，k 取 0；若 λ 是特征方程的 s 重根，k 取 s).

例 7 给出下列方程的一个特解形式：

(1) $y'' + 5y' + 6y = \mathrm{e}^{3x}$；

(2) $y'' + 3y' + 2y = 3x\mathrm{e}^{-2x}$；

(3) $y'' + 2y' + y = (3x^2 + 1)\mathrm{e}^{-x}$.

解 (1) $f(x) = \mathrm{e}^{3x}$ 为 $f(x) = P_m(x)\mathrm{e}^{\lambda x}$ 型. 其中，$\lambda = 3, P_m(x) = 1$. 由于 3 不是特征方程的根，因此，应设特解为 $y^* = b\mathrm{e}^{3x}$.

(2) $f(x) = 3x\mathrm{e}^{-2x}$ 为 $f(x) = P_m(x)\mathrm{e}^{\lambda x}$ 型. 其中，$\lambda = -2, P_m(x) = 3x$. 由于 $\lambda = -2$ 是特征方程的单根，因此，应设特解为 $y^* = x(b_0 x + b_1)\mathrm{e}^{-2x}$.

(3) $f(x) = (3x^2 + 1)\mathrm{e}^{-x}$ 为 $f(x) = P_m(x)\mathrm{e}^{\lambda x}$ 型. 其中，$\lambda = -1, P_m(x) = 3x^2 + 1$. 由于 $\lambda = -1$ 是特征方程的重根，因此，应设特解为 $y^* = x^2(b_0 x^2 + b_1 x + b_2)\mathrm{e}^{-x}$.

例 8 求微分方程 $y'' - 8y' + 7y = 3x^2 + 7x + 8$ 的一个特解.

解 所给微分方程对应的齐次方程的特征方程为 $r^2 - 8r + 7 = 0$. 由于 $f(x) = 3x^2 + 7x + 8$ 为 $f(x) = P_m(x)\mathrm{e}^{\lambda x}$ 型. 其中，$\lambda = 0, P_m(x) = 3x^2 + 7x + 8$. 而 $\lambda = 0$ 不是特征方程的根，因此，应设特解为 $y^* = b_0 x^2 + b_1 x + b_2$. 将其代入所给微分方程解得 $b_0 = \dfrac{3}{7}, b_1 = \dfrac{97}{49}, b_2 = \dfrac{1\,126}{343}$.

于是，求得微分方程的一个特解为

$$y^* = \frac{3}{7}x^2 + \frac{97}{49}x + \frac{1\,126}{343}$$

例 9 求微分方程 $y'' + 2y' - 3y = \mathrm{e}^x$ 的通解.

解 所给微分方程对应的齐次方程的特征方程为 $r^2 + 2r - 3 = 0$ 的根为 $r_1 = 1, r_2 = -3$. 因为 $\lambda = 1$ 是特征方程 $r^2 + 2r - 3 = 0$ 的单根，所以设特解为 $y^* = bx\mathrm{e}^x$.

代入原方程后，解得 $b = \dfrac{1}{4}$，故微分方程的一个特解为

$$y^* = \frac{1}{4}x\mathrm{e}^x$$

故所求的通解为

$$y = c_1 \mathrm{e}^x + c_2 \mathrm{e}^{-3x} + \frac{1}{4}x\mathrm{e}^x$$

情形② $f(x) = e^{\lambda x}[P_s(x)\cos \omega x + P_n(x)\sin \omega x]$ 型.

利用欧拉公式把三角函数表示为复指数函数,有

$$
\begin{aligned}
f(x) &= e^{\lambda x}[P_s(x)\cos \omega x + P_n(x)\sin \omega x] \\
&= e^{\lambda x}\left[P_s(x)\frac{e^{i\omega x} + e^{-i\omega x}}{2} + P_n(x)\frac{e^{i\omega x} - e^{-i\omega x}}{2i}\right] \\
&= \left(\frac{P_s(x)}{2} + \frac{P_n(x)}{2i}\right)e^{(\lambda + i\omega)x} + \left(\frac{P_s(x)}{2} - \frac{P_n(x)}{2i}\right)e^{(\lambda - i\omega)x} \\
&= P(x)e^{(\lambda + i\omega)x} + \overline{P}(x)e^{(\lambda - i\omega)x}
\end{aligned}
$$

其中,$P(x) = \dfrac{P_s(x)}{2} - \dfrac{P_n(x)}{2}i$,$\overline{P}(x) = \dfrac{P_s(x)}{2} + \dfrac{P_n(x)}{2}i$ 互为共轭多项式(即它们对应项的系数是共轭复数),其次数为 $l = \max\{s, n\}$.

应用讨论情形 1 的方法,对于 $f(x)$ 中的第一项 $P(x)e^{(\lambda + i\omega)x}$,可求得一个 l 次多项式 $Q_l(x)$,使得 $y_1^* = x^k Q_l(x)e^{(\lambda + i\omega)x}$ 为微分方程 $y'' + py' + q = P(x)e^{(\lambda + i\omega)x}$ 的一个特解. 其中,k 按 $\lambda + i\omega$ 不是特征方程的根或是特征方程的单根依次取 0 或 1. 由于 $f(x)$ 的第二项 $\overline{P}(x)e^{(\lambda - i\omega)x}$ 与第一项 $P(x)e^{(\lambda + i\omega)x}$ 共轭,因此,与 y_1^* 共轭的函数 $y_2^* = x^k \overline{Q_l}(x)e^{(\lambda - i\omega)x}$ 必然是微分方程 $y'' + py' + q = \overline{P}(x)e^{(\lambda - i\omega)x}$ 的特解. 这里 $\overline{Q_l}(x)$ 是与 $Q_l(x)$ 共轭的 l 次多项式. 由性质 7.3,微分方程(7.33)具有形如

$$
y^* = x^k Q_l(x)e^{(\lambda + i\omega)x} + x^k \overline{Q_l}(x)e^{(\lambda - i\omega)x}
$$

的特解,而上式可写为

$$
\begin{aligned}
y^* &= x^k e^{\lambda x}[Q_l(x)e^{i\omega x} + \overline{Q_l}(x)e^{-i\omega x}] \\
&= x^k e^{\lambda x}[Q_l(x)(\cos \omega x + i\sin \omega x) + \overline{Q_l}(x)(\cos \omega x - i\sin \omega x)]
\end{aligned}
$$

因为括号内的两项是共轭的,其和为一个实函数,故方程的特解可设为

$$
y^* = x^k e^{\lambda x}[R_l^{(1)}(x)\cos \omega x + R_l^{(2)}(x)\sin \omega x]
$$

总之,对 $f(x) = e^{\lambda x}[P_s(x)\cos \omega x + P_n(x)\sin \omega x]$,二阶常系数非齐次线性微分方程(7.33)的特解可设为

$$
y^* = x^k e^{\lambda x}[R_l^{(1)}(x)\cos \omega x + R_l^{(2)}(x)\sin \omega x]
$$

其中,$l = \max\{s, n\}$,$R_l^{(1)}(x)$,$R_l^{(2)}(x)$ 是有 l 次待定系数的多项式,k 按 $\lambda + i\omega$ 不是特征方程的根或是特征方程的单根依次取 0 或 1.

注 上述结论可推广到 n 阶常系数非齐次线性微分方程,但要注意 k 是特征方程的根 $\lambda + i\omega$ 的重复次数.

例 10 求方程 $y'' + y = \sin x$ 的通解.

解 $f(x) = \sin x$ 为 $e^{\lambda x}(A\cos \omega x + B\sin \omega x)$ 型的函数,且 $\lambda = 0$,$\omega = 1$,$\lambda + \omega i = i$ 是特征方程 $r^2 + 1 = 0$ 的根,所以取 $k = 1$. 设特解为

$$
y^* = x(C\cos x + D\sin x)
$$

对上式分别求一阶与二阶导数,有

$$
\begin{aligned}
y^{*\prime} &= C\cos x + D\sin x + x(D\cos x - C\sin x) \\
y^{*\prime\prime} &= 2D\cos x - 2C\sin x - x(C\cos x + D\sin x)
\end{aligned}
$$

231

代入原方程,得

$$2D\cos x - 2C\sin x = \sin x$$

比较两端 $\sin x$ 与 $\cos x$ 的系数,得

$$C = -\frac{1}{2}, D = 0$$

故原方程的特解为

$$y^* = -\frac{1}{2}x\cos x$$

而对应齐次方程 $y'' + y = 0$ 的通解为

$$Y = c_1\cos x + c_2\sin x$$

于是,原方程的通解为

$$y = Y + y^* = c_1\cos x + c_2\sin x - \frac{1}{2}x\cos x$$

例 11　求微分方程 $y'' + 4y = 3x + 2 + \sin x$ 的通解.

解　$f(x) = 3x + 2 + \sin x$ 可看成 $f_1(x) = 3x + 2$ 与 $f_2(x) = \sin x$ 之和,所以分别考察方程 $y'' + 4y = 3x + 2$ 与方程 $y'' + 4y = \sin x$ 的特解.

容易求得方程 $y'' + 4y = 3x + 2$ 的一个特解为 $y_1^* = \frac{3}{4}x + \frac{1}{2}$. 按例 10 的方法可求得微分方程 $y'' + 4y = \sin x$ 的一个特解为 $y_2^* = \frac{1}{3}\sin x$. 于是,由定理 7.4 可知,原方程的一个特解为

$$y^* = y_1^* + y_2^* = \frac{3}{4}x + \frac{1}{2} + \frac{1}{3}\sin x$$

又因原方程所对应的齐次方程 $y'' + 4y = 0$ 的通解为

$$Y = c_1\cos 2x + c_2\sin 2x$$

故原方程的通解为

$$y = Y + y^* = c_1\cos 2x + c_2\sin 2x + \frac{3}{4}x + \frac{1}{2} + \frac{1}{3}\sin x$$

习题 7.6

1. 求下列微分方程的通解:

(1) $y'' + 9y' + 20y = 0$;

(2) $y'' - 2y' + y = 0$;

(3) $y'' + y' + 2y = 0$;

(4) $4y'' - 20y' + 25y = 0$;

(5) $y'' - 4y' + 6y = 0$;

(6) $y''' - y'' - y' + y = 0$;

(7) $y^{(4)} - 9y = 0$;

(8) $y^{(6)} - 2y^{(4)} - y'' + 2y = 0$.

2. 求下列微分方程满足所给初值条件的特解:

(1) $y'' - 3y' + 2y = 0$, $y\big|_{x=0} = 2$, $y'\big|_{x=0} = -3$;

(2) $y'' + 4y' + 4y = 0$, $y\big|_{x=2} = 4$, $y'\big|_{x=2} = 0$;

(3) $y'' + y' = 0$, $y\big|_{x=0} = 2$, $y'\big|_{x=0} = 5$;

(4) $y'' + \omega^2 y = 0$, $y\big|_{x=0} = a$, $y'\big|_{x=0} = v_0$.

3. 求一个四阶的常系数齐次线性微分方程,使之有 4 个特解为

$$y_1 = e^x, \quad y_2 = xe^x, \quad y_3 = \cos 2x, \quad y_4 = 2\sin 2x$$

并求此微分方程的通解.

4. 求下列各微分方程的通解:

(1) $y'' + 4y = 8$;

(2) $y'' - 9y = x + 1$;

(3) $2y'' + 5y' + 2y = e^{2x}$;

(4) $y'' - y' - 2y = 3xe^{-x}$;

(5) $y'' + y = \sin ax, a > 0$;

(6) $y'' - 2y' + 2y = 4e^x \cos x$;

(7) $y'' - 4y' + 4y = e^x + e^{2x} + \sin x$;

(8) $y'' + 3y' = 2\sin x + \cos x$.

5. 求下列各微分方程满足已给初值条件的特解:

(1) $y'' + y = a$, $y\big|_{x=0} = y'\big|_{x=0} = 0$;

(2) $y'' + 3y' + 2y = 5x$, $y\big|_{x=0} = 0$, $y'\big|_{x=0} = 1$;

(3) $y'' - 4y' = e^{2x}$, $y\big|_{x=0} = 1$, $y'\big|_{x=0} = 2$;

(4) $y'' + y = 4\cos x$, $y\big|_{x=0} = y'\big|_{x=0} = -2$.

6. 火车沿水平的道路运动,火车的质量为 M,机车的牵引力为 F,运动时的阻力 $W = a + bV$. 其中,a,b 是常数,V 是火车的速度,S 是走过的路程. 试确定火车的运动轨迹. 假设 $t = 0$ 时,$S = 0$,$V = 0$.

7. 一子弹以速度 $v_0 = 200$ m/s 打进一厚度为 10 cm 的板,穿透后以速度 $v_1 = 80$ m/s 离开板. 设板对子弹运动的阻力与运动速度的平方成正比. 求子弹穿过板所用的时间.

8. 设函数 $f(x)$ 连续,且满足

$$f(x) = \sin x - \int_0^x (x - t)f(t)\,dt$$

求 $f(x)$.

*9. 思考题:本章第一节例 2 表明 *R-L-C* 的数学模型为二阶常系数线性微分方程,请读者思考本节中涉及的二阶常系数线性微分方程可选择合适的电阻 R,电感 L,电容 C 达成电路,通过示波器显示其解吗?

7.7 欧拉方程

变系数的线性微分方程,一般说来都不容易求解. 但是有些特殊的变系数线性微分方程,则可以通过变量代换化为常系数线性微分方程求解,欧拉(Euler)方程就是其中的一种. 欧拉方程是无黏性流体动力学中最重要的基本方程,是指对无黏性流体微团应用牛顿第二定律得到的运动微分方程. 1755 年,瑞士数学家欧拉在《流体运动的一般原理》一书中首先提出这个方程. 欧拉方程应用十分广泛. 本节将介绍欧拉方程的解法——变量代换法.

7.7.1 欧拉方程

形如

$$x^n y^{(n)} + p_1 x^{n-1} y^{(n-1)} + \cdots + p_{n-1} x y' + p_n y = f(x) \tag{7.38}$$

的微分方程(其中 $p_1, p_2, \cdots, p_n$ 为常数)称为欧拉方程.

注 ①欧拉方程是一类特殊的变系数线性微分方程,其各项未知函数导数的阶数与乘积因子自变量的方次数相同.

② 欧拉方程具有类似 7.6 节提到的解法,即可用幂函数 x^μ 进行尝试,看是否存在常数 μ 使得 x^μ 为微分方程(7.38)的解,读者可以自行练习.下面将根据欧拉方程的特殊性,通过变量代换,将欧拉方程变为常系数线性微分方程,进而求解.

7.7.2 变量代换法

令 $x = e^t$,则 $t = \ln x$. 利用复合函数求导公式,并记 $D^k = \dfrac{\mathrm{d}^k}{\mathrm{d}t^k}(k = 1, 2, \cdots, n)$,有

$$\frac{\mathrm{d}y}{\mathrm{d}x} = \frac{\mathrm{d}y}{\mathrm{d}t}\frac{\mathrm{d}t}{\mathrm{d}x} = \frac{1}{x}\frac{\mathrm{d}y}{\mathrm{d}t}, \text{则 } xy' = \frac{\mathrm{d}y}{\mathrm{d}t} = Dy$$

$$\frac{\mathrm{d}^2y}{\mathrm{d}x^2} = \frac{\mathrm{d}}{\mathrm{d}x}\left(\frac{1}{x}\frac{\mathrm{d}y}{\mathrm{d}t}\right) = -\frac{1}{x^2}\frac{\mathrm{d}y}{\mathrm{d}t} + \frac{1}{x^2}\frac{\mathrm{d}^2y}{\mathrm{d}t^2}, \text{则 } x^2y'' = \frac{\mathrm{d}^2y}{\mathrm{d}t^2} - \frac{\mathrm{d}y}{\mathrm{d}t} = D(D-1)y$$

由数学归纳法,可知

$$x^k y^{(k)} = D(D-1)\cdots(D-k+1)y$$

故欧拉方程(7.38)可化为下面的常系数线性微分方程

$$D^n y + b_1 D^{n-1} y + \cdots + b_{n-1} Dy + b_n y = f(e^t)$$

即

$$\frac{\mathrm{d}^n y}{\mathrm{d}t^n} + b_1\frac{\mathrm{d}^{n-1} y}{\mathrm{d}t^{n-1}} + \cdots + b_{n-1}\frac{\mathrm{d}y}{\mathrm{d}t} + b_n y = f(e^t) \tag{7.39}$$

故可先利用 7.6 节的方法获得常系数线性微分方程(7.39)的解,然后将 $t = \ln x$ 回代即可获得欧拉方程(7.38)的解.

例 1 求微分方程 $x^2 y'' + 3xy' + 5y = 0$ 的通解.

解 易知所给方程为欧拉方程.令 $x = e^t$,则 $t = \ln x$. 记 $D = \dfrac{\mathrm{d}}{\mathrm{d}t}$,原方程化为

$$D(D-1)y + 3Dy + 5y = 0$$

即

$$(D^2 + 2D + 5)y = 0$$

亦即

$$\frac{\mathrm{d}^2y}{\mathrm{d}t^2} + 2\frac{\mathrm{d}y}{\mathrm{d}t} + 5y = 0$$

这是 y 关于自变量 t 的二阶常系数齐次线性微分方程,易求得其通解为

$$y = e^{-t}(c_1\cos 2t + c_2\sin 2t)$$

回代回变量,得原方程得通解为

$$y = \frac{1}{x}(c_1\cos(2\ln x) + c_2\sin(2\ln x))$$

例 2 求微分方程 $x^2 y'' - 2xy' + 2y = \ln^2 x - 2\ln x$ 的通解.

解 易知所给方程为欧拉方程.令 $x = e^t$,则 $t = \ln x$. 记 $D = \dfrac{\mathrm{d}}{\mathrm{d}t}$,原方程化为

$$D(D-1)y - 2Dy + 2y = t^2 - 2t$$

即

$$(D^2 - 3D + 2)y = t^2 - 2t$$

亦即

$$\frac{\mathrm{d}^2 y}{\mathrm{d}t^2} - 3\frac{\mathrm{d}y}{\mathrm{d}t} + 2y = t^2 - 2t \tag{7.40}$$

这是 y 关于自变量 t 的二阶常系数非齐次线性微分方程, 易求得其特解为 $y^* = \frac{1}{2}t^2 + \frac{1}{2}t + \frac{1}{4}$, 对应的齐次线性微分方程的通解为 $Y(t) = c_1\mathrm{e}^t + c_2\mathrm{e}^{2t}$. 故微分方程 (7.40) 的通解为

$$y = c_1\mathrm{e}^t + c_2\mathrm{e}^{2t} + \frac{1}{2}t^2 + \frac{1}{2}t + \frac{1}{4}$$

回代回变量, 得原方程得通解为

$$y = c_1 x + c_2 x^2 + \frac{1}{2}\ln^2 x + \frac{1}{2}\ln x + \frac{1}{4}$$

习题 7.7

求下列微分方程的通解:

(1) $x^2 y'' - xy' - 3y = 0$;

(2) $x^2 y'' + 5xy' + 4y = 0$;

(3) $y'' - \dfrac{y'}{x} + \dfrac{y}{x^2} = \dfrac{2}{x}$;

(4) $x^2 y'' - 3xy' + 4y = x^2 \ln x + x^2$.

总习题 7

1. 求微分方程的通解:

(1) $\sec^2 x \tan y \mathrm{d}x + \sec^2 y \tan x \mathrm{d}y = 0$;

(2) $(x^2 - y^2)\mathrm{d}x = 2xy\mathrm{d}y$;

(3) $y\mathrm{d}x - x\mathrm{d}y + x^3 \mathrm{e}^{-x^2}\mathrm{d}x = 0$;

(4) $y^2 \mathrm{d}x + (3xy - 4y^3)\mathrm{d}y = 0$;

(5) $y'' + \dfrac{1}{1-y}y'^2 = 0$;

(6) $y'' - y' - 1 = 0$;

(7) $y'' - y' - 2y = 0$;

(8) $y'' + 16y' = 0$;

(9) $y'' + 6y' + 13y = 0$;

(10) $y'' - 10y' + 25y = 0$;

(11) $y'' + 5y' + 4y = 3 - 2x$;

(12) $y'' - 4y' + 3y = \mathrm{e}^{3x}$;

(13) $y''' = \sin x - \cos x$;

(14) $y'' = \dfrac{2xy'}{x^2 + 1}$.

2. 求微分方程满足所给初值条件的特解:

(1) $\cos y \sin x \mathrm{d}x - \cos x \sin y \mathrm{d}y = 0$, $y(0) = \dfrac{\pi}{4}$;

(2) $y' + y \cos x = \sin x \cos x$, $y(0) = 1$;

(3) $y' + y \cot x = 5\mathrm{e}^{\cos x}$, $y\left(\dfrac{\pi}{2}\right) = -4$;

(4) $xy' - \dfrac{y}{1+x} = x$, $y(1) = 1$;

(5) $2xy'y'' = 1 + y'^2$, $y(1) = 0$, $y'(1) = 1$;

(6) $y'' + 2y' + 2y = \mathrm{e}^x$, $y(0) = 1$, $y'(0) = 0$;

(7) $y'' - 5y' + 6y = 2\mathrm{e}^{2x}$, $y(0) = 1$, $y'(0) = -2$;

(8) $y'' - 2y' + 2y = 4\mathrm{e}^x \cos x$, $y(0) = 1$, $y'(0) = 0$.

3. 一曲线通过点 $(3,5)$，且该曲线在两坐标轴间的任一点处的切线段均被切点所平分，求该曲线的方程.

4. 某商品的利润 $L(x)$ 与广告费用 x 有关系为

$$\frac{\mathrm{d}L(x)}{\mathrm{d}x} = 0.2[200 - L(x)]$$

在未进行广告活动前，利润 $L(0) = 100$ 万元，试求利润与广告费用之间的函数关系 $L = L(x)$.

5. 某新产品 t 时刻的销量为 $x(t)$，且产品销售的增长率与销量成正比，同时考虑产品销售存在一定的市场容量 N. 统计表明，销售增长率与尚未购买该产品的潜在顾客的剩余销量 $N - x(t)$ 也成正比（比例系数为常数 $k > 0$）. 试求该新产品在 t 时刻的销售量 $x(t)$.

6. 设可导函数 $\phi(x)$ 满足 $\phi(x)\cos x + 2\displaystyle\int_0^x \phi(t)\sin t\,\mathrm{d}t = x + 1$，求 $\phi(x)$.

7. 求二阶微分方程 $y'' = x$ 的经过点 $M(0,1)$ 且在此点与直线 $y = \dfrac{1}{2}x + 1$ 相切的积分曲线.

8. 设 $F(x) = f(x)g(x)$，其中函数 $f(x)$ 满足以下条件：

$$f'(x) = g(x),\ g'(x) = f(x),\ \text{且}\ f(0) = 0,\ f(x) + g(x) = 2\mathrm{e}^x$$

(1) 求 $F(x)$ 所满足的一阶微分方程；

(2) 求出 $F(x)$ 的表达式.

9. 已知微分方程 $y' + y = f(x)$. 其中，$f(x)$ 是 **R** 上的连续函数.

(1) 若 $f(x) = x$，求方程的通解；

(2) 若 $f(x)$ 是周期为 T 的函数，证明：方程存在唯一的以 T 为周期的解.

10. 设函数 $f(x)$ 在定义域 I 上的导数大于零，若对任意的 $x_0 \in I$，曲线 $y = f(x)$ 在点 $(x_0, f(x_0))$ 处的切线与直线 $x = x_0$ 及 x 轴所围成区域的面积恒为 4，且 $f(0) = 2$，求 $f(x)$ 的表达式.

11. 若函数 $f(x)$ 满足 $f''(x) + f'(x) - 2f(x) = 0$ 及 $f'(x) + f(x) = 2\mathrm{e}^x$. 求 $f(x)$ 的表达式.

12. 求微分方程 $y'' - 3y' + 2y = 2x\mathrm{e}^x$ 的通解.

13. 设函数 $y = y(x)$ 满足

$$xy + \int_1^x [3y + t^2 y''(t)]\,\mathrm{d}t = 5\ln x,\ x \geqslant 1$$

且 $y'\big|_{x=1} = 0$，求函数 $y(x)$ 的表达式.

传染病模型视频

部分习题答案

附录
几种常用的曲线

（1）三次抛物线

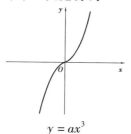

$$y = ax^3$$

（2）半立方抛物线

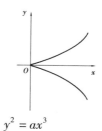

$$y^2 = ax^3$$

（3）概率曲线

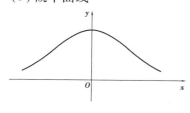

$$y = e^{-x^2}$$

（4）箕舌线

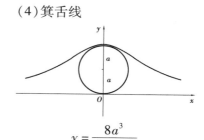

$$y = \frac{8a^3}{x^2 + 4a^2}$$

（5）星形线

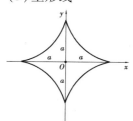

$$x^{\frac{2}{3}} + y^{\frac{2}{3}} = a^{\frac{2}{3}}$$

$$\begin{cases} x = a\cos^3\theta \\ y = a\sin^3\theta \end{cases}$$

（6）摆线

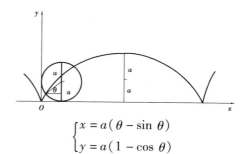

$$\begin{cases} x = a(\theta - \sin\theta) \\ y = a(1 - \cos\theta) \end{cases}$$

（7）蔓叶线

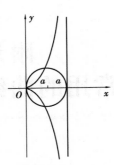

$$y^2(2a-x)=x^3$$

（8）笛卡儿线

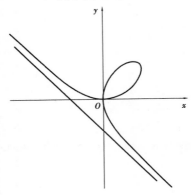

$$x^3+y^3-3axy=0$$

$$x=\frac{3at}{1+t^3},y=\frac{3at^2}{1+t^3}$$

（9）心形线（外摆线的一种）

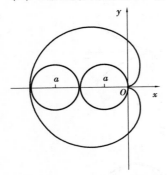

$$x^2+y^2+ax=a\sqrt{x^2+y^2}$$

$$\rho=a(1-\cos\theta)$$

（10）阿基米德螺线

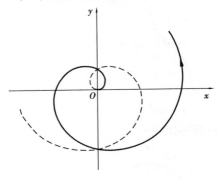

$$\rho=a\theta$$

（11）双曲螺线

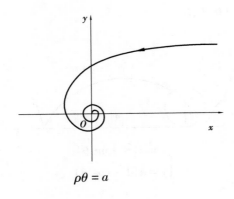

$$\rho\theta=a$$

（12）对数螺线

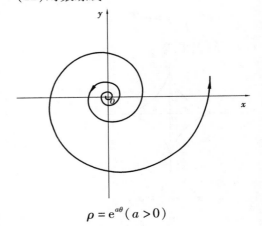

$$\rho=\mathrm{e}^{a\theta}(a>0)$$

（13）伯努利双纽线

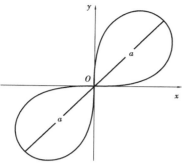

$$(x^2 + y^2)^2 = 2a^2 xy$$
$$\rho^2 = a^2 \sin 2\theta$$

（14）伯努利双纽线

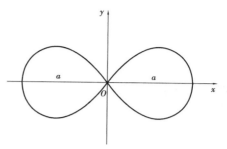

$$(x^2 + y^2)^2 = a^2(x^2 - y^2)$$
$$\rho^2 = a^2 \cos 2\theta$$

（15）三叶玫瑰线

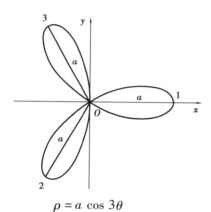

$$\rho = a \cos 3\theta$$

（16）三叶玫瑰线

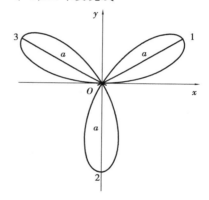

$$\rho = a \sin 3\theta$$

（17）四叶玫瑰线

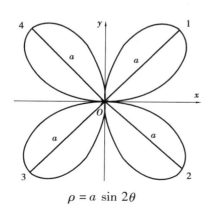

$$\rho = a \sin 2\theta$$

（18）四叶玫瑰线

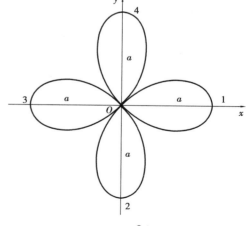

$$\rho = a \cos 2\theta$$

参考文献

[1] 同济大学数学系.高等数学:上册[M].7版.北京:高等教育出版社,2014.

[2] 朱士信,唐烁.高等数学:上[M].北京:高等教育出版社,2014.

[3] 同济大学应用数学系.微积分:上册[M].北京:高等教育出版社,2002.

[4] 王绵森,马知恩.工科数学分析基础:上册[M].2版.北京:高等教育出版社,2006.

[5] 李忠,周建莹.高等数学:上册[M].2版.北京:北京大学出版社,2009.

[6] 复旦大学数学系.数学分析:上册[M].3版.北京:高等教育出版社,2007.

[7] 齐民友.重温微积分[M].北京:高等教育出版社,2004.

[8] 莫里斯·克莱因.古今数学思想:全三册[M].张理京,等,译.上海:上海科学技术出版社,2002.

[9] 吴赣昌.高等数学:上册,理工类[M].4版.北京:中国人民大学出版社,2011.

[10] 吴赣昌.高等数学(上册)学习辅导与习题解答[M].北京:中国人民大学出版社,2012.

[11] 王高雄,等.常微分方程[M].3版.北京:高等教育出版社,2006.

[12] 丁同仁,李承治.常微分方程教程[M].2版.北京:高等教育出版社,2004.

[13] 李心灿.高等数学应用205例[M].北京:高等教育出版社,1997.